农业部武陵山区定点扶贫县农业特色产业

技术指导丛书——永顺篇

农业部科技发展中心
恩 施 州 农 科 院 编著
湘 西 州 农 科 院

中国农业科学技术出版社

图书在版编目（CIP）数据

农业部武陵山区定点扶贫县农业特色产业技术指导丛书．永顺篇／农业部科技发展中心，恩施州农科院，湘西州农科院编著．—北京：中国农业科学技术出版社，2017.10

ISBN 978-7-5116-3132-9

Ⅰ.①农⋯　Ⅱ.①农⋯②恩⋯③湘⋯　Ⅲ.①农业技术-丛书　Ⅳ.①S-51

中国版本图书馆 CIP 数据核字（2017）第 145897 号

责任编辑	张志花
责任校对	马广洋

出 版 者	中国农业科学技术出版社
	北京市中关村南大街 12 号　邮编：100081
电　　话	（010）82106636（编辑室）　　（010）82109702（发行部）
	（010）82109709（读者服务部）
传　　真	（010）82106631
网　　址	http://www.castp.cn
经 销 者	全国各地新华书店
印 刷 者	北京富泰印刷有限责任公司
开　　本	880mm×1 230mm　1/32
印　　张	12.375
字　　数	385 千字
版　　次	2017 年 10 月第 1 版　2017 年 10 月第 1 次印刷
定　　价	36.00 元

编　委　会

前　言

根据农业部计划司统一安排，按照《农业部定点扶贫地区帮扶规划（2016—2020 年）》，农业部科技发展中心与湖北省恩施州（恩施土家族苗族自治州，全书简称恩施州）农业科学院、湖南省湘西州（湘西土家族苗族自治州，全书简称湘西州）农业科学院联合编写了《农业部武陵山区定点扶贫县农业特色产业技术指导丛书》，对 2016—2020 年农业部定点扶贫地区的4 县（恩施州咸丰县、来凤县和湘西州龙山县、永顺县）的重点和特色产业进行科普解读。恩施州农业科学院、湘西州农业科学院组织马铃薯、茶叶、红衣米花生、食用菌、猕猴桃、黑猪、草食畜、甘薯、藤茶、生姜、百合、柑橘、高山蔬菜等方面的专家和 4 县的农业局、畜牧局及农业技术推广部门 30 多人参加了编写工作，在编写过程中我们深入 4 县进行了产业调研，结合每个县的产业发展状况，以特色作物的起源与分布、产业发展概况、主要栽培品种及新育成品种、栽培技术、主要病虫害防治技术、产业发展现状为主要内容，力求图文并茂，既着眼当前，又考虑长远，兼具科普性、可读性和可操作性，达到助力精准扶贫、科技扶贫、精准脱贫的目的。

感谢农业部驻武陵山区扶贫联络组，恩施州、湘西州两地州委、州政府，州委农业办公室，州农业局，州畜牧局等各有关部门对丛书编写工作给予的大力支持和配合。

感谢所有关注丛书编写、关注扶贫攻坚工作的领导、专家和同志们！现在这套丛书已经完成，这是我们对农业部定点扶贫工作所尽的绵薄之力，希望能够对4县乃至武陵山区的特色产业发展起到科学普及、指导、引领作用，助推精准脱贫奔小康。

由于时间紧，调研时间短，丛书难免有不足和错漏之处，敬请读者包容指正。

编委会

2017年2月

目　录

产业规划与布局

柑橘产业

猕猴桃产业

优质稻产业

茶叶产业

高山蔬菜产业

黑猪产业

产业规划与布局

一、产业选择

永顺县选择柑橘、猕猴桃、优质稻、茶、蔬菜、黑猪、草食牲畜作为当地扶贫重点产业。从资源禀赋来看，永顺县地处中亚热带山地季风性湿润气候区，具有温暖湿润、四季分明、冬无严寒、夏无酷暑、雨量充沛、热量充足的特点，年平均气温 16.4℃，平均降水量1 357mm，平均日照 1 306h，无霜期 286d，非常适宜柑橘、猕猴桃、优质稻、茶叶等作物生长。有耕地 58.8 万亩*，其中稻田 45.1 万亩、旱地 13.7 万亩；有天然草地 224 万亩，天然草场 224 万亩，1 万亩以上草场有 43 处，面积 103.7 万亩，加上每年有 30 多万吨农作物秸秆可以利用，永顺县草山草地的理论载畜量可达 30 万黄牛单位。主要农产品有优质稻、柑橘、猕猴桃、烤烟、茶叶、蔬菜、草食牲畜等，为典型的山区农业生产大县。从产业基础来看，已初步形成了以粮食、水果、经作以及畜牧为主的产业体系，为全国产粮大县和湘西州重要的商品粮基地，"松柏大米""颗砂贡米"等品牌在市场上十分畅销，自 2011 年以来连续五年荣获全省粮食生产标兵县称号；以柑橘、猕猴桃为主的水果业发展迅速，形成了以猛洞河、酉水河沿岸为主的柑橘产业带，建成我国南方最大猕猴桃生产基地，涌现出了"猛洞河富硒椪柑""猛洞河富硒猕猴桃"等一批名牌产品；永顺是湘西黑猪主产区，产业规模大，并且引进了北京资源集团，希望打造以原种猪生产为重点的湘西黑猪产业链。从带动能力看，柑橘、猕猴桃、优质稻、茶、蔬菜、黑猪、草食畜牧产业共覆盖贫困户 32 598户，贫困人口 99 145 人。

二、产业布局

柑橘产业重点布局在小溪镇、芙蓉镇、灵溪镇、颗砂乡、首车镇、泽家镇、塔卧镇等乡镇的集六、小水溪、场坪、贺喜、芙蓉新区、双桥、富坪、东鲁、颗砂、新寨、中坝、双湖、东路、三家田等75 个村，覆盖贫困户 6 127 户，贫困人口 16 040 人。

猕猴桃产业重点布局在松柏镇、芙蓉镇、高坪乡、石堤镇、青坪镇、

---

* 1 亩≈667m²，15 亩＝1hm²

灵溪镇等乡镇的仙仁、发树、雨禾、那丘、麻岔、落叶洞、中湖、洞坎河、高峰、泽树等 71 个村，覆盖贫困户 8 125 户，贫困人口 26 083 人。

优质稻产业重点布局在松柏镇、万坪镇、石堤镇、塔卧、颗砂镇、灵溪镇、砂坝镇、西歧乡、车坪乡等乡镇的三坪、和平、龙寨、碑立坪、九官、冷水、七里坪、广荣、颗砂、比溪、石叠、麻料、爱民、西歧、新湖等 107 个村，覆盖贫困户 9 073 户，贫困人口 27 105 人。

茶产业重点布局在砂坝镇、毛坝乡、万坪镇等乡镇的细砂坝、彭溪峪、中立、太坪、团结、观音、七角、凤鸣、柯溪、小寨、并进、万福等 27 个村，覆盖贫困户 632 户，贫困人口 1 884 人。

蔬菜产业重点布局在灵溪镇、万坪镇、车坪乡、松柏镇、塔卧镇等乡镇的高峰、雨联、花园、白岩、李家、红星、白蜡、三坪、万福、茶元、茶林、蟠龙等 32 个村，覆盖贫困户 1 578 户，贫困人口 5 592 人。

黑猪产业布局在永顺县所有乡镇，覆盖贫困户 3 354 户，贫困人口 10 928 人。

草食畜产业布局在永顺县所有乡镇，覆盖贫困户 3 709 户，贫困人口 11 513 人。

——全文摘自《农业部定点扶贫地区帮扶规划（2016—2020 年）》

柑橘产业

第一章 概 述

第一节 柑橘及生产现状

柑橘属芸香科，柑橘亚科，是热带、亚热带常绿果树，用作经济栽培的有3个属：枳属、柑橘属和金柑属。中国和世界其他国家栽培的柑橘主要是柑橘属。柑橘多为常绿小乔木或灌木，小枝较细弱，无毛，通常有刺，叶长卵状披针形，花黄白单生或簇生叶腋，果扁球形，橙黄色或橙红色，果皮薄，易剥离，性喜温暖湿润气候，我国柑橘资源丰富，品种繁多，有4 000多年的栽培历史。柑橘的营养成分十分丰富，每100g柑橘可食用部分约含糖10g，热量150kJ，维生素C 50mg，维生素C含量最高，是人体最好的维生素C供给源。橘皮所含营养丰富，尤其富含维生素B_1、维生素C、维生素P和挥发油，挥发油中主要含柠檬烯等物质。

由于柑橘具良好的鲜食与加工性能，自20世纪80年代以来，柑橘就稳居世界第一大水果的地位，有135个国家种植，在世界农产品贸易量中列第四位（仅次于小麦、玉米和大米）。目前我国柑橘种植面积和产量均居世界第一位，全国主产柑橘的有湖南、四川、江西、福建、广东等省份。

近年来，易剥皮、高糖果实与加工鲜食兼用优质甜橙日益受到欢迎，加工业发展势头强劲，浓缩果汁风光不在，鲜橙汁越来越受消费者青睐，进一步扩大了市场供给。通过柑橘品种选育、品种结构的调整、成熟期合理搭配、科学技术的进步，抗病、抗寒、抗虫等高抗品种大力推广以及不同熟期品种搭配，柑橘周年供应前景广阔。

第二节 柑橘产业现状

永顺县属中亚热带山地季风气候，具有温暖湿润、四季分明、冬无严寒、夏无酷暑、雨量充沛、热量充足的特点。年均气温16.4℃，极端最低温-4.2℃，极端最高温40.2℃，永顺县无霜期286.4d，年平均降水量1 365mm，大于或等于10℃的年积温5 196℃，土壤肥沃且富含硒元素，为实施柑橘产业建设提供了十分优越的自然条件。

永顺县是湖南省柑橘种植重点区，也是国家柑橘优势产区，有着悠久的柑橘栽培历史，其地处全国三大富硒土壤带之一，生产出的柑橘以富硒而著称（经检测，永顺县柑橘硒含量为0.025~0.043 mg/kg）。其果品果大质优，外形靓丽，口感甘甜爽口、风味极佳，可溶性固形物含量11%~14%。主要分布于小溪、芙蓉、灵溪、首车、塔卧等14个乡镇，栽培总面积15.8万亩，其中通过国家无公害农产品产地认定7.2万亩，主要栽培品种以椪柑、蜜橘、脐橙、柚类为主，其中椪柑12.2万亩，脐橙2万亩，蜜橘、柚类等1.6万亩。2016年，永顺县柑橘总产量达9万吨，产值达1.35亿元。

2002年以来，在农业部和省农业厅的大力支持下，按照"品种优良化、技术标准化、产业规模化"的思路，先后在芙蓉、首车、小溪等乡镇实施了柑橘标准化栽培技术推广、椪柑品种改良示范和柑橘病虫害综合防治等项目，积极推广科学施肥、合理修剪、病虫害绿色防控等先进实用技术。通过培训，橘农的种植水平大幅度提高，柑橘品质明显改善，商品果率达85%以上，产品市场竞争力不断增强。小溪镇和芙蓉镇2007年被国家商检局确定为"国家出口柑橘基地"。同时永顺县集中创办了芙蓉镇、小溪镇两个柑橘标准化生产基地，示范面积达30 000亩，起到了"抓好一片，带动一方"的示范效应，为永顺县柑橘产业化建设奠定了基础，永顺县先后组织完成柑橘品改低改9万余亩。并于2011年通过了国家挂牌验收，被国家农业部授予柑橘标准化生产示范县。

"十二五"期间先后扶持成立柑橘专业合作社24家，通过这一系列品改、低改及标准化生产技术的推广，永顺县柑橘多次在各种比赛中获奖，1998年、1999年连续两年在湖南省优质水果评比中获得银奖，2000年获湖南省优质水果金奖，2009年被定为中国南极科考队选用水果，2016年11月5日小溪镇选送的椪柑代表湘西地区参加全国农业博览会获得第三名，在历届湘西州柑橘品质大赛中连续四届获得舌尖上柑橘王称号，可溶形固形物含量连续五届进入三强。产品远销河南、湖北、重庆、东北等 20 几个省市自治区，并出口俄罗斯，深受消费者欢迎。柑橘产业每年提供 58 000 多个就业岗位，带动 39 055 人实现精准脱贫。

第二章　柑橘主要品种介绍

柑橘主要包括宽皮柑橘类、杂柑类、甜橙类和柚类等（图2-1）。

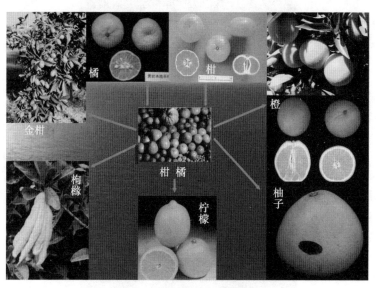

图 2-1　柑橘主要品种

第一节　宽皮柑橘类

一、椪柑

椪柑又名芦柑、汕头蜜橘、芦柑、梅柑、白橘。果实色泽鲜亮，橙黄美观，肉质脆嫩，风味浓郁，化渣汁多。主要品种有：8306（辛女椪柑，如图2-2所示）、260（吉品椪柑，如图2-3所示）、太田椪柑、无核椪柑（黔阳无核、辐选28）、新生系3号、鄂柑1号、岩溪晚芦等。

"早蜜"椪柑

湘西自治州柑橘研究所最新选育出的椪柑新品种（图2-4、图

图2-2 辛女椪柑（8306）

图2-3 吉品椪柑（260）

2-5)，成熟期为11月上旬，比普通椪柑提前20~30d，其果实扁圆美观，果色橙红，果沟八卦明显，果顶部分有脐，果皮薄，厚度1.6~2.4mm，平均单果重124g，单果种子数3粒，还原糖5.28%，总糖12.62%，含滴定酸0.73%，可溶性固形物13.20~14.60%，维生素C47.05mg/100mL，糖酸比17.47，挂树延迟30~40d采收，口感明显变浓变甜，肉质更为细嫩，树冠覆膜可延迟至次年1月上旬，可溶性固形物达16.3%左右。

二、南丰蜜橘

南丰蜜橘（图2-6）又名金钱蜜橘、邵武蜜橘（福建）、选自乳

图 2-4　早蜜椪柑

图 2-5　早蜜椪柑挂果情况

橘，是我国古老品种，有 1 300 年栽培历史。原产江西南丰，主产江西南丰、临川等地，浙江、福建、湖南、湖北、四川、广西（广西壮族自治区的简称，全书同）等省区有少量栽培。

图 2-6　南丰蜜橘

三、温州蜜柑类

温州蜜柑类又名无核蜜橘，原产浙江，500多年前传入日本，我国和日本栽培最多，是我国栽培最多的柑橘种类。本品种适应性广、耐寒、耐旱、耐瘠薄，南至海南岛，北至陕西汉中。果实无核，风味酸甜，容易剥皮，适合加工制罐。分特早熟、早熟和普通温州蜜柑，种类繁多，我省比较有名的品种"安化红"蜜柑（图2-7）是由安化县柑橘无病毒良种繁育中心选育。

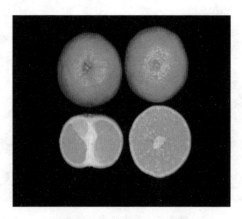

图2-7 "安化红"蜜柑

1. 国庆1号

华中农业大学选出，9月底10月初成熟，果形扁园，果皮橙红色，果重125～150g，可溶性固形物9%～12%。

2. 宫本

9月底10月初成熟，果形扁园，果重120～150g，果皮薄橙红色，可溶性固形物11%以上。

3. 日南1号

9月底10月初成熟，果重120g，果皮薄橙红色，减酸快风味好，可溶性固形物9%～12%（图2-8）。

4. 兴津

10月中旬成熟，果形扁园，果重150g左右，果皮鲜亮光滑，可溶性固形物10%～13%。

图2-8 温州蜜柑

5. 宫川

10月上中旬成熟，果形扁园，果重150g左右，果皮鲜亮光滑橙红色，可溶性固形物10%~13%。

6. 山下红

10月中旬成熟，果形扁园，果重150g左右，果皮鲜亮光滑红色，十分漂亮，可溶性固形物10%~14%，风味脆嫩，糖度高。

7. 大分4号

大分4号是日本大分县选育的特早熟温州蜜柑品种，9月底成熟，果重120g，果皮薄橙红色，减酸快风味好，可溶性固形物10%~13%，是特早熟温州蜜柑中成熟最早、品质最优的品种之一，近年来在我州不断推广（图2-8）。

第二节　杂柑类

杂柑类包括秋辉（图2-9）、诺瓦（图2-10）、甜春橘柚（图2-11）、南香（图2-12）等品种。

一、春香杂柑

春香（图2-13）属日本杂交柑橘，系橘和柚的杂交种，日本2000年公布。酸极低，口感甘甜脆爽，芳香诱人，品质极上，是柑橘育种中极难得的珍稀高档良种，可作为特色品种规模发展。

图 2-9　秋辉

图 2-10　诺瓦

图 2-11　甜春橘柚

图 2-12　南香

图 2-13　春香杂柑

二、爱媛 38 号（28、红美人）

爱媛 38 号（图 2-14）杂柑为日本杂柑新品种，系南香×西子香杂交育成，最新引进。树势旺，开张，叶似橙类，是南香的最佳换代品种，也是取代中熟温州蜜柑的理想品种。

图 2-14　爱媛 38 号

第三节　甜橙类

甜橙类包括普通甜橙、脐橙、血橙等。

一、普通甜橙

包括冰糖橙、锦橙、哈姆林甜橙、夏橙等。

冰糖橙

冰糖橙又名冰糖包，原产湖南黔阳，是当地普通甜橙芽变种。主产湖南省，云南、广东、广西等省区有少量栽培。树势中等，树冠半圆形。枝条细软无刺。果实圆球形，橙黄色，大小为（5.4~6.1）cm×（5.2~6.0）cm，果顶圆钝，皮较难剥离，种子 2~4 粒/果。TTS 13.0%~15%，酸 0.6%~0.8%，成熟期 11 月上中旬，果肉细嫩汁多、化渣，味浓甜酸苦辣，品质优。1986 年在普通冰糖橙中已选出麻阳大果冰糖橙（图 2-15）和麻阳红皮大果冰糖橙（图 2-16），2006 年均通过湖南省农作物品种审定委员会审定登记为品种，目前主要冰糖橙新品种有锦红、锦玉、锦蜜、农大 1 号和农大 2 号等。

图 2-15　麻阳大果冰糖橙

图 2-16　麻阳红皮大果冰糖橙

二、脐橙

1. 纽荷尔脐橙

纽荷尔脐橙由华盛顿脐橙芽变而得（图 2-17）。我国于 1980 年从美国、西班牙同时引入。主产重庆、江西、四川、广西、广东、福建，其他柑橘主产区也有少量栽培，是目前中国脐橙中栽培面积最大的品种。纽荷尔生长较旺，树势开张，树冠扁圆形或圆头形。树条粗长，披垂，有短刺。花稍大，花粉败育。果实椭圆形，顶部稍凹，脐多为闭脐，蒂部有 5 ~ 6 条放射沟纹，橙红到深红橙色，大小为（6.5 ~ 7.4）cm×（6.7 ~ 7.8）cm，果皮较难剥离，TTS12.0% ~ 13.5%，酸 0.9% ~ 1.1%，无核。果肉汁多化渣，有香味，品质上等。该品种丰产性好，对硼比较敏感，容易出现缺硼症状。

2. 园丰脐橙

园丰脐橙（图 2-18）是湖南省园艺研究所育种的华盛顿脐橙自然芽变株系。果实 12 月上中旬成熟，生长势强，树姿较开张，树冠扁圆形或圆头形，枝梢生长健壮，叶色深。有外围长梢、内堂结果的特性，正常情况下无日灼、脐黄和裂果现象。果实近圆形，果形指数1.03 左右，外形整齐美观，果实较大，单果重 248 ~ 284.6g，果面较光滑，果色橙红，多为闭脐。果肉汁多，脆嫩化渣，可溶性固形物含量 11.8% ~ 13.8%，总糖含量 9.66% ~ 11.05%，可滴定酸含量 0.74% ~ 1.08%，每 100mL 果汁维生素 C 含量 49.86 ~ 68.36mg，可食率 69.62% ~ 73.35%，固酸比 13.43 ~ 17.97，风味甜酸适度。抗性较

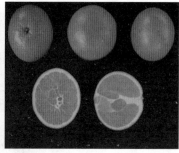

图 2-17　纽荷尔脐橙

强，裂皮病、溃疡病、炭疽病等病害较少，是一个发展前途较大的脐橙品种。

3. 崀丰脐橙

崀丰脐橙（图 2-19）是湖南农业大学与湖南省新宁县农业局从华盛顿橙选出，原代号 7904，属华盛顿脐橙芽变系。2004 年通过湖南省农作物品种审定委员会登记品种。主产湖南，广西、江西、湖北等地有少量栽培，果实圆形或椭圆形，橙红色，大小与华脐类似，果脐小，多闭脐。果蒂部周围有短浅放射沟，TTS 11.0% ~ 13%，酸 0.8% ~ 1.1%，无核。成熟期 11 月中下旬至 12 月上旬。该品种适应性强，丰产性好，果实品质好，耐贮藏。

图 2-18　园丰脐橙　　　　图 2-19　崀丰脐橙

4. 福本脐橙

福本脐橙（图2-20）原产日本，华盛顿脐橙枝变。果实短圆形或球形，橙红色，多闭脐。蒂部周围有明显放射沟，果皮中厚，较易剥离，TTS12%，酸0.9%，果肉脆嫩，化渣，多汁，香气浓郁，品质优，无核。成熟期在南亚热带地区10月下旬可上市，最适上市时间是11月上旬。该品种产量中等，成熟早，果面光滑，色深艳丽。

图2-20　福本脐橙

三、血橙

血橙（图2-21）属混种植物，最早出现在欧洲，现主要种植在

图2-21　血橙新品种

西班牙、意大利和北美。在中国，血橙的主要产地是有着"中国血橙之乡"的四川省资中县，其他地区也有少量分布。血橙以果肉酷似鲜血的颜色而得名，它本质上属脐橙类，现在已经开发出多种品味

品种，较为有名的有意大利塔罗科血橙，中国的有红玉血橙等。

塔罗科血橙新系

塔罗科血橙新系（图 2-22）是意大利主栽品种。我国 20 世纪 80 年代引入，重庆、四川、湖北等地少量栽培。该品种树势较强，春梢叶片大小为 8.7cm×4.7cm，卵圆形或长椭圆形。果实倒卵形至椭圆形、橙黄色，完熟时带紫色斑纹，大小为 150～200g，TTS 11.0%～12.0%，酸 0.8%～1.0%。果肉含花青素，呈血红色，柔嫩多汁，化渣，甜酸适中，少核或无核。成熟期 1—2 月。该品种丰产，果实耐贮运。

图 2-22　塔罗科血橙新系

第四节　柚　类

普通柚：包括沙田柚、琯溪蜜柚、金香柚（图 2-23）、安江香柚、玉环柚、桃溪蜜柚、龙都早香柚、永嘉早香柚（图 2-24）、大庸菊花心、美国强德勒红心柚等。

葡萄柚（图 2-25）：是一种芸香科、柑橘属植物，小乔木，枝略披垂，无毛。叶形与质地和柚叶类似，但一般较小，翼叶也较狭且短，嫩叶的翼叶中脉被短细毛。总状花序，稀少或单花腋生；花萼无毛；花瓣比柚花的稍小。果重 500g 左右，果扁圆至圆球形，比柚小，果皮也较薄，果顶有或无环圈，瓤囊 12～15 瓣，果心充实，绵质，果肉淡黄白或粉红色，柔嫩，汁多，爽口，略有香气，味偏酸；维生素 C 含量丰富，果实无核或少核，适宜加工制汁。果期 10—11 月。主要品种有马叙、邓肯、红玉等。

图 2-23　金香柚

图 2-24　永嘉早香柚

图 2-25　葡萄柚

一、沙田柚

　　沙田柚（图 2-26）原产地广西容县沙田，现主产广西、广东、湖南、重庆等地。该品种树势强，树冠圆形或塔形，枝梢稍粗，内膛结果为主。花大，完全花，自交不亲和，单性结实能力弱，需人工授粉，结实率高。果实梨形或葫芦形，橙黄色，大小为（13.5～15.0）cm×（16.5～17.5）cm，果顶部平或微凸，有不整齐的印环，环内稍突出，果蒂有长颈和短颈，短颈品质较好。果皮中等厚，稍难剥离。TSS 12%～16.0%，酸 0.4%～0.5%，果肉脆嫩浓甜，种子 60～120 粒/果，成熟期 11 月中下旬。该品种是我国柚类主栽品种，名柚之一。果实耐贮运，以酸柚作砧木。

图 2-26　沙田柚

二、琯溪蜜柚

琯溪蜜柚（图 2-27）原产地福建省漳州市平和县，主产福建，我国柚的栽培省份均有引种。该品种生长势强，树冠圆头形或半圆形，内膛结果为主，花大，自交不亲和，单性结实能力强，不需人工授粉，果实倒卵形或梨形，果面光滑，中秋采收黄绿色，大小为 16.9cm×15.7cm，果顶平，中心微凹且有明显印圈，成熟时金黄色，果皮稍易剥离，TSS 9.0%～12.0%，酸 0.6%～1.0%，无籽，果肉甜、微酸，成熟期 10 月至 11 月上中旬。该品种是我国柚类主栽品种，早结丰产，早熟，可中秋上市，贮藏性不及沙田柚，容易出现粒化，以酸柚作砧木，福建省已选出红肉蜜柚、三红蜜柚和黄肉蜜柚等。

图 2-27　琯溪蜜柚

第三章 土肥/修剪/花果管理技术

第一节 土壤管理

土质疏松、有机质丰富、既通气又能保持水分的土壤才能适应柑橘正常生长发育。土壤管理的好坏决定柑橘果树的生长良好与否，直接影响柑橘的产量和品质。

一、扩穴改土

扩穴改土是扩大土壤耕作层、改善土壤团粒结构、降低容重、增加有机质的重要措施，也是柑橘橘园土壤耕作管理的重要内容。

柑橘定植后几年内，应继续在定植沟或定植穴外进行深度相等或更深的扩穴改土，以利根系生长。成龄果园土壤紧密板结，地力衰退，根系衰老，改土是确保树势能及时恢复，培育强大的根系，扩大树冠，增加有效枝数和总叶数的重要措施。

定植后几年要对原植树穴位逐年扩大，使扩穴部分与上一年的老穴位挖通，沟与沟之间不能留隔墙。春季雨水较多，改土穴易积水，秋季干旱，土壤干燥含水量低，都不利断根愈合和发根。6—7月土壤温度、湿度和气候对断根愈合有利，又是柑橘根系生长高峰，是深翻改土的理想时期。

改土必须结合施有机肥和石灰，才能达到改良土壤，提高土壤肥力的目的。有机肥可用果园周围的山草、栽培的绿肥、秸秆等有机物或者厩肥、饼肥、堆渣肥、河塘泥等。每立方米土壤加 30~75kg 有机肥，与土壤分 3~4 层压入土中，绿肥与厩肥、饼肥、堆渣肥混合使用，效果更好。对酸性土每 50kg 有机肥加入 0.5~1kg 石灰或钙镁磷肥，可调节土壤 pH 值。

二、园地间作

幼龄柑橘园和未封行的稀植成年柑橘园，可实行园地间作。这样既能以园养园，以短养长，增加经济效益，又增强了土壤的管理。间作豆科作物能固氮，增加土壤氮含量；间种矮秆作物、匍匐作物能覆盖土壤，夏季酷暑能降低土温，减少土壤水分蒸发。间作物的残体能增加土壤的有机质。如间种食荚大菜豌豆、西瓜、秋无架豇豆、草莓、花生等。

三、生草栽培

近年来，生草栽培（图 3-1）正逐步推广。橘园生草栽培充分利用本地杂草种类资源，以一年生杂草为主，同时考虑生物多样化和彻底铲除恶性杂草、检疫性杂草为原则，以留草为主，种草为辅，留种结合，优化橘园内群落生态环境。生草栽培法具有很多优点：橘园生草能改善橘园生态环境，防止果树坐果期高温干旱落果；7月以后将草覆盖树盘可在高温干旱季节降低地表温度 6~15℃，冬季可提高土温 1~3℃，同时还可以保护表土不被冲刷，夏季可起到防旱保水的作用；此外，结合秋冬季施基肥将草翻压，还能增加土壤有机质，提高土壤有效养分的含量；可节省劳动力降低成本，达到以草治草、以草养园的目的。

橘园生草方式有自然留草和人工种草两种。橘园自然留草应以一年生杂草为主，多选用生长容易，生草量大，矮秆、根浅，与橘树无共同病虫害且有利于橘树害虫天敌及微生物活动的杂草，如藿香蓟、三叶草、马唐、狗尾草和空心莲子草等都可以自行繁殖。由于这些杂草的花期较长、适应性强、生长繁殖速度快，根系分布浅，是目前建设生态橘园较好的留草种类。橘园留草应坚决铲除恶性杂草，检疫性杂草，如白茅、棕茅、杠板归、菟丝子等。新开垦橘园要尽快清除树蔸、小灌木等。人工种草选择的草种适应性要强，植株要矮小，生长速度要快，鲜草量要大，覆盖期要长，容易繁殖管理，再生能力强，且能有效地抑制杂草发生。草种可选用百喜草、白花草、多花黑麦草和藿香蓟等。

不论是人工种草还是自然留草的果园，均应及时人工或用除草剂杀灭其他杂草。生草三五年后全园深翻 1 次，结合翻耕每亩果园施用石灰 50~70kg，防止生草期长引起土壤板结。树盘下是根系分布最多的地方，不宜生草，应经常保持土壤疏松且无草的状态。

图3-1 生草栽培技术

四、果园覆盖及免耕

柑橘园覆盖有如下作用：稳定土温，在高温干旱季节可降低地表土温6~15℃，能防止高温伤害根系，冬季可提高土温1~3℃；保护土表不受冲刷，减少土壤的水分蒸发，有利土壤中微生物的活动，提高土壤肥力；有利于减少杂草和提高柑橘根系吸收土壤中的养分。

覆盖材料，因地制宜，就地取材。果园的覆盖材料很多，常用的有稻草（图3-2）、秸秆（玉米秆、麦秆）、山草、枝桠等。随着塑料工业的发展，地膜（反光膜）覆盖（图3-3）已开始在柑橘栽培上应用。目前果园覆盖地膜的免耕法已开始得到应用和推广，今后可作为一项新技术加强示范与推广。

图3-2 覆草

图 3-3　地膜覆盖

第二节　肥料管理

柑橘是多年生常绿果树，营养是柑橘生长发育、丰产优质的基础。营养生长和生殖生长需要大量的营养，除叶片进行光合作用制造大量的有机营养外，其他元素主要由根系从土壤中吸收，每年必须进行科学合理的施肥，才能实现优质丰产的目的。

一、柑橘必需的营养元素

柑橘在整个生长发育过程中，必需的营养元素有 15 种，其中碳、氢、氧系碳代谢元素，取自于水和空气，在光合作用中利用二氧化碳和水产生的碳水化合物占树体干重的 95%。其他 12 种元素主要来自土壤，故又称矿质元素，其中需要量较大的氮、磷、钾、钙、镁、硫等 6 种称为大量元素；而需要量较小的硼、锌、铁、铜、锰、钼等 6 种称为微量元素。

二、柑橘缺素症状与矫治

（一）缺氮症状和有效矫正措施

1. 症状

柑橘植株缺氮时（图 3-4），新梢生长缓慢，新叶小，叶色绿、发黄，通常叶色较均匀。枝条纤细，树势衰退，果少，加重生理落果，降低产量。柑橘暂时性缺氮时，仅表现为叶片淡绿。如发生连续缺氮时，则表现为叶色黄而小，枝梢弱而纤细，枝条生长受阻，小枝枯萎，产量下降。

图3-4 缺氮症状

2. 防治方法

对暂时性缺氮的橘树，可进行根外追肥，一般春季用0.5%、夏季用0.3%的尿素液肥喷雾，每隔7d喷1次，连喷3次，而防止连续性缺氮的根本措施是提高土壤肥力，按时按量施足氮肥，尤其应注意增施有机肥。

（二）缺磷症状和有效矫正措施

1. 症状

缺磷（图3-5）植株根系生长不良，枝梢弱，叶稀少，老叶片呈

图3-5 缺磷症状

暗绿色至青铜色，引起早期落叶，果皮变厚，果汁少渣多，味酸，果心大，果实品质差。柑橘缺磷时，越冬老叶会突然大量脱落，多数落叶是叶尖先发黄，然后变褐枯死，这是严重缺磷的典型症状。越冬老叶缺少光泽，且多呈青铜色，这是磷少氮多的表现。

2. 防治方法

缺磷时，在增加土壤磷的同时，还可用 0.3% 的过磷酸钙浸出液多次叶面喷施。

（三）缺钾症状和有效矫正措施

1. 症状

缺钾（图3-6）柑橘果实小，皱皮，易裂果；抽生的枝条细弱，老叶叶尖及叶缘黄化，易皱缩或卷缩呈畸形，易落叶。

2. 防治方法

缺钾时可土施硫酸钾，也可施草木灰、氯化钾，叶面可喷施 0.3%～0.5% 的磷酸二氢钾溶液，均匀喷施叶面，效果较好。

图3-6 缺钾症状

（四）缺钙症状和有效矫正措施

1. 症状

缺钙（图3-7）植株矮小，新梢短，长势差，并出现顶枝枯萎，叶片狭长畸形，发黄，果小而畸形、易裂，汁胞皱缩。

2. 防治方法

施用石灰，酸性土壤施用石灰调节酸度至 pH 值为 6.5 左右，能增加代换性钙的含量。施用量视土壤酸度而定，一般刚发生缺钙的柑橘园，每亩施石灰 35～50kg，与土混匀后再浇水。喷施钙肥：刚发病的树可在新叶期树冠喷施0.3%氯化钙液数次，对氯敏感的品种可换用磷酸氢钙或硝酸钙液。合理施肥，钙含量低的酸性土壤，多施有机肥料，少施氮和钾的酸性化肥。注意保水，坡地酸性土壤柑橘园，宜修水平梯地，雨季加强地面覆盖。

图3-7　缺钙症状

（五）缺镁症状和有效矫正措施

1. 症状

缺镁（图3-8）老叶中脉两侧和主脉之间，出现不规则的黄斑，严重缺镁时，在叶片基部有界限明显的倒"V"字形绿色区域，最后叶片可能全部黄化，提早脱落。

图3-8　缺镁症状

2. 防治方法

在酸性土壤（pH 值在 6.0 以下）中，为了中和土壤酸度，应施用石灰镁，每株果树施 0.75~1kg，而在土壤呈微酸性（pH 值在 6.0 以上）至碱性地区，则应施用硫酸镁。这些镁盐也可以混合在堆肥里施用。在土壤中钾及钙对镁的颉颃作用非常明显，因此在钾素或钙素有效度很高的地方，镁素的施用量必须增加。此外，要增施有机质肥，在酸性土还要适当增施石灰。轻度缺镁，采用叶面喷施效果快，严重缺镁则以根施效果较好。施用氧化镁或硝酸镁，比施用硫酸镁效果更好，但要注意施用浓度，以免产生药害。

（六）缺锌症状和有效矫正措施

1. 症状

柑橘缺锌（图 3-9），叶片失绿，出现典型斑驳小叶，小枝条先端枯死，小叶呈丛生状，果实变小，果皮色淡。

图 3-9　缺锌症状

2. 防治方法

春梢停止伸长后，喷施 0.1%~0.3%硫酸锌液 2~3 次。为防止药害，可加入等量的石灰，或与石硫合剂混配。

（七）缺钼症状和有效矫正措施

1. 症状

夏季萌发的新叶叶脉间显出水渍状小病斑，在叶脉两边略呈平行状排列，叶渐成长，病斑扩大。在叶表面其病斑呈显著黄色，病斑边缘渐成正常绿色，最后病斑变成褐色，病斑处自最初的油绿褐色至最后的锈褐色。叶表面的病斑光滑，叶背面病斑处稍肿起，且满布胶质，严重时会引起落叶。

2. 防治方法

叶面喷施 0.01%~0.1% 浓度的钼酸铵或钼酸钠溶液，一般在抽梢后的新叶期或幼果期进行喷施为宜，以喷湿为度。

（八）缺铁症状和有效矫正措施

1. 症状

柑橘缺铁（图3-10）叶片变薄黄化，淡绿至黄白色，叶脉绿色，在黄化叶片上呈明显的绿色网纹，以小枝顶端的叶片更为明显。小枝叶片脱落后，下部较大的枝上才长出正常的枝叶，但顶枝陆续死亡。发病严重时全株叶片均变为橙黄色。

图3-10　缺铁症状

2. 防治方法

选用 EDDHA 铁肥。铁在作物体内是不易移动的微量元素之一，柑橘对铁较为敏感，传统的硫酸亚铁等铁肥易被土壤固定失效，叶面喷施被氧化利用率低，喷施或根施效果都不理想。而 EDDHA 铁肥与传统硫酸亚铁相比，施入土壤有效性不易被破坏，稳定性强、水溶性好，易被植物吸收利用。

（九）缺硼症状和有效矫正措施

1. 症状

柑橘缺硼（图3-11），嫩叶上初生水渍状细小黄斑。叶片扭曲，随着叶片长大，黄斑扩大成黄白色半透明或透明状，叶脉亦变黄，主、侧脉肿大木栓化，最后开裂。老叶上主、侧脉亦肿大，木栓化和开裂，有暗褐色斑，斑点多时全叶呈暗褐色，无光泽，叶肉较厚，病叶向背面卷曲呈畸形。病叶提早脱落，以后抽出的新芽丛生，严重时全树黄化脱落和枯梢。少数叶片长成之后再表现的缺硼症状中，还有叶面既不皱缩，而且叶色也不明显地黄化，只是叶面呈灰绿色，失去光泽，但又出现程度不同的叶脉爆裂症状。缺硼如出现在花期或幼果期，则常表现出大量落蕾落花，或幼果脱落，或幼果不能正常发育，形成果小、皮硬、色暗无光的僵果。

图 3-11　缺硼症状

2. 防治方法

一是土壤直接施硼肥。直接将硼肥施入柑橘根际，特别是将硼肥混入人粪尿中，使硼溶解后，用液肥施入根际，则效果更好。一次施用不宜过多，以免引起硼害。施用时，最好在树冠垂直投影内的树盘上，先扒开表土，以看见部分树根为度，再将硼肥在距主干数寸至1尺（约为33.33cm）以外的树盘上环状或盘状均匀施入，施后最好覆盖部分有机质肥，然后盖上表土。通常根际施硼可2~3年1次，缺硼严重的树，可每年施1次，直至治好为止。二是根外喷硼肥。一般果园只需在柑橘花蕾期和幼果期进行根外喷硼肥，即可解决缺硼问题，每年可进行1~2次。一定要使用优质硼肥。

第三节　柑橘土壤施肥量、时期和方法

一、施肥时期

（一）幼年树

幼树以促进生长为主，需肥以氮肥为主，不易发生缺素症，为加速幼树生长，应结合幼树多次抽梢特点而多次施肥。抽梢前施肥促进抽梢和生长健壮，顶芽自剪后至新叶转绿期施速效肥，能促使枝梢充实和促进下次抽梢。幼树树小根幼嫩，宜勤施薄肥。幼树重点要培养促春、夏、秋梢，围绕3次梢的生长，每年施肥5~6次，每次梢发芽前和中期各施一次肥，8—10月一般不施肥以防晚秋梢的发生，以致遭冻害。

（二）结果树

结果树既要抽梢促进树冠扩大，又要开花结果，保持营养生长和生殖生长的平衡，又要减少缺素症的发生，实现优质丰产，要根据柑橘需肥规律，施肥量提倡以果定肥，一般每生产100kg果实要施入1.4kg纯氮、0.7kg纯磷、1.2kg纯钾（含有机肥），也要重视钙、硼、锌、镁等元素的合理施用。常用的有花期喷施0.2%安果硼，嫩梢期喷0.2%~0.3%硫酸锌，果实发育后期喷施0.5%~1%氯化钙、0.2%~0.3%硫酸镁。一般全年施好以下3次肥。

1. 萌芽肥

施肥的目的在于促进春梢健壮，提高花质，延迟和减少老叶脱落。春梢萌发后，老叶贮存营养迅速减少，需要及时补充。一般在3月上中旬春芽萌发前10~15d施用，用肥量约占全年施肥总量的25%。

2. 壮果肥

生理落果停止后，种子快速增大，果实迅速成长，对碳水化合物、水分、矿质元素营养要求增加，果实对枝梢的抑制作用也增强。落果停止后，既要使幼果正常生长，又要促进秋梢生长充实成为良好的结果母枝。壮果肥是必不可少的一次肥料。以7月上中旬施用为宜。应以氮、钾为主，结合磷肥，以速效肥为主（本地以复合肥为主），施肥量约占全年的55%。

3. 采果肥

要视树势、结果情况、叶色等适当调配，如叶色浓绿或结果量多者要适当增加磷、钾肥，树势衰落要增加氮肥。采前施比采后施效果更好。采前肥在果实着色 5~6 成时施下，磷、钾肥可稍多，氮肥可稍少。挂果少的树可不施采前肥，集中在采后重施基肥。施肥量约占全年的 20%，此期化肥用量不宜过多，全年的有机肥可集中此期施用。

二、施肥方法

柑橘园施肥方法可分为两类：一类是土壤施肥，植物根系直接从土壤中吸收施入的肥料；另一类是根外追肥，有叶面喷施、枝干注射等多种。生产上最常用的是土壤施肥和叶面施肥。

（一）土壤施肥

柑橘果园土壤施肥的方式有以下几种。

1. 环状沟施肥

沿着树冠滴水处，挖深 15~20cm、宽 30cm 的环状施肥沟，施肥后覆土。幼年树施肥常用此法。

2. 放射沟施肥

在树冠距树干 1~1.5m 处开沟，按照树冠大小，向外呈放射状挖沟 4~6 条，沟的深度与宽度同环状沟法。但要注意内浅外深，即靠近树干处浅些，避免伤及大根。如果施追肥，沟的深度可以浅些。每年挖沟时，应更换位置，以扩大根系吸收范围。

3. 穴状施肥

在树冠范围内挖穴若干个，施肥后覆盖。每年开穴位置错开，以利根系生长。

4. 条沟施肥

这是最常用的施肥方式，在树冠两侧外缘开深 20~30cm、宽 30cm 的条沟，沟长依树冠大小而定。下次施肥换在树冠另外两侧进行。

5. 撒施

在多雨季节，雨后施用氮、钾肥可用撒施，施后耙入土中。在土壤深耕或中耕翻土前撒施，然后翻入土中效果最好。

6. 肥水一体化施肥

利用肥水一体化设施，可采用滴灌、施肥枪等配合灌溉施肥，可定点定量施肥，肥料利用率高，作物吸收快，是目前施肥的发展趋势。

（二）叶面施肥

用喷洒肥料溶液的方法，使植物通过叶片获得营养元素的措施，称为叶面施肥，以叶面吸收为目的，将作物所需养分直接施于叶面的肥料，称为叶面肥。近年来随着施肥技术的发展，叶面施肥作为强化作物的营养和防止某些缺素病状的一种施肥措施，已经得到迅速推广和应用。实践证明，叶面施肥是具有肥效迅速、肥料利用率高、用量少的施肥技术之一。

叶面施肥可使营养物质从叶部直接进入体内，参与作物的新陈代谢与有机物的合成过程，因而比土壤施肥更为迅速有效。因此，常常作为及时治疗作物缺素症的有效措施。在施肥时，还可以按作物各生育期以及苗情和土壤的供肥实际状况进行分期喷洒补施，充分发挥叶面肥反应迅速的特点，以保证作物在适宜的肥水条件下，进行正常生长发育，达到高产优质的目的。但只有正确应用叶面施肥技术，才能充分发挥叶面肥的增产、增收作用。

第四节　整形修剪技术

整形修剪含义包括修整树形和剪截枝梢两个部分。整形修剪是按照设计的树形要求，采用控制和调节枝梢生长的各项技术措施，将柑橘植株培养成优质、丰产、稳产一致的树形。整形修剪是柑橘果树从幼苗至衰老更新中，始终实施的一项重要技术措施。

一、柑橘的自然开心形整形

柑橘的自然开心形（图 3-12）

1. 主干

高 20~30cm。

2. 主枝

在主干上配置 3 个主枝后，剪除中心主干。主枝与中心主干的夹角为 30°~45°，斜生向外延伸，形成中空的开心形。

图 3-12　自然开心形

3. 副主枝

主枝两侧均匀配置 3~4 个副主枝，以填补主枝的空间，副主枝间的距离为 25cm 左右，并相互错开排列。副主枝与主枝间的夹角为 60°~70°。

4. 侧枝和枝组

在主枝、副主枝上均匀培育若干侧枝和枝组。

二、柑橘的主要修剪方法

（一）短截

将 1 年生枝条剪去一部分，保留基部一段的修剪方式称短截。短截能刺激剪口芽以下 2~3 个芽萌发出健壮强枝，促进分枝，降低分枝高度，有利于树体营养生长。整形中的短截应根据树形对骨干枝的数量、部位的要求和幼树生长的实际情况，采取不同程度的短截处理。

（二）疏剪

对 1~3 年生的枝条从基部全部剪除的称疏剪，疏剪是修剪的主要方法。剪除过多的密枝、弱枝、丛生枝、病虫枝、徒长枝。疏剪减少了枝梢的数量，改善了留树枝梢的光照和养分供应，促其生长健壮，开花结果多而丰产，也减少了病虫为害，疏剪是目前主要的修剪方法。

（三）摘心

在新梢停止生长前，按整形要求的长度，摘除新梢先端部分，并保留需要的长度，称摘心，其作用与短截相似。摘心能限制新梢伸长生长，促进枝俏增粗和充实。

（四）拉枝

幼树整形期，采用绳索牵引拉枝，竹竿、木杆支撑和石块等重物吊枝的方法，将植株主枝、侧枝改变生长方向和长势，以适应整形对方位角和大枝夹角的要求，调节骨干枝的分布和长势。拉枝是柑橘整形中培育主枝、侧枝等骨干枝常用的有效方法。

（五）回缩

回缩指剪除多年生枝组的先端部分。常用于大枝顶端衰退或树冠外密内空的成年树和衰退老树，以更新树冠大枝。密植柑橘园树冠封行交接后，也常用回缩修剪，回缩也是修剪的主要方法。

（六）抹芽

在夏、秋梢抽生至 1~2cm 长时，将顶芽抹除，称抹芽。抹芽的作用与疏剪相似。主芽抹除后，可刺激副芽和附近芽萌发，抽出较多的新梢，称抹芽放梢。

（七）疏梢

新梢抽生后，疏去位置不当的、过多的、密弱的或生长过强的嫩梢，称疏梢。疏梢能调节树冠生长与结果的比例，使树冠枝、叶、花、果分布均匀，提高坐果率。

（八）环割

用刀割断大枝或侧枝的韧皮部 1 圈或数圈，称环割。环割可起到暂时中断养分下送的作用，促使花芽分化和幼果发育，提高坐果率。环割主要用于旺长幼树或不开花的壮树，也适用于徒长性枝条。

第五节　花果管理技术

柑橘的花果管理技术主要包括保花保果技术、疏花疏果技术、防治裂果技术等方面。

一、保花保果技术

柑橘开花多，着果少。柑橘所开的花，绝大部分在开花期和果实发育过程中脱落，其坐果率一般仅 1%～5%。柑橘落花落果有一定的规律，除花蕾发育不全的弱花、畸形花在花期大量脱落外，幼果由于生理原因而脱落。柑橘保花保果要采取如下措施。

1. 合理施肥与修剪

通过合理施肥形成健康树体，旺长树春季要控制氮肥的施用，春季施氮肥过多，容易促发大量夏梢，夏梢发生量大造成严重落果。要认真修剪，协调叶果比。开春后萌芽前，进行全面修剪。推行矮干、自然开心形的整形和"剔大枝、开天窗"改造郁闭园的大枝修剪技术，扩大树冠表面积，增加受光量，要控制好夏梢的生长，减少果梢矛盾，提高坐果率。

2. 激素保果

常用赤霉素+细胞激动素（GA+BA），也可单用赤霉素保果，一般在花谢 3/4 时和第二次生理落果前喷施。做到尽量喷幼果，少喷叶片。

3. 喷施微肥保果

花蕾期和幼果期可喷硼、锌、磷酸二氢钾等叶面肥保花保果。

4. 及时防治病虫害

蕾期、花期和幼果期病虫害较多，主要有红蜘蛛、花蕾蛆、叶甲、蓟马、黄胸甲、褐斑病、溃疡病等，要及时防治，不然会造成大量落果。

二、疏果技术

要在修剪减少花量的基础上，在花前疏除弱花、畸形花，开花前一周喷施营养液，以提高花的质量。要加强人工疏果，可在 7 月上旬生理落果停止后至 9 月分期进行人工疏果，第一次疏去小果、病虫果、机械损伤果、畸形果；第二次疏去偏小或密集果实，椪柑可按70～80 片叶留一个果进行留果，使树体合理挂果，提高品质。克服大小年，一般盛果期果园挂果 2 000～2 500kg/亩为宜。

三、防治裂果技术

（一）发生症状及规律

1. 发生症状

柑橘裂果的时间一般开始于每年 6 月中旬，结束时间约为 11 月上旬。

2. 发生规律

柑橘上发生裂果现象有一定的规律性。一般在柑橘抽春梢时遇到干旱，则秋季发生裂果的概率就会增大，如果能够及时进行灌溉，则裂果的比例就会降低。对于一些根系长势差的柑橘树，一般易发生裂果。选择种植柑橘品种不同，一般发生生理性裂果的概率也有一定的差异，一般生理性裂果受到果皮结构、细胞分裂期持续时间的影响较大。对于果皮薄、细胞的分裂期持续时间短、细胞之间有较大间隙的柑橘品种，则发生裂果的概率增加。柑橘园的条件也与裂果发生有一定的关系，对于土质黏重、有机质含量低、灌溉条件不好、容易积水的地块上，发生裂果的概率较大。授粉的充分与否以及授粉后的发育情况也会影响生理性裂果的发生。

（二）防治措施

1. 合理灌水，科学施肥

对土壤中的水分进行调节，可以有效地防治裂果。在建园时选择的土壤类型以砂质土为最佳。若选择用于建园的地块沟渠建设情况不完善，不能及时排水，则在建园前要对其进行改良，不仅要使土壤中的保水能力提高，还要确保排水的性能。若果园经受较长时间的干旱，要每隔几天进行灌水，可采取开沟深灌的方式，也可采取机械喷灌的方式等，可以降低裂果率，效果明显。在柑橘果实进入成熟期，要保证水分的供应均衡，不可一次性过量浇水，防止土壤中的水分含量出现较大幅度的变化，确保柑橘果皮与果肉的生长保持一致。柑橘生长发育过程中肥料施用不当，致使养分及水分供应的不充足，土壤中柑橘生长必需的某种元素缺乏，造成果实不能很好地发育，成熟前发生裂果现象。由此可知，缺素可以导致柑橘发生裂果，如柑橘生长过程中，钙、锌、锰、磷等元素含量不足时，易发生裂果现象；氮、镁、钾、硼等元素缺乏或者过量，会增加裂果的发生概率，如柑橘在生长的后期，如果镁缺乏或者氮、钾、硼的施用量过多，就会导致裂果发生较多。因此，要采用科学的施肥方法，适当增加有机肥的用量。钙、钾对果皮的发育有利，可使果皮的厚度增加，提高其抗裂性能，降低裂果的发生概率，因此，要结合土壤中的养分情况适量施入钙肥和钾肥。

2. 合理保果，进行异花授粉

做好保果，增加坐果量，增大基数，保果时用 GA 也可减轻裂果。如果柑橘果实裂果的类型属于内裂，则可采取异花授粉的方式，保证种子的正常发育，产生赤霉素等激素，调节果实的发育，降低裂果的概率。此种方式的缺点为产生的种子数量多，不利于果品质量的提高。套袋技术可对柑橘的果皮细胞壁的代谢产生一定的抑制效果，保证果皮的稳定发育。且对于一些即将裂开的果实，套袋可以防止水分进入，保障果实正常发育，以免发生裂果现象。

第四章　主要病虫害防治技术

第一节　病虫害主要种类

病害（不含病毒病）：柑橘溃疡病、褐斑病、黑点病（柑橘树脂病）、黑斑病（黑星病）、脂点黄斑病、炭疽病、疮痂病、煤烟病等。

虫害：红蜘蛛、黄蜘蛛、矢尖蚧、红蜡蚧、褐圆蚧、糠片蚧、黑点蚧、粉虱、潜叶蛾、锈壁虱、大实蝇、小实蝇、橘蚜花蕾蛆、凤蝶、恶性叶甲、潜叶甲、吉丁虫、吸果夜蛾、角肩蝽、天牛类（星天牛、褐天牛、光盾绿天牛）等。

第二节　常见病虫害防治措施

一、疮痂病

春梢开始萌发时和谢花 3/4 时为重点防治时期，药剂可选用可杀得、石灰多量式波尔多液、代森锰锌、绿乳铜等。

二、炭疽病

增施钾肥，增强树势，加强低洼地排水，注意 8—10 月防治果梗炭疽，药剂可选用代森铵、代森锰锌、大生-M45、甲基托布津、多菌灵等。

三、红蜘蛛

要压低虫口基数，重点在 3—5 月和 9—10 月进行防治，药剂可选用尼索朗、四螨嗪、伏螨郎、阿维螨清、哒螨灵、克螨特等。

四、蚧壳虫

注意越冬清园，重点抓住 5 月中下旬第一代幼蚧高峰期防治，药剂可选用乐斯本、机油乳剂、优乐得、松碱合剂等。

五、锈壁虱

重点掌握 7 月下旬至 8 月上旬进行防治，药剂可选用丁硫克百威、大生－M45、三唑锡等。

六、潜叶蛾

注意夏秋梢的抹芽放梢，在夏秋梢放梢后抽出 0.5～1cm 时，间隔 4～5d，连续用药 2～3 次，药剂可选用高效氯氰菊酯、来福灵、敌杀死、万灵、抑太保、杀虫双等。

七、粉虱类

重点掌握两个防治时期，一是 2 月中旬，用机油乳剂加有机磷农药杀灭越冬成虫（可兼治蚧壳虫）；二是加强 4 月下旬至 5 月上旬的第一代防治，并随时注意 4—10 月各代低龄幼虫的防治，药剂可选用机油乳剂、定虫脒、乐斯本、敌敌畏、松碱合剂等。

第三节　几种典型病害的防治

一、溃疡病的防治（病原属于细菌）

溃疡病（图 4-1）主要从气孔和伤口入侵。该病为检疫性病害。

图 4-1　柑橘溃疡病

（一）溃疡病发生传播规律

1. 气候环境条件

高温潮湿是发病的优越条件，溃疡病主要为害夏梢和秋梢。

2. 伤口

是溃疡病侵染的主要渠道。台风区、风口溃疡病为害严重，潜叶蛾、红黄蜘蛛等为害叶片均给溃疡病提供侵染途径。

3. 溃疡病是细菌

可以通过化学药剂将其杀灭。

（二）溃疡病防治

1. 严格执行植物检疫

严禁带病苗木、接穗和果实传入无病区，一旦发现应立即彻底烧毁。

2. 建立无病苗区，培育无病苗木

选择较隔离的地方作苗圃，种子和接穗严禁从病区调入。

3. 在病区应经常检查

剪除有病枝叶，清除地面枯枝落叶，以消灭病原。在生长期喷药保护，苗木和幼树在春、夏和秋梢萌发后 20d 和 30d 各喷药 1 次。结果树应在开花前和谢花后及夏、秋梢抽发后各喷药 1 次。预防的药物可选用 20%龙克菌 SC500～700 倍液、6 000 单位/mL 的农用链霉素加 1%酒精、77%可杀得可湿性粉剂 300 倍液、氧氯化铜胶悬剂 400 倍液等。治疗药物可选用克菌特 700 倍液和菌普克 1 000～1 500 倍液。另外，噻唑锌、波尔多液对溃疡病防治效果良好。

二、褐斑病的防治

柑橘褐斑病（图4-2）为真菌性病害，春秋两季都会发病，病原菌为交链隔孢菌（*Alternaria alternata*），病菌能感染幼叶、新梢和果实（含幼果、生长期果实、转色期果实）。防治方法如下。

1. 清洁果园修剪病枝

在柑橘春梢萌芽前（即2月底前），结合冬、春季修剪剪除病枝病叶，并收集烧毁，减少病菌初侵染来源。修剪后要求喷施一次 0.5～1 波美度的石硫合剂。

图4-2　柑橘褐斑病

2. 清理排水沟

针对隐蔽湿度大的果园，要求果农修整沟渠，降低水位，通过深沟排水措施来降低园区内湿度，改变有利于病原菌的生长环境。

3. 加强树体管理

褐斑病病原菌易感染柑橘幼嫩组织，偏施氮肥的果园由于氮肥促进幼嫩组织的生长而发病较重。因此，要求果农避免偏施氮肥，增施磷、钾肥以增强树势，提高抗病力。

4. 药剂防治

重点在花蕾期、谢花期、幼果期。7—9月高温季节不易发生，9月后气温下降，可防治1~2次。药剂可选用波尔多液及铜制剂类、戊唑醇、克菌丹、醚菌酯、本醚甲环唑等，要交替使用。

三、树脂病的防治

柑橘树脂病（图4-3）为害柑橘的枝干、叶片和果实。在枝干上发生的称树脂病，在叶片上和幼果期发生的称沙皮病，贮运期间果实上发生的称褐色蒂腐病。该病在枝干上发生后会影响树势，降低产量，严重时引起整株枯死；在枝、叶和幼果上发生后则抑制枝梢、叶片和幼果的生长，并降低果实的品质；在贮运期发病则引起果实腐烂，造成很大损失。

该病菌是一种弱寄生菌，生长衰弱或受伤的柑橘树病原菌容易侵

图4-3 柑橘树脂病

入为害。因此，柑橘树遭受冻害造成的冻伤和其他伤口，是本病发生流行的首要条件。如上年低温使树干冻伤，往往次年温湿度适合时病害就可能大量发生。此外，多雨季节也常常造成树脂病大发生。

不良的栽培管理，特别是肥料不足或施用不及时，偏施氮肥，土壤保水性或排水性差，各种病虫为害和阳光灼伤等造成树势衰弱等，都容易引致此病的发生。该病的发生与柑橘树的树龄也有一定关系，老树和成年树发病较多，幼树发病少。防治方法如下。

1. 加强栽培管理，增强树势，提高抗病能力

冬季剪除纤弱枝和过于密闭的交叉枝、病虫枯枝，使橘园通风透光，并减少越冬菌源。注意防寒防冻。

2. 病树治疗

每年春暖后要注意检查病株，对病树要及早彻底刮除病部，并将病、健交界处的黄褐色菌带刮除，暴露1~2d后，涂以波尔多液（用0.5~1kg硫酸铜、1kg生石灰和10~15kg水配制制成）。

3. 嫩梢、叶、果上沙皮病的防治

于春梢萌发前、落花2/3时以及幼果期，结合疮痂病的防治，保护嫩梢、幼叶和幼果，药剂可选用波尔多液及代森锰锌等。

四、红蜘蛛的防治

1. 农业防治

冬季彻底清园，结合修剪，剪除枯枝、残叶和受潜叶蛾为害的僵叶卷叶，集中烧毁，减少越冬虫源。夏秋高温干旱期及时灌水抗旱或叶面喷水，降温提高湿度，果园地面生草覆盖，改善生态环境也可减轻为害。加强栽培管理，增强树势，提高抗虫能力。

2. 生物防治

20世纪50年代以前，红蜘蛛（图4-4）受天敌控制为害并不严重。50—60年代以后，由于不合理使用滴滴涕有机磷等农药，柑橘园生态体系的平衡遭到严重破坏，使红蜘蛛的为害加重，80年代以来，又大量使用拟除虫菊酯农药，其结果红蜘蛛为害更重。到目前为止已经发现柑橘红蜘蛛的天敌种类很多，其中具有一定控制效果的天敌就有捕食螨约20种，食螨瓢虫10多种，蓟马2种，草蛉4种。另外，还有粉蛉、红螨蝇、叩头甲，方头甲、隐翅虫、食螨瘿纹、虫生藻菌、芽枝霉菌、多毛菌及某些病毒等。上述天敌一般在红蜘蛛发生高峰之后的高温期才能加快繁殖，起控制作用。因此，在4—5月的第一次发生高峰期前，目前还不能完全不用化学农药，但在5月以后，就不要轻易施用农药，以免杀伤天敌。在条件允许的情况下，如能合理用药，采取生态栽培，保留柑橘园内和园边杂草，保护自然存在的天敌，一般可以减轻柑橘红蜘蛛的为害。应该提倡柑橘园内人工种植藿香蓟等绿肥杂草，这既是夏季的植被覆盖，降低温度，提高相对湿度，改善橘园生态环境，又为天敌补充食料，有利于捕食螨等天敌的栖息繁殖。当藿香蓟叶片上达到一定数量的捕食螨时，可以割下一部分茎叶悬挂在橘树上，能很快控制住红蜘蛛的数量。

3. 药剂防治

春梢抽发前，选3~5株树，每7~10d调查一次，每次每株查20张叶片（东西南北向各5张），当螨、卵达100头/100叶则应喷药，花后达500头（红蜘蛛）/100叶时喷药。目前防治红蜘蛛的药剂主要有：5%尼索朗1 000~1 500倍液，20%螨危或20%螺螨脂3 000~

图4-4　柑橘红蜘蛛

6 000倍液，10%四螨嗪可湿性粉剂1 000~2 000倍液，73%克螨特乳油3 000倍液，50%托尔克（苯丁锡）、20%三唑锡可湿性粉剂2 500~3 000倍液，20%哒螨酮（又名速螨酮）可湿性粉剂3 000~5 000倍液或15%扫螨净乳2 500~3 000倍液等。

五、锈壁虱的防治

柑橘锈壁虱（图4-5）。

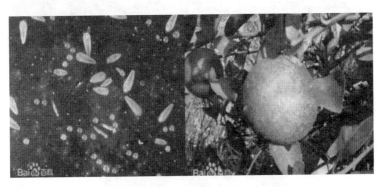

图4-5　柑橘锈壁虱

1. 生物防治

喷汤普森多毛菌粉，但要保持橘园一定湿度。下午4时以后喷粉或雨后喷粉，效果较好。为保护天敌，应少喷铜制剂等杀菌剂。

2. 化学防治

7月中旬以后注意检查，发现一张叶有虫3头，一个果实有虫5头时或当虫口密度达到每视野2~3头，或当有螨叶率达到20%~30%，或开始出现"灰果"和黑皮果时应立即喷药防治。药剂可选用20%丁硫克百威、73%克螨特、50%托尔克或80%代森锰锌等；叶背和果实的阴暗面应周密喷施。

3. 其他

夏秋干旱季节，浇水抗旱，增施有机肥，改善橘园小气候，可减轻为害。

六、柑橘大实蝇的防治

柑橘大实蝇（图4-6）。

图4-6　柑橘大实蝇

1. 冬季清园翻耕，消灭越冬蛹

结合冬季修剪清园、翻耕施肥，消灭地表10~15cm耕作层的部分越冬蛹。

2. 地面施药，封杀成虫出土

蛹在3cm深以内的土壤中越冬。5月中下旬为羽化出土盛期；5月中下旬，成虫羽化出土时，每亩用80%敌敌畏乳油1 500倍液喷施橘园地面，每隔7~10d喷施1次，连喷两次杀成虫，消灭出土成虫。

3. 诱杀成虫

利用柑橘大实蝇成虫产卵前有取食补充营养（趋糖性）的生活习性，可用挂诱杀球、喷施果瑞特及糖酒醋敌百虫液或敌百虫糖液制成诱剂诱杀成虫，挂诱杀球、喷施果瑞特效果良好。

4. 摘除蛆果，杀死幼虫

8月下旬至9月下旬，摘除未熟先黄、黄中带红的蛆果，每隔5d摘除1次。10月中下旬至11月中旬，在蛆果落果盛期应每天拾落地果1次，并将蛆果火烧或水煮，或挖45cm深的土坑将其进行深埋，以防止老熟幼虫入土化蛹。

5. 断绝虫源

一是摘除青果：在柑橘树比较分散，柑橘大实蝇发生为害严重的地方，在7—8月将所有的柑橘青果全部摘光，使果实中的幼虫不能发育成熟，达到断代的目的。二是砍树断代：对柑橘种植十分分散、品种老化、品质低劣的区域，可以采取砍一株老树补栽一株良种柑橘苗的办法进行换代。在摘除青果和砍树断代的地方，不需要用药液诱杀成虫。

6. 开展统防统治

联防是防治柑橘大实蝇的关键，要全面实行联防群治，即凡是需要进行防治的区域，平面相距1km的相邻柑橘种植区，都要统一动员农户捡净落地果、集中深埋、喷药或悬挂药液诱杀以及用药封土毒杀、冬季翻土晾冻等。其中的"捡净落地果、集中深埋"则是防控柑橘大实蝇的最经济、有效措施，应广泛宣传、应用，并要持续进行2~3年。

柑橘病虫害综合防治如表4-1所示。

表4-1 柑橘病虫害综合防治一览

月份	物候期	内容
1~2	花芽分化期	①挖园：有大果实蝇的果园，要及时挖园，翻出越冬虫卵。无大果实蝇的果园可不挖园或间隔2~3年挖一次。②喷一次10~12倍松碱合剂（或溶杀螨剂），防治越冬蚧类、粉虱类
3	春梢萌发期	下旬发芽30%时，喷药防治疮痂病和红黄蜘蛛，防治疮痂病药剂可选用可杀得、疮炭煤烟净、代森锰锌、必得利、大生M-45、多菌灵等。防治红黄蜘蛛的药剂可选用尼索朗、四螨嗪、螨危等杀卵剂
4	春梢萌发现蕾开花	①花蕾蛆：当50%花蕾现白时，树冠喷施80%敌敌畏1 000倍液；在花蕾被害不多的情况下，及早摘除被害花蕾。②叶甲类：清除地衣、苔藓和杂草，发生较多的果园在越冬成虫恢复活动盛期和产卵高峰期用80%敌敌畏乳剂1 000倍或5%高效氯氰菊酯3 000倍液喷施。③柑橘粉虱：为害较重果园在中下旬喷施5%定虫脒、3%农家盼或3%芽终乳油1 000~2 000倍。④芽虫类：用10%吡虫啉进行挑治
5	花期幼果形成生理落果	①谢花后及时喷药防治疮痂病、炭疽病、砂皮病等和红黄蜘蛛。②中下旬喷药防治蚧类，药剂可选用阿克泰水分散、乐斯本、优乐得等与100倍液机油乳剂混用。③注意橘蚜、金龟子、凤蝶、卷叶蛾、黄斑病等其他病虫的防治。④大实蝇挂球、喷药防治
6	夏梢萌发生长生理落果幼果生长	①螨类为害严重的果园需再次喷药。②幼树放梢，芽米粒长时喷施5%高效氯氰菊酯、5%来福灵、2.5%敌杀死、5%宝功、5%抑太保等防治潜叶蛾。③注意砂皮病、黑星病、疮痂病、炭疽病、大实蝇、天牛、吉丁虫、凤蝶、白蛾蜡蝉和眼纹广翅蜡蝉等病虫害的防治
7	夏梢生长果实膨大	①中旬注意介壳虫防治。②下旬注意锈壁虱的防治，药剂可选用好氨威、大生M-45、三唑锡等。③秋梢米粒长时，保护嫩梢，防治潜叶蛾，药剂可选用高效氯氰菊酯、敌杀死、宝功、抑太保等。④注意大实蝇、天牛、蚧壳虫、粉虱类、凤蝶、小造桥虫、白蛾蜡蝉和眼纹广翅蜡蝉等病虫害的防治
8	秋梢抽发生长果实膨大	①中下旬注意锈壁虱的防治，药剂可选用好氨威、大生M-45。②幼树秋梢米粒长时，保护嫩梢，防治潜叶蛾，药剂可选用5%来福灵、2.5%敌杀死、2%宝功、5%抑太保等。③注意大实蝇、粉虱类、橘芽、炭疽病、凤蝶、白蛾蜡蝉和眼纹广翅蜡蝉等病虫害的防治

（续表）

月份	物候期	内容
9	秋梢老熟 果实膨大	①螨类、炭疽病：药剂可选用炔螨特、哒螨灵、四螨嗪、螨危等加大生 M-45 或必得利。②蝽类：药剂可用 80%敌敌畏乳油 700~1 000倍液。③大实蝇、食心虫类：重点尽早摘除树上虫果，捡拾地上病虫果，集中处理。④蚧壳虫、粉虱类：发生较重的果园需用药剂防治，可选用阿克泰水分散、蚜终等
10	果实膨大 着色	①螨类、炭疽病：药剂可选用炔螨特、哒螨灵、四螨嗪等加大生 M-45 或必得利。②蝽类：药剂可用 80%敌敌畏乳油 700~1 000倍液。③大实蝇、食心虫类：重点尽早摘除树上虫果，捡拾地上病虫果，集中处理
11	果实膨大成熟 花芽分化	①抹除晚秋梢。②捡拾地上病虫果，集中处理
12	花芽分化	①采果后一星期喷施 20mg/kg 2,4-D 及喷施波美 0.6~1 度石硫合剂进行清园。②树干涂白。③冬季修剪。④挖园

第五章　采收、贮藏及加工技术

第一节　采收技术

一、适时采果

本地椪柑一般在 11 月下旬至 12 月上旬采收，纽荷尔脐橙在 11 月 18 日至 12 月 15 日采收较好。

二、采收方法

采收当日，若有雨、水、雾，则需待树上无水时才能采摘。采摘人员须剪齐指甲或戴上手套，以免伤害果实。不要随便攀枝拉果，因拉果易使果从果蒂处腐烂。严格采用采果剪采果，应用两剪法，第一次离果蒂 1~2cm 处剪下，第二次齐果蒂处剪平。果筐内须放柔软物，防止伤及果实。剪果顺序，先下后上，先外后内。轻拿轻放，落地果和伤果应选出。采收后的果实不应受到日晒和雨淋。

三、分级

将果实按大小及质量分成若干等级，即称为分级。果实分级是包装、贮运或销售前的重要环节，通过分级，不仅可将腐烂果、伤残果、畸形果和病虫果剔除，保证果实的商品质量，而且可使同级果实大小整齐，外形美观，便于包装、贮存、计重和销售。

果实外观质量是根据果实的形状、果面色泽、果面有无机械损伤及病虫为害等标准，进行分级。果实大小是根据国家（或地方）所规定的果实横径大小标准，进行分级。

分组（级）板分级和打蜡分级机分级，分组（级）板分级是我国柑橘人工分级的常用工具，打蜡分级机一般由提升传送带、洗涤、打蜡抛光、烘干箱、选果台、分级装箱等几个部分组成。其全部工艺流程如下：原料→漂洗→清洁剂洗刷→清水淋洗→擦洗（干）→涂蜡（或喷涂杀菌剂）→抛光→烘干→选果→分级→装箱→封箱→成品。

第二节　贮藏技术

一、药剂防腐保鲜处理

在果实贮藏期间，可发生侵染性病害如柑橘青霉病、绿霉病、蒂腐病（褐色蒂腐病、黑色蒂腐病）、炭疽病、褐腐病、软腐病、黑腐病、酸腐病等。

采取药剂浸果方法防腐保鲜，简便易行。适用浸果防腐药剂可选用25%戴唑霉（万利得）1 000倍液，或用45%扑霉灵1 200倍液，或25%施保克（咪鲜胺）800~1 000倍液或40%百可得1 000倍液等，根据柑橘品种、贮藏期长短及药源选择使用（贮藏期超过3个月以上，可采用戴唑霉+扑霉灵或施保克+百可得混用）。保鲜可用2,4-D处理，浓度100~200mg/kg。采摘的橘果应立即进行药剂浸果处理（一般在1d内完成，最迟不超过两天），浸果1min，晾干后贮藏。

二、预贮

1. 预贮的目的

柑橘果实在采收以后包装之前必须预先进行的短期贮藏，称为预贮。预贮有预冷散热、蒸发失水、愈伤防病等作用，可防止温州蜜柑、红橘、朱红橘、本地早、椪柑、南丰蜜橘等宽皮橘类的浮皮皱缩，甜橙的"干疤"等生理病害。

2. 预贮的方法

将采收后经药液处理的柑橘果实，原筐叠码在阴凉处。最理想的预贮温度7℃，相对湿度为75%。可以在预贮室内安装机械冷却通风装置，加速降温降湿，缩短预贮时间，提高预贮效果。

3. 预贮的时间

通常柑橘果实以预贮2~5d失水3%~5%，手握果皮略有弹性为宜，但品种和果实质量不同预贮时间也不一致。一般橙类预贮2~3d失水3%以内即可，宽度柑橘类以预贮3~5d失水3%~5%为好。但阴雨天采收的饱水果预贮时间应相应拉长，以防入库后容易产生生理病害，增加腐烂。

三、贮藏的方式

（一）田间简易贮藏法

1. 搭建简易贮藏库

应选择在地势平坦，排水良好的地方搭建，贮藏库的样式和一般建筑工棚相似，长度一般在 10~20m，跨度一般在 5~8m，高度在 2~2.5m，跨度大于 5m 时，一般应搭建"人"字形棚，"人"字形棚的房顶用石棉瓦或者油毛毡覆盖，四周可以临时用水泥砖或油布封闭，最好用塑料泡沫、草帘、秸草秆等隔热。每隔 5m 左右留一通风口（活口），以方便进出和通风换气，库房四周开好排水沟，库底每 3~5m 可挖一个进气口。库底用稻草、松针等作铺垫材料。

2. 库房消毒

果实入库前两周，用硫黄加木屑混合点燃，密封 3~4d，或用 50%福尔马林喷洒，密封 7d 灭菌，然后适当通风换气，待无气味后关闭，贮藏库的大小可以根据柑橘产量来决定，一般每平方米库房可以贮藏果实 150~250kg。

（二）普通仓库和民房贮藏

通风良好、不晒、不漏雨、果堆不受到阳光的直射和具有良好的保温、保湿能力，这是库房选择的基本条件。且柑橘入库前两周，应用硫黄粉密封熏烤 24h 或用 4%漂白粉喷洒，对库房进行杀虫灭菌及防鼠害处理，然后开窗换气，备用。

（三）自然通风库贮藏

自然通风库是通风库中使用最早、分布最广的一种库型。主要利用昼夜温差与室内外温差，通过开、关通风窗，靠自然通风换气的方法，导入外界冷源，调节库内温湿度。库内温度的稳定程度与库房结构有关。

1. 自然通风库的建造和库房结构

库址应选在交通方便、四周开旷，附近没有刺激性气体源的地方，库房大小视贮量多少而定，一般每平米能贮果 300kg 左右，每间库房的面积不宜过大，以贮藏 5 000~10 000kg 为宜，这样的库房有利温湿度稳定。库房不能过宽，以 7~10m 为宜，长度不限，库高 5m 左右，库内最好能进拖拉机和微型车。

2. 库房保温系统

自然通风库实际上是常温库，库内的温度受外界气温的影响，频繁的变温对柑橘果实贮藏有害，最好每天温度变化不超过 0.5~1℃。通风库一般都采用双砖墙，墙厚 50cm，中间留 20~30cm 的隔热层，其内填充隔热材料如炉渣、谷壳、锯木屑等，也有直接用空气隔热。库顶设有天花板，其上铺 30~40cm 厚的稻草，库内安装双层套门，内填锯木屑，避免阳光直射。

3. 通风系统

通风系统由地下进风道、屋檐通风窗、接近地面通风窗，屋顶抽风道组成，地下进风道的道口宜朝北，并呈喇叭状，另一头通至库内。在屋檐下每隔 5~6m 设一通风窗，屋顶每隔 3~4m 设一抽风道，延伸出屋脊。每个抽风道、通风窗口均需安装一层铁丝网，防止鼠类等入库危害。

（四）改良通风库

在自然通风库的基础上，着重对通风方式和排风系统做了改进，改良通风库的结构特点：在库顶抽风道内增设排风扇，由自然通风改为机械强制通风，提高了通风降温效果。增加了地下进风道，由原来一条改为两条设置在货架下面，同时增加地面进风口，使进入的冷风直接在果堆中通过，更有利降温。封闭接近地面的通风窗，增加墙体隔热性。进风地道口增设插板风门，通过调节风门大小，控制通风量，同时阻止外界热、寒风进库。库顶由原来平顶改成人字顶，减少通风阻力，避免形成死角。改良通风库采用自然通风和机械通风相结合的通风方式，克服了自然通风库受外界风量限制的不利影响，从而使库内通风量增大且均匀，库内温、湿度稳定，尤其是在预贮期和 3 月后库温升高时，库内温湿度控制的效果更为明显，大部分贮藏时间，温差变化范围保持在 0.5℃ 以内，相对湿度稳定在 90% 左右，贮藏效果优于自然通风库。

（五）控温通风库

改良通风库虽然能在 3 月后气温升高时使库内温度有所下降，但不易控制到果实贮藏需要的适宜温度，因而 3 月中旬后腐烂明显增加，贮期不能延到 4 月以后，如果要进一步改善库房温湿度条件，将3月后的库温控制在适于贮藏的范围内，使贮藏继续延长至5月以后，就需要建造控温通风库。控温通风库主要是在改良通风库的基础上增加制冷增湿装置，制冷增湿装置由冷源、冷风柜及通风设施组成。

四、果实内包装方式

经药物处理预贮分级后的柑橘果实可正式进入贮藏库进行贮藏，一般为保持果实新鲜和湿度，可对果实进行以下内包装处理。

1. 专用塑料薄膜单果包装处理

塑料薄膜单果包装贮藏可保证果实贮藏的湿度需要，既可防止水分蒸发，保持柑橘新鲜饱满的外观，又可避免病菌的交叉感染，减少果实腐烂，延长果实的贮藏寿命。

2. 保鲜纸单果包装处理

有增湿防治果实交叉感染的作用，成本较高，一般高档果实采用较多。

3. 多果塑料薄膜袋装处理

保鲜效果没有单果包装处理好，容易交叉感病，目前适用小果型果实保鲜（如南丰蜜橘、砂糖橘）。

4. 精品袋单果包装

袋较厚，需进行打孔处理，成本高。大型果品公司应用较多。

5. 打蜡处理

其优点，柑橘果实打蜡后，在果实表面形成一层膜，主要作用如下：一是增加光泽，改善外观；二是减少水分蒸发，使果实保持新鲜；三是阻碍果实内外气体交换（降氧），降低呼吸作用，减少营养物质的消耗和品质下降；四是造成果实内适量的二氧化碳的积累，减少和抑制乙烯的产生，降低呼吸作用；五是可减少病原微生物的侵染。其缺点，一是贮藏时间一旦过长，导致果实无氧呼吸增加，可能会使果实品质变劣，并产生异味。因此，一般只对短期贮藏的果实进行打蜡处理，更多的是在贮藏之后、上市之前进行处理；二是质量差的果蜡有可能对果实造成二次污染；三是成本较高。

五、果实贮藏的外包装和堆码方式

1. 塑料箱贮藏包装

是本地常用的贮藏包装方式，有原塑箱和再生料箱两种，原塑箱质量好，可重复多年使用，再生料箱只能使用2~3年，也是目前主要的贮藏包装方式，单个容量为2.5~25kg，也可以用作运输包装、销售包装。按"品"字形码放。根据库型条件，每堆宽3~4m，长不限，堆间留50cm宽的通道，四周与墙壁保留20cm的距离，以利空气流通，操作管理。堆码高度依容器的耐压强度而定，但距离库顶棚必须留60cm的空间，一般每平方米存放250~400kg。

2. 木箱或竹筐贮藏包装

也是常用的贮藏包装方式，单个容量为15~50kg，结实耐用，可重复2~3年或多年使用，消毒堆码方式同塑料箱贮藏包装。

3. 纸箱贮藏包装

包装果实的纸箱种类很多，有1~2kg的礼品箱（盒），有5~25kg的果箱。一般只使用1次，目前用作运输销售包装比较普遍。

4. 散装贮藏

经济条件较差的果农应用较多，优点是节省成本，缺点是库房贮果量少，容易压伤果实。先在地上均匀铺上5~10cm厚的松毛、柏枝或稻草，而后将果实排列其上，每20cm放一层松毛，总高度70cm左右，四周围上松毛，上层再盖上一层5cm左右的松毛，为了减轻自然失重，顶层可加盖一层薄膜（要注意7~10d揭一次），注意堆码时要留通风和人行过道。

六、消毒

入库前两周，库房进行消毒处理。常用的消毒方法有硫黄熏蒸，每立方米容积10g磨细的硫黄粉，因硫黄粉不易点燃，使用时可加适量氯酸钾作为助燃剂。按库房大小分成几堆，密闭熏蒸，也可用40%福尔马林1:40的浓度喷洒库房，密封24h，然后打开窗户通风至库房完全无气味后关门备用。

七、果实贮藏期的管理

1. 第一阶段

入贮初期，应日夜打开所有通风窗，尽快降低库内温度，促进新伤愈合，及时检查取出早期烂果、伤果、脱蒂果。

2. 第二阶段

12月至翌年春节，气温较低，果实贮藏管理也较简单，仅需对贮藏量大的库房适当进行通风换气即可，当外界气温低于4℃时，要及时关闭门窗，堵塞通风口，加强室内防寒保暖，午间气温较高时应打开门窗通风换气。在气温低于零度，此时须增加防寒措施，以防果实受冻。

3. 第三阶段

开春后，外界温度回升，库温随之升高，这时库房管理以降温为主，夜间开窗，引进冷风，日出前关闭门窗。在贮藏库内选若干点，每隔1~2d定点检查不同层次的果实有无病果发生，及时取出干蒂果、烂果、厚皮果。贮藏结束后，及时清理库房，打扫干净。果箱、覆盖用膜在高温炎热季节用清水洗，烈日晒，保存备用。

第三节　加工技术

柑橘加工业发达的巴西和美国的加工用果量分别占总产量的75%和70%，柑橘加工的主要产品是橙汁。

我国柑橘品质不高、品种结构不合理，宽皮柑橘占年产量的60%左右，而甜橙仅占30%左右，成熟期在11—12月的中熟品种偏多，早、晚熟品种少，加工用优良品种不足。我国加工用果总量仅占年产量的5%~8%，远低于巴西和美国的加工比例，且主要产品是橘瓣罐头和柑橘汁。目前主要加工产品有以下类型。

一、橘片罐头

橘片罐头是中国柑橘加工的主导产品，占柑橘加工量的80%以上，是柑橘加工行业的一个传统出口产品，也是国际柑橘加工品市场上最有竞争力的产品。

二、柑橘浓缩汁和饮料

随着国家经济实力的增强和人民生活水平的提高，高品质的饮料不断涌现，尤其是富含矿物质、维生素和功能因子而具有很高营养价值的水果和蔬菜饮料。柑橘汁是采用柑橘类果实制取的果汁，其色泽鲜艳、营养丰富、口味芳香宜人，是世界上最受欢迎、贸易量最大的果汁产品。按制汁原料的不同可分为甜橙汁、葡萄柚汁、柠檬汁、温州蜜柑汁等多种类型。

三、柑橘果酒与白兰地

随着人民生活水平的提高，酒类消费趋向安全、营养、保健，酒类市场出现多样化、低度化、营养化、绿色化趋势。高度烈酒和杂类酒消费开始下降，果酒、啤酒消费加速上升。柑橘酒是最有竞争潜力的果酒之一。

柑橘果酒营养丰富，含有人体需要的多种氨基酸、有机酸、果胶、糖类、维生素及矿物质，酒体清亮透明、无悬浮物、金黄色，具有和谐的柑橘香型，醇和适口，口味稍有柑橘酒特有的优雅苦感。柑橘白兰地加工技术上已达到国际先进水平，产品质量达到国内同类产品领先水平。这将对中国南方柑橘的产业结构调整和产业化发展起到积极的推动作用。

四、柑橘果醋与果醋饮料

果醋为典型生理碱性食品，保健功效显著优于粮食醋，以果代粮酿造果醋，不但可以节约粮食，而且可以充分利用水果资源，解决水果销路难的问题，还可增加农民收入。柑橘果醋营养丰富，内含10种以上有机酸，能有效地维持人体酸碱平衡、清除体内垃圾、调节体内代谢，具有很强的防癌抗癌作用；可预防高血压、高血脂、脑血栓、动脉硬化等多种疾病；具有促进血液循环、增强钙质吸收、提高人体免疫功能、延缓衰老、消除肌体疲劳、开胃消食、解酒保肝、防腐杀菌等功效。开发柑橘果醋对我国柑橘业的持续健康发展意义深远。

五、柑橘副产品的开发

与其他水果相比，柑橘具有可食部分少，橘皮和种子等废料多的特点。柑橘加工业产生的大量皮渣，仅作为动物饲料或肥料是不能完全消化的，这使资源没有得到充分利用而堆积自腐，对生态环境造成巨大的影响。然而废弃物是可以利用的，如用于化学、染料、清漆和化妆品等领域，可开发果胶、香精油、膳食纤维、生育酚、类黄酮、柠檬苦素、酒精等产品。

参考文献

［1］ 何天富 . 柑橘学 ［M］. 北京：中国农业出版社，1999.

［2］ 邓秀新 . 中国柑橘品种 ［M］. 北京：中国农业出版社，2008.

［3］ 单杨 . 柑桔加工技术研究与产业化开发 ［J］. 中国食品学报，2006.

编写：彭际森　阳　灿　付文晶

猕猴桃产业

第一章 概 述

狝猴桃是一种多年生攀缘性落叶藤本果树，又名阳桃、毛桃等，属于被子植物门双子叶植物纲山茶目狝猴桃科。主要分布在亚洲东部，南起赤道附近、北到黑龙江流域、西自印度东北部、东达日本的广大地区。

第一节 种 类

狝猴桃属植物共有 66 个种，其中 62 个种自然分布在中国。狝猴桃属植物的共同特征是均为多年生落叶性攀缘藤本，雌雄异株，稀有雌雄同株；花腋生，聚伞花序；雌蕊子房上位，多室，胚珠多着生在中轴胎座上；花柱多数，分离呈放射状。果实近圆形或长圆形。目前生产上栽培的主要是美味狝猴桃和中华狝猴桃两个种，此外，还有毛花狝猴桃和软枣狝猴桃。

一、中华狝猴桃

以原产于中国而得名，又名软毛狝猴桃、光阳桃等。新梢、幼果表面密生柔软的绒毛，易脱落，老枝无毛，髓片层状，白色或褐色中空；叶纸质或半革质，倒阔卵形或距圆形，基部心脏形，顶端多平截或中间凹入，叶背覆盖星状绒毛，叶柄较短，黄绿色；果实多圆形、长圆形，果面光滑无毛，果皮黄褐色到棕褐色，单果重多在 20~80g，少数可达 100g 以上。果肉多为黄色，少数为绿色，汁液中多，风味以甜为主，少数酸甜（图 1-1）。

二、美味狝猴桃

又名硬毛狝猴桃、毛杨桃等。新梢、果实上密被黄褐色长硬毛或长糙毛，不易脱落，即使脱落后仍然有毛的残迹，髓片层状，褐色。叶纸质或半革质，近圆形或椭圆形，基部心脏形，顶端多突尖，少量平截，个别凹入，叶背被星状毛；花蕾、花冠、花粉粒均显著地比中华狝猴桃得大；果实多近圆形、卵圆形、圆柱形等，果面的褐色硬毛不易脱落，果皮绿色至棕褐色，单果重多在 20~80g，少数可达 100g 以上。果肉绿色，汁液多，多酸甜或微酸，清香味浓（图 1-2）。

图 1-1　中华猕猴桃

图 1-2　美味猕猴桃

美味猕猴桃和中华猕猴桃的原生分布中心均在我国华中地区的长江流域，自然分布在秦岭及其以南、横断山脉以东的地区。中华猕猴桃的分布区由北向东南倾斜，海拔较低；美味猕猴桃的分布区由北向西南倾斜，海拔较高。美味猕猴桃对北方干燥气候的适应性较强，栽培面积也较中华猕猴桃大。

第二节　营养和经济价值

猕猴桃果实富含维生素 C，美国食品营养学教授保尔·拉切斯对 28 种作物维生素 C 含量进行排名，猕猴桃名列首位，另外，还含 B 族维生素，维生素 D、脂肪、蛋白水解酶。果肉具有特殊的清香味和爽口的酸味。猕猴桃含有人体不可缺少的多种氨基酸和其他营养成分，食用猕猴桃有益于人的大脑发育。

第三节　国内外栽培现状

一、全球栽培现状

猕猴桃的开发是从 20 世纪初开始的。1904 年，新西兰人从我国引进美味猕猴桃种子并繁殖成功；1924 年选育出以自己名字命名的"海沃德"品种；1950 年在新西兰的普伦梯湾地区广泛人工栽培猕猴桃，从此开始了猕猴桃商业化的栽培。目前，世界上进行猕猴桃栽培的国家有30多个。21世纪以来，全球猕猴桃生产迅速发展，截至2013年全球生产规模已经从2000年的187万t增加到326万t，其中仅中国的生产份额就超过50%。但我国猕猴桃单位面积产量相对较低，全球以新西兰为最高，平均每公顷为25t，世界每公顷平均产量为15t，而我国只有约8t。

二、国内栽培现状

我国是猕猴桃的原产地，广泛分布于中国南方山岭之间。自20世纪70年代末开始进行猕猴桃资源利用和商业生产，经过30余年的努力，已成为栽培面积和产量跨居世界第一的生产大国。目前在我国的陕西、河南、湖南、湖北、四川、重庆、山东等20余个省市区均有猕猴桃的生产栽培。2015年猕猴桃产量已经达到219万t。湖南总面积达1.1万hm²，产量达12.8万t，具体在湘西、湘中、湘南均有分布。

三、湘西自治州永顺县栽培现状

湘西自治州具有发展猕猴桃得天独厚的自然优势，山地面积比重大，气候类型多样，四季分明，光照充足，雨量充沛，土壤富硒，非常适宜猕猴桃的种植。主要品种有"米良"系列，"红阳"等。产品富硒，具有果大质优、营养丰富、酸甜适口和含籽率高、耐贮藏性好、产量高、无污染等独特品质，是猕猴桃中的上乘佳品。

经过20多年的发展，果农积累了丰富的猕猴桃种植经验，形成了深厚的湘西猕猴桃文化，也相应制定了《湘西猕猴桃》地方标准，并通过ISO9001质量体系认证。1998年湖南老爹农业科技开发股份有限公司成立了湘西猕猴桃产业协会，并依托吉首大学共同组建湖南省猕猴桃产业化工程技术研究中心，进行深加工自主创新，开发出果王素、果汁、果脯等四大类35个系列产品。2007年湘西猕猴桃成为国家地理标志保护产品。目前湘西猕猴桃栽培基地已经覆盖了全州8个县市39个乡镇273个村，已带动20余万果农脱贫致富。其中永顺县猕猴桃人工栽培于20世纪90年代开始，现有猕猴桃面积8.3万亩，以松柏镇、高坪乡、芙蓉镇、石堤镇为主要栽培地区，辐射至首车镇、塔卧镇、小溪乡等乡镇，2015年产量5.1万t，产值1.63亿元。

第二章　猕猴桃主要品种

目前不同的省份有不同的主栽品种，例如：陕西省的主栽品种为秦美与海沃德、四川省的主栽品种为红阳与海沃德、河南省的主栽品种为华美系列与海沃德、湖北省的主栽品种为金魁等、湖南主要有米良1号和楚红等。

第一节　美味猕猴桃品种

一、海沃德

新西兰品种。为国际上各猕猴桃种植国家的主栽品种。果实成熟期为11月下旬。果实长椭球形，果形端正美观，平均单果重80g。果肉翠绿，致密均匀，果心小，每100g鲜果肉含维生素C 50~76mg。可溶性固形物含量为12%~17%。酸甜适度，有香气。果品的货架期、贮藏性名列所有猕猴桃品种之首（图2-1）。

图2-1　海沃德

二、徐香

由江苏省徐州市果园选出。果实短柱形，单果重75~110g，最大果重137g。果肉绿色，浓香多汁，酸甜适口，维生素C含量为99.4~123.0mg/100g鲜果肉，含可溶性固形物13.3%~19.8%。早果性、丰产性均好，但贮藏性和货架期较短。然而，徐香有一个特性可以部分地弥补货架寿命短和贮藏性弱的缺点，即其成熟采收期长，从9月底到10月中旬均可采收，可使挂在架面上的果实随卖随采，无采前落果（图2-2）。

图2-2　徐香

三、米良1号

"米良1号"果实较大，纵径7.5~7.8cm，横径4.6~4.8cm，平均果重86.7g，最大果重170.5g，果实长圆柱形，美观整齐，果皮棕褐色，被长茸毛，果喙端呈乳头状突起；果肉黄绿色，汁液多，酸甜适度，风味纯正具清香，品质上等，果肉含可溶性固形物15%~19%，总糖7.4%，维生素C含量2 070mg/kg，有机酸1.25%。果实在室温下可贮藏20~30d，耐贮性强。在武汉植物园栽培评价显示，平均果重79.4g左右，软熟（硬度2.31kg/cm²）果实可溶性固形物16.04%，总糖9.55%，总酸1.41%，固酸比中等，维生素C含量1 411.1mg/kg，果肉绿色（图2-3）。

图2-3　米良1号

第二节　中华猕猴桃品种

一、红阳

由四川省资源研究所和苍溪县联合选出，为红心猕猴桃新品种。该品种早果性、丰产性好。果实卵形，萼端深陷。果个较小，在有使用果实膨大剂的情况下，单果重在70g以下，大小果现象严重。果皮绿色，光滑。果肉呈红色和黄绿色相间，髓心红色，肉质细，多汁，有香气，偏甜，适合亚洲人口味。含可溶性固形物14.1%~19.6%，总糖13.45%，总酸0.49%，维生素C含量平均为135.77mg/100g鲜果肉。红阳是一个较好的特色鲜食品种。但其果实不耐贮存，常温下货架期为5~7d（图2-4）。

图2-4　红阳猕猴桃

二、东红

中国科学院武汉植物园2001—2010年从红阳实生后代中选育而成，2011年申请获得品种保护受理，2012年12月通过国家品种审定。

果实长圆柱形，平均单果重70~75g，果顶圆平，果面褐绿色，光滑无毛，整齐美观，果皮厚，果点稀少。果肉金黄色，果心四周红色鲜艳，色带略比红阳窄。肉质地细嫩，汁中等多，风味浓甜，香气浓郁，可溶性固形物15%~21%，总糖10%~14%，有机酸1%~1.5%，维生素C 100~153mg/100g，果实含钙量较高有利于贮藏，这是该品种耐贮性优于红阳的原因之一。果实采后30~40d以后才开始软熟，果实微软就可以食用，食用期长，均在15d以上（图2-5）。

图 2-5　东红猕猴桃

三、金艳

"金艳猕猴桃"（图 2-6）是中国科学院武汉植物园培育的新品种，曾被誉为国产"黄金奇异果"，中华猕猴桃系，果实长圆

图 2-6　金艳猕猴桃

柱形，果皮黄褐色，少茸毛；果实大小匀称，外形光洁，果肉金黄，细嫩多汁，味香甜；平均单果重 101g，最大果重 141g，特耐贮藏，在常温下贮藏 3 个月好果率仍超过 90%。树势强旺，枝梢粗壮，嫁接苗定植第二年开始挂果，9 月下旬至 10 月上旬成熟。挂果后成熟时间长，具有极强的早果性、丰产性和耐贮藏性，在常温下可贮藏两个月。

第三章　猕猴桃建园

建立猕猴桃园必须按照其生态条件和无公害化生产的要求，选择最适宜的建园方案。

第一节　园址选择

建园时首先考虑自然条件是不是适合猕猴桃生长，只有条件适宜，才能达到高产、优质、低成本。否则建起来也是产量不高，品质不优，或易成"小老树"，失去经济价值。

园址应选择在气候温暖，雨量充沛，无早、晚霜危害，背风向阳，水资源充足，灌溉方便，排水良好，土层深厚、富含有机质的地区。

以湖南省永顺县为例，猕猴桃在野生条件下，多分布在海拔400~800m。在700m以下，无霜期长，积温较高，产量高，果实大，品质好；在400m以下口感不好，品质较差。在永顺县松柏镇一般集中规划产区的海拔600~800m，以600m居多；从全国范围看，因纬度不同，区别更大。南方只可在高海拔区，北方可在低海拔区建园。

土壤以轻质壤土为好，这种土壤土层深厚，透水性、通气良好，腐殖质含量高。pH值以中性偏酸为宜，pH值大于7.5的地方不宜建园。南方pH值在5.5以下的不宜建园，同时应考虑劳力、交通等社会条件。

第二节　园地规划

园地规划应充分考虑当地的条件，避免不利因素，合理布局。

一、划分作业区

作业区是大面积果园的基本单位。大型果园以50亩为一小区，也可以20~30亩为一小区。家庭果园就更小了，以2~3亩或几十株为一个单元，不再分小区。在山地建园，以一道沟或一面坡为作业区。小区划分必须考虑道路、水渠的位置。

二、道路规划

所有果园的道路分层次修建。要求拖拉机或三轮车、架子车能出入果园，道路直通分级场地。分级场的路，要能通汽车、上公路，和新农村建设公路相连。

三、灌溉系统

现代化的喷灌、微喷、滴灌等技术应为首选的灌溉系统。在有条件的园区要安装灌溉系统，无论在哪种地形上建园，都要结合小区划分和道路规划修建灌溉系统，使各级渠道配套，以便及时灌水。丘陵地区，在果园附近修蓄水池、小型水库，平时蓄水池，干旱时进行灌溉。

四、分级场和果品贮藏库

每50亩或100亩设一个分级场地，可放果箱，临时分级。条件允许时要搭上防雨棚。或在果园附近修贮藏库，就地分级，就地贮藏，可将损失减到最低限度。

第三节　苗木定植

一、栽植时间

在落叶后萌芽前栽植。在11月至次年早春3月前栽植，这时苗木处在休眠状态，体内贮藏的营养多，蒸腾量小，根系容易恢复，成活率高。也可在秋季雨期带叶栽植。湖南省属南方温暖湿润气候，低海拔地区冬季温暖，很少结冻，秋季雨水较多，以秋冬栽植为好。这样有利于根系恢复、伤口愈合，缓苗期短，萌发早，抽梢快，生长旺。

二、雌雄株配置

猕猴桃为雌雄异株植物，雌树结果，雄树授粉，离开哪一个也不行。不授粉的母树不结果，即使结果也是畸形果。雌雄树比例搭配适当，才有充分的授粉机会，才能硕果累累。所以说配好雌、雄树比例很重要。当前猕猴桃生产中雌雄株配置比例以（5~8）：1居多（图3-1）。

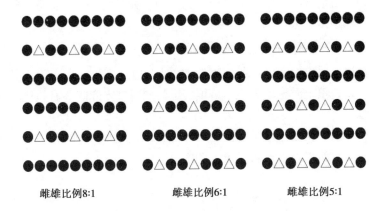

雌雄比例8:1　　　　　雌雄比例6:1　　　　　雌雄比例5:1

图3-1　猕猴桃不同雌雄比例定植

　　配好雄性品种很重要，关系到栽植后能不能达到优质高产。对雄性品种的具体要求：一是和雌株品种花期一致；二是开花期要长，雌株的花期结束，雄株还有二次花；三是花粉量要大，花粉生活力强。

　　永顺县经多年实践，现主要进行人工辅助授粉，栽植雌雄比例为20：1，达到少栽雄株，多栽雌株，增加了产量；陕西、河南这些猕猴桃大省，采用单独栽植雄株，专门收集加工商品花粉，果农仅需栽植雌株，授粉时购买商品花粉用授粉枪进行人工授粉，这样既能保证授粉充分，又能避免雨季无法进行昆虫授粉或人工辅助授粉，还能增加雌株栽植数量，提高产量。

三、栽植密度

　　栽植密度以品种而定，一般美味系列多采用株行距为3m×4m或3m×3m，而中华系列采用3m×2m，也有的实行计划密植，采用4m×1.5m。

　　在丘陵山地，由于地形复杂，有条件时先修梯田，在梯田内侧1/3处栽树。如果人力、经费不足，可以开成带状田后再栽树。带田也好，梯田也好，内侧都要有排水沟，天涝时排水，天旱时用沟放水浇树。梯田和带田都应稍向内侧倾斜，这样可防止大雨冲走土壤。

如果山地坡陡，带窄，就以带为行距。如果坡度小，带宽，行距也宽，株距多数采用3m。

四、改土挖穴

定植坑要求挖80cm见方大坑，挖时上边的土放一边，下面的土放另一边。填土时先填表土，后填底土，同时施入圈粪等有机肥，改良土壤。

在旱田中栽植最好用挖机全园深翻，深度达60cm以上，打破犁底层，便于沥水，再挖穴栽植（图3-2）。

图3-2　改土效果图

改土挖穴时间要提前。秋季栽树，夏季挖好，使土壤暴晒后变松；春季栽树上年冬季挖好，冬季寒冷，可冻松土壤，冻死害虫。提前挖穴有改良土壤的作用。

五、栽植方法

平地栽植时可用高垄法，栽植带高出地面20~30cm，也可只让栽植穴高出地面，最好是整个栽植带高，这样好排水。用表土或肥沃土将定植穴培成高垄，这样苗木不会因积水而受淹。坡地或干旱地区，栽植穴或栽植带要与地面平，也可略低于地面，既能蓄水保水，又便于灌水。

在栽植前，要准备好圈肥和过磷酸钙，或有机无机生物肥，以便栽植时施入。每穴施圈粪75kg，将土和粪混合均匀填入穴内，再用表土覆盖达10cm左右，以免苗木根系直接接触肥料造成沤根死苗。

栽植时将要定植的幼苗放在早已挖好的大穴中央，要左右前后对齐，将苗扶直，须根四周铺开，不要弯曲，先用表土或混合土盖苗木根部，然后将幼树向上提动，使根系舒展，最后将穴填满。注意填土应高于畦面，灌透水下陷后和畦面平，不能低于畦面。也可沾生根粉以促进多发新根。

栽植的深度一般要求 15~20cm 深度即可，栽植过深苗木不发，容易衰弱。以保持在苗圃时的土印略高于地面，待穴内土壤下沉后大致与畦面持平为宜。不要将嫁接部位埋入土中。

栽时再检查一次，不栽病苗、烂根苗、少根苗，更不要栽植有根瘤线虫的根腐病的苗木。

栽后要踏实，及时灌透水，灌后土壤下陷时要及时培土。快干裂时，要松土保墒。也有果农采用地有墒时栽种，不浇水的方法，成活率也很高。

六、幼树管理

栽好幼苗，第一关是浇足水。浇前在幼树四周修直径 0.5m 左右的圆盘，盘内比畦面低 5cm，当水浇入后，下陷 5~10cm，应培土和畦面平，这叫稳苗水，一定要浇透，当地面开始黄干时，浇第二次水。无论哪一次水，当地面黄干时都要中耕保墒。可用草覆盖保墒，也可用地膜覆盖保墒，也可套种高干作物遮阳，或采取遮阳网避免强光照射，当年栽植苗不强调施肥，稍有不慎就会发生肥害，可以选择以叶面喷肥为主，生物肥为辅的方法进行养分补充。图 3-3 为猕猴桃树。

此后，要根据土壤墒情，及时进行浇水，只有这样，第一步才算完成。保住全苗，是栽植后幼苗期管理的首要任务。但不宜灌水太多，地下经常处于潮湿还容易烂根。不要地表一黄干就灌水，否则地表干而根周围潮湿或积水易烂根，也就保不了全苗。另外，对春季发上来的枝芽，当幼苗长到 20cm 时，在靠根部插一根竹竿，将刚发出的嫩枝绑上，防止被风吹折，一般最多留两个主干，切记不能多主干上架，当本次新梢生长结束，摘心，促进新梢增粗和二次梢萌发，选择一个强旺二次梢继续牵引生长；当苗木新梢长至架下 20cm 时要注

图 3-3　猕猴桃树

意向摘心，定向培养架面枝条，并对主干中下部其余的枝条及时剪除，以保证架面枝的正常生长。

第四节　搭建棚架

猕猴桃本身不能直立生长，需要搭架支撑才能正常生长结果；猕猴桃的结果量可以超过每亩 3 000kg，加上生长季节枝叶的重量，如果遇上大风，会产生很强的摆动量。因此，使用的架材一定要结实耐用。目前栽培猕猴桃采用的架型主要有"T"形架和大棚架两种。

一、"T"形架

"T"形架的优点是易架设，田间管理操作方便，园内通风透光好。缺点是只能在平地或坡地定植行较直的园区安装。"T"形架是在支柱上设置一横梁，形成"T"字样的支架，顺树行每隔 3~4m 设置一个支架。立柱全长 2.4m，地面上一般高 1.8m 左右，地下埋入 0.6m；横梁全长 2m，上面顺行设置 5 条 8~10 号镀锌钢丝，中心一条架设在支柱顶端。支柱和横梁可用直径 1cm 的圆木，也可使用钢筋混凝土制作。钢筋混凝土支柱横断面 10cm×10cm，内有 4 根钢筋；横梁横断截面 15cm×10cm，内有 4 根钢筋。每行末端在支柱外的顺行延长线 2m 处埋设一地锚拉线，地锚可用钢筋混凝土制作，长、宽、高分别不小于 50cm、40cm、30cm，埋置深度超过 1m。支柱用原木时，埋置前要进行防腐处理。边行和每行两端的支柱直径应加大2~3cm，钢筋增加两根，长度增加120cm，埋置深度也要增加20cm，以增加支架的牢固性（图3-4）。

图 3-4   T 形架

二、大棚架

大棚架的优点是抗风能力强，产量高，果实品质好，缺点是果园阴蔽，不便田间操作管理，大棚架所用支柱的规格多采用长2.4m，粗为8cm×8cm的混凝土预制方柱。栽植距离与苗木相同，小果型果园如"红阳"苗木定植密度为3m×2m、支柱密度可加宽3m×（4~5）m，在支柱上纵横拉一条8~10号镀锌钢丝，在两支柱之间拉2~3条10~12号镀锌钢丝，整修棚架架面形成60~80cm见方的钢丝网。地锚拉线的埋设同"T"形架，同时除每行两端支柱外埋设地锚拉线外，每横行两端支柱外2m处也应埋设一地锚拉线，不设地锚拉线的可全部使用撑杆（图3-5、图3-6）。

图 3-5   大棚架架设

图 3-6　大棚架效果园

第四章 田间管理

第一节 定形

一、幼龄园定型

整形通常采用单主干上架，在主干上接近架面的部位（20cm左右）选留两个主蔓，分别沿中心钢丝伸长，主蔓的两侧每隔25~30cm选留一强旺结果母枝，与行向成直角固定在架面上，呈羽状排列（图4-1）。

图4-1 猕猴桃定型效果图

苗木定植后的第一年，在植株旁边插一根细竹竿，从发生的春梢中选择一生长最旺的枝条作为主干，将其用细绳固定在竹竿上，引导新梢直立向上生长，每隔30cm左右固定一道，以免新梢被风吹劈裂。注意不要让新梢缠绕竹竿生长，如果发生缠绕要小心地解开。春梢生长结束，从弯曲处摘心，使主干增粗和促发二次梢，顶部的芽发出二次枝后再选一强旺枝继续引导直立向上生长。植株发生的其他新梢，可保留作为辅养枝，如果长势强旺，也应固定在竹竿上。对于嫁接口以下发出的萌蘖枝要定期检查及时去掉，尤其是六七月以后容易发生徒长枝，一定要勤检查，尽早剪除。冬季修剪时将主干新梢剪留3~4芽，其他的枝条全部从基部疏除。

第二年春季，从当年发生的新梢中选择一长势强旺者固定在竹竿上引导向架面直立生长，每隔30cm左右固定一道，其余发出的新梢全部尽早疏除。当主蔓新梢停止生长后进行摘心促发二次梢。在架下20cm左右选两个强旺新梢作主蔓，当主蔓新梢的高度超过架面30~40cm时，将其沿着中心钢丝弯向两边引导作为两个主蔓，着生两个主蔓的架面下直立生长部分称为主干。两个主蔓在架面以上发生的二次枝全部保留，分别引向两侧的钢丝固定。冬季修剪时，将架面上沿中心钢丝延伸的主蔓和其他枝条均剪留到饱满芽处。如果主蔓的高度达不到架面，仍然剪到饱满芽处，下年发生强壮新梢后再继续上引。

第三年春季，架面上会发出较多新梢，分别在两个主蔓上选择一个强旺枝作为主蔓的延长枝继续沿中心钢丝向前延伸，架面上发出的其他枝条由中心钢丝附近分散引导伸向两侧，并将各个枝条分别固定在钢丝上。主蔓的延长头相互交叉后可暂时进入相邻植株的范围生长，枝蔓互相缠绕时摘心。冬季修剪时，将主蔓的延长头剪回到各自的范围内，在主蔓的两侧每隔20~25cm留一生长旺盛的枝条剪截到饱满芽处，作为下年的结果母枝，生长中庸的中短枝适当保留。将主蔓沿中心钢丝绑定，间隔50~60cm绑一道，不能捆绑紧，留足主蔓生长增粗空间，最好以"8"字形绑缚，这样在植株进入盛果期后枝蔓不会因果实、叶片的重量而从架面滑落。保留的结果母枝与行向呈直角、相互平行固定在架面钢丝上呈羽状排列。

第四年春季，结果母枝上发出的新梢以中心钢丝为中心线，沿架面向两侧自然伸长，采用一"T"形架的，新梢超出架面后自然下垂呈门帘状；采用大棚架整形的新梢一直在架面之上延伸。大致到第四年生长期结束，树冠基本上可以成形。下一步的任务主要是在主蔓上逐步配备适宜数量的结果母枝，还需要1~2年的时间才能使整个架面布满枝蔓，进入盛果期。

二、不规范树形改造

在生产中不少人为了增加早期产量，提高经济效益，在幼树阶段采用伞状上架，造成了多主干、多主蔓的不规范树形。这种树形随着树龄的增长缺点和问题越来越突出：首先是大量浪费营养，用于主干、主蔓和多年生枝的加粗生长的营养超出单主干、双主蔓树形的数倍以上，把本应用于结果的营养用于生长没有价值的木材，养分的无效消耗大大增加，降低产量与果实质量；其次，多年生枝级次过多，一年生枝的长势明显变弱，果实个小质差；第三，枝条相互交错紊乱，导致架面郁蔽，通风透光不良，难以实现安全优质丰产的目标。

要有计划、分年度逐步将不规范树形改造成为单主干、双主蔓整形。首先必须从多主干中选择一个生长最健壮的主干培养成永久性主干。在主干到架面的附近选择两个生长健壮的枝条培养为主蔓，再在主蔓上配备结果母枝；其次对永久性主蔓上的多年生结果母枝，剪留到接近主蔓部位的强旺一年生枝，结果母枝上发出的结果枝应适当少留果，促使其健壮生长，尽快占据植株空间。其他的主干均为临时性的，要分2~3年逐步疏除，首先去除势力最弱、占据空间最小的1~2个临时性主干，对其他临时性主干上发出的结果母枝要控制其生长势，缩小其占据的空间。在修剪、绑蔓时临时性枝蔓都要给永久性主蔓上发出的枝条让路，下年冬剪时，再从其余的临时性主干中选择较弱者继续疏除。在架面以下永久性主干上发出的其他枝条都要回缩、疏除。

不规范树形的改造主要在冬季修剪时进行，生长季节也要按照改造的目标进行控制管理。改造时选留和培养永久性主干是关键，对临时性主干的疏除既不能过分强调当年产量而保留过多，也不能过急过猛，以免树体受损过重（图4-2）。

图4-2　修剪示范

三、整形修剪

猕猴桃的生长势特别强，枝长叶大，又极易抽生副梢，无论采用何种架型，每年都要通过修剪调节生长和结果的关系，使值株保持强旺的长势和高度的结实能力。猕猴桃的修剪分为冬季修剪和夏季修剪。秋季落叶后，枝条中的大量养分分解后运输到主蔓、主干和根部，以度过冬季的不良环境。春季地温变暖后，树液开始流动，将在根部等加工合成的养分运向地上部的各个部位。因此，冬季修剪过早过晚都会造成树体的营养损失，一般应在12月下旬左右开始至第二年元月下旬树体休眠期间进行。夏季修剪主要在生长旺盛季节进行。

（一）冬季修剪

定型结束后的冬季修剪主要任务是选配适宜的结果母枝，同时对衰弱的结果母枝进行更新复壮。

1. 结果母枝的种类

（1）强旺发育枝：一般在6—7月以前抽生的基部直径在1cm以上、长度在1m以上的枝条。这类枝条长势强，贮藏的营养丰富，芽眼发育良好，留作结果母枝后抽生的结果枝生长旺盛，结果量多，果实品质优，是作为结果母枝的首选目标。

（2）强旺结果枝：基部直径在1cm以上，长度在1m以上。结果枝一般发芽抽生早，结果部位以上叶腋间的芽形成早，发育程度好，留作结果母枝时常能抽生良好的结果枝。强旺的结果枝是比较理想的结果母枝选留对象，但基部结过果的节位没有芽眼，不能抽生结果枝，残留的果柄也容易成为病菌侵入的场所，导致结果母枝的基部发生枝腐病。

（3）中庸枝：长势中庸的结果枝和发育枝，长度在30~100cm，也是较好的结果母枝选留对象。在强旺的发育枝、结果枝数量不足时可以适量选用。

（4）短枝：一般长度在30cm以下，停止生长较早，芽眼发育比较饱满的短枝，着生位置靠近主蔓时可以适量选留填空，保护主蔓免受日灼的危害，增加一定产量。

（5）徒长枝或徒长性结果枝：徒长枝条下部直立部分的芽发育

不充实，形成混合芽的可能性很小，从中部的弯曲部位起往上的枝条发育比较正常，芽眼质量较好，能够形成结果枝。在强旺发育枝、强旺结果枝数量不足时也可留作结果母枝。

2. 初结果树的修剪

初结果树一般枝条数量较少，主要任务是继续扩大树冠，适量结果。冬剪时，对着生在主蔓上的细弱枝剪留 2~3 芽，促使下年萌发旺盛枝条；长势中庸的枝条修剪到饱满芽处，增强长势。主蔓上的先年结果母枝如果间距在 25~30cm，可在母枝上选择一距中心主蔓较近的强旺发育枝或强旺结果枝作更新枝将该结果母枝回缩到强旺发育枝或强旺结果枝处。如果结果母枝间距较大，可以在该强旺枝之上再留一良好发育枝或结果枝，形成叉状结构，增加结果母枝数量。

3. 盛果期树的修剪

一般第 5~6 年生时树体枝条完全布满架面，猕猴桃开始进入盛果期。冬季修剪的任务是选用合适的结果母枝，确定有效芽留量并将其合理地分布在整个架面，既要大量结优质果获取效益，又要维持健壮树势，延长经济寿命。

结果母枝首先选留强旺发育枝，在没有适宜强旺发育枝的部位，可选用强旺结果枝以及中庸发育枝和结果枝。结果母枝在架面的距离对结果的性能和果实的质量有明显的影响，单位面积架面上的结果数量和产量随着结果母枝间隔距离的减小而增大，但单果重、果实品质随结果母枝间距的减小而降低。从丰产稳产、优质和下年能萌发良好的预备枝等方面考虑，强旺结果母枝的平均间距应在 25~30cm 为好。

不同品种之间结果母枝的剪留长度差异较大，对结果母枝常剪留 7~8 芽，较长的剪留 10~12 芽，通过增加结果母枝数量提高有效芽数量，结果母枝常在 30~40 条。由于结果母枝数量大，间距过小，发出的结果枝和发育枝集于靠近架面中心钢丝附近，导致生长季节出现架面新梢密集，树冠内膛郁闭，光照不良。而架面之外两侧仍有较大空间没有被充分利用，产量和果实质量难以提高。新西兰生产中对海沃德品种采用长梢修剪，结果母枝剪留长度多在 16~18 芽，拉大了结果母枝在架面占据的空间，将大量结果部位延伸到架面外的行间，使结果枝的间距加大，树冠光照良好，产量和果实质量明显提高，应该学习和借鉴。

4. 结果母枝的更新复壮

猕猴桃的自然更新能力很强，从结果母枝中部或基部常会发出强壮枝条，在光照和营养等方面占据优势，使得原结果母枝下年从这个部位往上的生长势明显变弱，发出的枝条纤细，结的果实个小质差，甚至出现枯死现象。同时对于猕猴桃枝条生长量大，节间长，结果部位不能萌发枝条，结果部位上升外移迅速。如不能及时回缩更新，结果枝和发育枝会距离主蔓越来越远，导致树势衰弱、产量低、品质差。修剪时要尽量选留从原结果母枝基部发出或直接着生在主蔓上的强旺枝条作结果母枝，将原来的结果母枝回缩到更新枝位附近或完全疏除掉。结果母枝更新时，最理想的是在母枝的基部选择生长充实、旺盛的结果枝或发育枝，这样就可直接将原结果母枝回缩到基部这个强旺枝，既能避免结果部位上升外移，又不引起产量急剧下降。如原结果母枝上的强旺枝着生部位过高，则应剪截至距基部较近的强旺枝条，并将该强旺枝剪至饱满芽。如果原结果母枝生长过弱、近基部没有合适枝条，应将其在基部保留 2~3 个潜伏芽剪截，促使潜伏芽下年萌发后再从中选择健壮更新枝。后两种情况发生时需要注意附近有其他可留作结果母枝的枝条，以占据原结果母枝被回缩后出现的空间。为了避免出现减产，对结果母枝的回缩应有计划地逐年分批进行，通常每年要对全树至少 1/2 以上的结果母枝进行更新，两年全部更新一遍，使结果母枝一直保持长势强旺。

在 3m×4m 栽植距离下，进入盛果期的猕猴桃雌株冬剪时大致保留强旺结果母枝 24 个左右，每侧 12 个，分别保留 15~20 芽。同时在主蔓上或主蔓附近保留 10~20 个生长健壮、停止生长较早的中庸枝和短枝，以填充主蔓两侧的空间。

全部保留的枝条均根据生长强度剪截到饱满芽处，未留作结果母枝的枝条，如果着生的位置接近主蔓，可剪留两个芽，发出的新梢可培养成下年的更新枝。其他多余的枝条及各个部位的细弱枝、枯死枝、病虫枝、过密枝、交叉枝、重叠枝及根际萌蘖枝都应全部疏除，以免影响树冠内的通风透光。

由于猕猴桃枝条的髓部较大，修剪时一般在剪口芽上留 2cm 左右的短桩，以免剪口芽因失水抽干死亡。

雄株在冬季不做全面修剪，只对缠绕、细弱的枝条做适当疏除、回缩修剪，使雄株保持较旺的树势，产生的花粉量大、花粉生命力强，利于授粉受精。第二年春季开花后立即修剪，选留强旺枝条，将开过花的枝条回缩更新，同时疏除过密、过弱枝条，保持树势健旺。

图4-3为猕猴桃树修剪示意图。

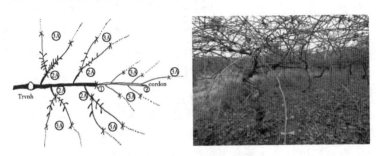

图4-3　猕猴桃树修剪示意

（二）夏季修剪

猕猴桃的新梢生长特别旺盛，徒长枝长度可以超过4m以上，新梢上极易抽生副梢，叶片又较大。夏季若放任生长，常常造成枝条过密，树冠郁闭，导致营养无效消耗过多，影响生殖生长和营养生长的平衡，不利于果实膨大和果实品质的提高，还会影响到下年的花芽质量。夏季修剪实际上是从春季开始直到秋季的整个生长季节的枝蔓管理，与其他果树相比，猕猴桃夏季修剪的工作更为重要。夏剪主要任务如下。

1. 抹芽

即除去刚发出的位置不当或过密的芽，以达到经济有效地利用养分、空间的目的。从春季开始，主干上萌发的潜伏芽，根蘖处生出根蘖苗，尽早抹除。从主蔓或结果母枝基部的芽眼上发出的枝，常会成为下年良好的结果母枝，一般应予以保留。由这些部位的潜伏芽发出的徒长枝，可留2~3芽短截，使之重新发出二次枝后长势缓和，培养为结果母枝的预备枝。对于结果母枝上抽生的双芽、三芽一般只留一芽，多余的芽及早抹除。抹芽一般从芽萌动期开始，每隔两周左右进行 1 次，抹芽及时、彻底，就会避免大量营养浪费，并减少其他环节的工作量。

2. 疏枝

猕猴桃的叶片大，光线不易透过，成叶的透光率约为 7.9%，在果树作物中属透光率较低的类型。猕猴桃的树冠呈平面状，容易造成树冠内膛遮阳。光照不良的枝条光合效率很差，叶片会长期处于营养缺乏状态。在这些枝条上着生的果实生长不良，糖度低，果肉颜色变淡，贮藏性降低，花芽发育不良。要获得正常的营养生长、较高的产量与果实质量，并确保下年足够的花量，必须使架面的叶片都能得到较好的光照。在盛夏时架面下能有较多的光照斑点时，表明架面的枝条不过密，下层的叶片也能得到相当的光照。

疏枝从 5 月左右开始，6—7 月枝条旺盛生长期是关键时期。在主蔓上和结果母枝的基部附近留足下年的预备枝，即每侧留 10~12 个强旺发育枝以后，疏除结果母枝上多余的枝条，使同一侧的一年生枝间距保持在 20~25cm。疏除对象包括未结果且下年不能使用的发育枝、细弱的结果枝以及病虫枝等。使疏枝后 7—8 月的果园叶面积指数（植株上全部叶片的总面积与植株所占土地面积之比）大致保持在 3~3.3。

3. 绑蔓

绑蔓主要针对幼树和初结果树的长旺枝，是猕猴桃极其重要的一项工作，尤其在新梢生长旺盛的夏季，每隔两周左右就应全园进行一遍。将新梢生长方向调顺，不互相重叠交叉，在架面上分布均匀，从中心钢丝向外引向第二、第三道钢丝上固定。猕猴桃枝条大多数向上直立生长，与基枝的结合在前期不是很牢固，绑蔓时要注意防止拉劈，对强旺枝可在基部拿枝软化后再拉平绑缚。为了防止枝条与钢丝摩擦受损伤，绑蔓时应先将细绳在钢丝上缠绕 1~2 圈再绑缚枝条，不可将枝条和钢丝直接绑在一起，绑缚不能过紧，使新梢能有一定的活动余地，以免影响加粗生长。

4. 摘心（剪梢）

猕猴桃的短枝和中庸枝生长一段时间后会自动停长，但长旺枝的长势特别强，长度可达 2~3m，生长旺盛的枝条到后期会出现枝条变细，节间变长，叶片变小，先端会缠绕在其他物体上，给以后的田间操作带来不便，需要及时摘心进行控制。摘心一般在6月上中旬大多数中短枝已经停止生长时开始，对未停止生长、顶端开始弯曲准备缠绕其他物体的强旺枝，摘去新梢顶端的3~5cm使之停止生长，促使芽眼发育和枝条成熟。摘心一般隔两周左右进行一遍。但主蔓附近给下年培养的预备枝不要急于摘心，如果顶端开始缠绕时再摘心，摘心后发出二次枝时顶端开始缠绕时再次摘心。

目前摘心技术的应用上出现的偏差是摘心（剪梢）过重，有的在结果部位之上留3~5叶短截，重摘心的枝条至少有4~5个已经发育并即将发育成熟的叶片被剪去，而重摘心后又刺激发出几个新梢，既使树体营养遭到很大的浪费，又造成架面新梢密集。同时重摘心后发出的二次枝，其基部3~5个芽通常发育不良，不能形成花芽，若留作结果母枝则结果能力降低，尤其生产中有的夏剪多次重短截，更加剧了这种副作用。

第二节　花果管理技术

一、疏蕾

猕猴桃易形成花芽，花量比较大，只要授粉受精良好，绝大部分花都能坐果，几乎没有因新梢生长的竞争造成的生理落果。如果将植株上所有的花、果都保留下来，不但果小质差，还会使树势衰弱，导致大小年结果，甚至导致植株死亡。同时花在发育、开放过程中会消耗大量营养，疏除不必要的花，可以使保留下来的花获得更多的营养，得到更好的发育。猕猴桃的花期很短而蕾期较长，一般不疏花而提前疏蕾。

疏蕾通常在4月中下旬侧花蕾（猕猴桃的雌花多数是一个花序，由中心花蕾和两边的侧花蕾组成）分离后两周左右开始。先按照结果母枝上每侧间隔20~25cm留一个结果枝的原则，将结果母枝上过密的、生长较弱的结果枝疏除，保留强壮的结果枝，并将保留结果枝上的侧花蕾、畸形蕾、病虫为害蕾全部疏除，再按照结果枝的强弱调整着生的花蕾数量。强壮的长果枝留5~6个花蕾，中庸的结果枝留

3~4个花蕾，短果枝留1~2个花蕾。最基部的花蕾容易产生畸形果，疏蕾时先疏除，需要继续疏时再疏顶部的，尽量保留中部的花蕾。花蕾的大小和形状与授粉坐果后果实的大小和形状关系十分密切，疏蕾时要注意疏除较小的花蕾和畸形花蕾。

二、授粉

猕猴桃花期特别短，长的年份可以达到1周以上，短年份只有3~5d，一旦授粉机会错过，全年的收获就无从谈起。猕猴桃果实内的种子数量对果实个头的大小、营养成分的高低影响都很大，授粉产生13粒种子就可以达到坐果，但结的果实个小品质差。一般每个果实内应至少有800~1 000粒种子才可能成为优质果，只有授粉良好的果实才能产生优质猕猴桃种子。

猕猴桃虽然是风媒花，能够借助风力授粉，但其花粉粒大，在空气中飘浮的距离短，依靠风力授粉效果不好，必须依靠昆虫授粉或人工授粉。

1. 昆虫授粉

可给猕猴桃授粉的昆虫很多，包括野生的土蜂、大黄蜂等，但最主要是靠蜜蜂授粉。

2. 人工授粉

在蜂源缺乏时或连续阴雨蜜蜂活动不旺盛时必须进行人工授粉，方法有对花和采集花粉授粉等。

（1）对花。采集当天早晨刚开放的雄花，花瓣向上放在盘子上，用雄花直接对着刚开花的雌花，用雄花的雄蕊轻轻在雌花柱头上涂抹，每朵雄花可授7~8朵雌花、晴天上午10时以前可采集雄花，10时以后雄花花粉散落，但多云天时全天均可采集雄花对花。采集的雄花一般应在上午授粉完毕，过晚则花粉已经散落净尽，无授粉效果。采集较晚的雄花可在手上轻轻涂抹，检查花粉数量的多少，对花授粉速度慢，但授粉效果是人工授粉方法中最好的。

（2）采集花粉授粉。①花粉采集：采集即将开放或半开的雄花，用牙刷、剪刀、镊子等取花药平摊于纸上，在25~28℃下放置20~24h，使花药开放散出花粉。可将花药放在温度控制精确的恒温箱中，也可将花药摊放桌面上，在距其 100cm 的上方悬挂 60～100W 的电灯泡照射，或在花药上盖一层报纸后放在阳光下脱粉。散出花粉用细箩筛出，装入干净的玻璃瓶内，贮藏于低温干燥处。纯花粉在 20℃ 的密封容器中可贮藏 1～2 年，在 5℃ 的家用冰箱中可贮藏 10d 以上。在干燥的室温条件下贮藏 5d 的授粉坐果率可达到 100%，但随着贮藏时间的延长，授粉后果实的重量逐渐降低，以贮藏 24～48h 的花粉授粉效果最好。

②授粉方法如下。

毛笔点授：用毛笔蘸花粉在雌花柱头涂抹授粉。

简易授粉器授粉：将花粉用滑石粉或碾碎的花药壳稀释 5～10 倍，装入细长的塑料小瓶中，加盖橡胶瓶盖，在瓶盖上插装一节通气细竹棍，用手压迫瓶身产生气流将花粉吹向每一个柱头。

喷粉器授粉：将花粉用滑石粉稀释 50 倍（重量），使用市面上出售的授粉器向正在开放的花喷授。

喷雾器授粉：将收集的花药用 2～3 层纱布包好在水中搓洗，将花粉滤出到水中，用喷雾器向正在开放的花喷授。注意雾化程度要好，一次不能喷洒太多水溶液，否则花粉会随水流失。

上述方法中，对花、用毛笔点授及简易授粉器授粉适合于小面积人工授粉。每朵花授 1 次，每天上午将当天开放的花朵全部授完。授过粉的雌花第二天花瓣颜色开始变褐，而当天开放未授粉的花仍然是白色，能够明显区分开来。用喷粉器和喷雾器授粉适合于大面积人工授粉，在雌花开放 20%、60%、80% 及 95% 时各授粉 1 次或每天授粉 1 次。

雌花开放后 5d 之内均可以授粉受精，但随着开放时间的延长，果实内的种子数和果个的大小逐渐下降，以花开放后 1～2d 的授粉效果最好，第四天授粉坐果率显著降低。

三、疏果

猕猴桃的坐果能力特别强，在正常授粉情况下，95% 的花都可以受精坐果。一般来树坐果以后，如果结果过多，营养生长和生殖生长的矛盾尖锐，树体会自动调节，使一些果实的果柄产生离层而脱落。

但猕猴桃除病虫为害、外界损伤等可引起落果外，不会因营养的竞争产生生理落果，因此，开花坐果后疏果调整留果量尤为重要。同时猕猴桃子房受精坐果以后，幼果生长非常迅速，在坐果后的50~60d果实体积和鲜重可达到最终总量的70%~80%。疏果不可过迟。

疏果应在盛花后两周左右开始，首先疏去授粉受精不良的畸形果、扁平果、伤果、小果、病虫为害果等，而保留果梗粗壮、发育良好的正常果。根据结果枝的势力调整果实数量，大果型品种生长健壮的长果枝留4~5个果，中庸的结果枝留2~3个果，短果枝留1个果。同时注意控制全树的留果量，成龄园每平方米架面留果40个左右，每株留果480~500个，按平均单果重95g计算，每亩产量2 200kg。疏除多余果实时应先疏除短小果枝上的果实，保留长果枝和中庸果枝上的果实。经过疏果，使每个果实在8—9月时平均有4个叶片辅养，即叶果比达到4∶1。

四、果实套袋

近年来，在猕猴桃栽培中也提倡果实套袋（图4-4）。果实套装对于防止猕猴桃果面污染，降低果实病虫害的感染率，提高果实品质，很有益处。其套袋果价格高出未套袋果20%~30%。但套袋技术刚刚应用于猕猴桃生产，尚待进一步完善和推广。

图4-4　猕猴桃套袋

1. 留果量

根据树体生长状况和果园管理水平，确定套袋留果量。中等生产水平果园，无论米良1号、每沃德、金艳等留果量为每亩20 000~25 000个，按收购商要求单果重90~110g，长蔓结果的多留中间果，每个花序留一个果，所留果要形正个大。对畸形果和病虫果，一律疏除。所留果之间的距离为8~10cm。

2. 选择猕猴桃专用果袋

选择用的纸套袋为黄色，透气性好，有弹性，防菌、防渗水性好。其生产厂家必须是信誉好的正规厂家，有注册商标，做工标准，袋底两角有通气流水口。原料以商品性好的木浆纸袋为好。袋的规范长度为190mm，宽度为140mm。这种果袋适合所有猕猴桃品种。

3. 套袋前的准备

套袋前除了要选好果实外，还需细致喷药防治病虫为害。药剂可选用杀菌剂和杀虫剂混合药液，杀菌治虫，还可选用杀螨类药剂。另外，可针对缺素症发生情况，喷施硼、钙、铁、锌等微量元素肥料。喷药几小时后方可套袋。若喷药后12h内遇上下雨，则要及时补喷药剂，露水未干不能套袋。

套袋前要在全园施一次追肥，以利于果实迅速膨大。要整理和选好纸袋，不合格袋不能使用。套袋前要将纸袋放在室内回潮，以便使用时质地柔软，方便操作。

4. 套袋时间

猕猴桃花后40d果实膨大最快。按照猕猴桃大部分种植区的生态条件，套袋时间在6月中旬至7月上旬比较合适。但必须在喷药后进行。一般以在上午8~12时，下午3~7时，套果为宜，这时可防止太阳暴晒。

5. 套袋方法

果实选定后，用左手托住纸袋，右手撑开袋口，先鼓起纸袋，打开袋底通气口，使袋口向上，套入果实，让果实处在纸袋中间，果柄套到袋口基部。封口时先将封口处搭叠小口，然后将袋口收拢并折倒，夹住果柄。封口时不宜太紧，以免挤伤果柄。

6. 去袋时间

采果前5~7d，可将果袋去掉。去袋时间不能太早。如去袋太早，果实仍然会受到污染，失去套袋作用。也可以带袋采摘，采后处理时再取掉果袋。

套袋要注意提高效果。套纸袋负效应明显，所套果色发黄，品质不如不套袋果好。猕猴桃栽培者可在实践中通过对比，择优而用。

第三节　土、肥、水管理

一、土壤管理

深翻熟化：土壤疏松，土层加厚，透水保水，加速熟化，提高肥力。

时期：果实采收前后结合施基肥。

深度：60～80cm。

方法：深翻扩穴；隔行深翻；全园深翻。

生草覆盖：树行间实施生草栽培技术，生草种类可以是三叶草、黑麦草等，也可以为当地天然杂草，草高达 20～30cm 时使用割草机割除，割除的杂草主体覆盖在树干周围 1m 范围，也可将果园外杂草、秸秆、绿肥等进行覆盖，有保水、调温、防旱、增加有机质、改造土壤、提高肥力、改善根际环境、减轻地表径流的作用。

中耕除草：树盘内在雨后或灌溉后进行松土，深约 10cm，防止表土板结，保持墒情；及时去除树盘内的杂草。

二、养分管理

（一）施肥期

基肥：秋施，采果后早施比较有利，10—11 月。多施有机肥，如厩肥、堆肥、饼肥、人粪尿等，加入一定量的速效氮肥，配合施入磷、钾肥，占全年施肥量的60%以上。

追肥：及时追肥，萌芽肥在 2—3 月萌芽前施入，以速效氮肥为主，配合钾肥；促花肥 4 月下旬施入，以复合肥为主；壮果肥 5 月下旬至 6 月上旬施入，以复合肥为主。

（二）施肥方法

环状沟施、放射沟施、条沟施、穴施、全园撒施、叶面喷施均可。

（三）施肥量

萌芽肥成龄树每株 0.3~0.5kg 尿素，小树每株 0.1~0.15kg 尿素；促花肥大树每株 0.3~0.4kg 复合肥，小树减半；壮果肥大树每株 0.5~0.8kg 复合肥 2~3kg 枯饼肥混合施下，小树减半；基肥幼树每株 30kg 有机肥+0.5kg 复合肥，大树每株 50kg 有机肥+1kg 复合肥；叶面肥用 0.3%尿素+0.3%磷酸二氢钾加其他微量元素混合液在夏秋生长旺期多次喷雾。

不同树龄的猕猴桃园施肥量参见表 4-1。

表 4-1　不同树龄的猕猴桃园参考施肥量　　　　单位：kg/亩

树龄	年产量	年施肥总量			
		优质农家肥	化肥		
			纯氮	纯磷	纯钾
1 年生		1 500	4	2.8~3.2	3.2~3.6
2~3 年生		2 000	8	5.6~6.4	6.4~7.2
4~5 年生	1 000	3 000	12	8.4~9.6	9.6~10.8
6~7 年生	1 500	4 000	16	11.2~12.8	12.8~14.4
成龄园	2000	5 000	20	14.0~16.0	16.0~18.0

三、水分管理

土壤湿度保持在田间最大持水量的 70%~80%为宜，低于 65%时应灌水，高于 90%时应排水，水多、水少植株都会出现萎蔫症状，应及时采取有关措施。

采用厢栽或垄栽，园内应有排水沟，雨季要时刻保持通畅，主排水沟深 60~70cm，支排水沟深 30~40cm，能及时排水，果园内不能出现积水现象。

灌溉采用沟灌或穴灌，推广使用滴灌（图 4-5）、微喷灌（图 4-6）以及水肥一体化方式。

图 4-5　滴灌

图 4-6　微喷灌

第五章 主要病虫害及防治技术

第一节 猕猴桃主要病害

一、猕猴桃溃疡病

猕猴桃溃疡病属细菌性病害，具有隐蔽性、暴发性和毁灭性的特点，外观症状出现前无法判断是否有该病，症状一旦出现后造成的损失便无法弥补，轻者枝条枯死、树干产生病斑，严重时整个植株死亡，对猕猴桃产业的健康发展造成严重威胁。

溃疡病是猕猴桃生产中的一种毁灭性病害，尤其对中华猕猴桃品系中的红阳品种为害最大。

（一）症状

溃疡病主要为害叶、果实及枝蔓，严重影响果实产量和果实品质。

发病多从茎蔓幼芽、皮孔、落叶痕、枝条分叉部开始，初呈水渍状，后病斑扩大，色加深，皮层与木质部分离，用手压呈松软状。发病初期从树体的芽体、树干伤口等流出白色的脓水，一周左右就会转为铁锈红色（图5-1）。

图5-1　猕猴桃溃疡病枝干症状

叶片上表现为叶脉间出现小的不规则褐色斑点，发生溃疡病病叶的枝条萎蔫（图5-2）。

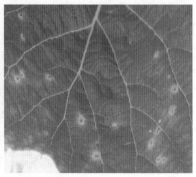

图 5-2　溃疡病病叶

猕猴桃溃疡病后期病部皮层纵向线状龟裂，流清白色黏液。该黏液不久转为红褐色，病斑可绕茎迅速扩展，用刀剖开病茎，皮层和髓部变褐，髓部充满乳白色菌脓，受害茎蔓上部枝叶萎蔫死亡（图5-3、图5-4）。

图 5-3　猕猴桃溃疡病枝干后期症状

（二）发病规律

猕猴桃溃疡病主要通过苗木、接穗等栽植材料和果实进行传染。猕猴桃树幼苗较成年树易感染此病，树龄愈大，发病愈轻。

溃疡病在低温高湿条件下有利于发病，春季均温 10~14℃，如遇大风雨或连日高湿阴雨天气，病害易流行。

新梢生长期是发病盛期，5月大部分为阴雨天气，为溃疡病的发

图 5-4　猕猴桃溃疡病后期症状

生和流行提供了有利条件，因此，必须在这个溃疡病易发时期，积极对溃疡病进行防治。

（三）防治方法

1. 加强栽培管理

增强猕猴桃树势，提高土壤肥力。增施有机肥，改良土壤，达到土壤疏松肥沃，以利猕猴桃根系扩展和深扎，大力推进配方施肥，猕猴桃应实时挂果，合理负载，科学管理，保持健壮的树势，提高抗溃疡病的能力。

2. 选用抗病的猕猴桃树品种

选育、培育和栽植抗病品种，逐步淘汰感病品种，从根本上提高优良品种对溃疡病的抗性（图 5-5）。

图 5-5　猕猴桃优质种苗及消毒药剂

3. 苗木消毒

对选购的种苗进行消毒处理，方法为：用每毫升含 700 单位的农用链霉素溶液加入 1% 酒精作辅助剂，消毒 1.5h（图 5-5）。

4. 进行科学修剪

一般于冬季 12 月修剪，修剪的刀具应用 70% 酒精消毒，剪一株消毒一次，剪刀口应光滑平整，减少大的伤口，冬剪结束后及时喷药"封闭三口"（果柄口、叶柄口、剪口），并把带病菌的枯枝落叶带出园外集中烧毁，结合修剪除去病虫枝、病叶、徒长枝、下垂枝等，凡菌脓流经的枝条，应全部剪除，以减少传染病源（图 5-6 至图 5-9）。

图 5-6　去病部保桩

图 5-7　剪病部

图 5-8　石灰消毒

图 5-9　集中烧毁

2月底至3月上中旬为植株伤流期，不宜再作修剪。春季溃疡病盛期时定时寻查，一旦发现感病较重病株及时清除烧毁，控制病菌扩散。

5. 喷药防治

收果后或入冬前，结合果园修剪，普遍喷施1~2次3~5波美度石硫合剂或1：1：100波尔多液；立春后至萌芽前可喷施1：1：100波尔多液或50%琥珀酸铜（DT）可湿性粉剂500倍液；萌芽后至谢花期可喷50%加瑞农可湿性粉剂500~800倍液等药剂，间隔10d喷一次。

6. 发现有病害时及时刮杆涂药和喷雾

先刮除病斑（将病害树皮、锯末运出园后烧毁），接近好皮时，刮刀消毒后，刮一部分好皮，然后可采用95%细菌灵原粉500倍液或60%百菌通30倍液或5%菌毒清水剂50倍液等药剂进行涂杆，涂抹4~5次，每7d一次，同时结合95%细菌灵原粉2000倍液加渗透剂或5%菌毒清水剂300倍液加渗透剂等药剂进行喷雾4~5次，每7d一次（图5-10）。

图5-10　药剂防治

7. 纵划涂抹和喷雾防治

用消过毒的小刀在枝蔓病斑上进行纵划，划口要大于病斑，然后用药剂进行涂抹，涂抹4~5次，每7d一次，同时结合喷雾4~5次，每7d一次，可使用药剂为95%CT细菌灵原粉2000倍液加渗透剂或5%菌毒清水剂300倍液加渗透剂等药剂（图5-11）。

西南大学植物病理学教授肖崇刚曾提出，"猕猴桃溃疡病是一种世界性病害，发病初期是可以防治的，发病严重时施药是徒劳的，应坚决毁掉"。

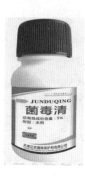

图 5-11　防治药剂

对猕猴桃溃疡病应采取"农业防治为主，药剂防治为辅"的综合防治措施：加强苗木检查，选育引进抗病品种；严禁从病区调运苗木、接穗和插条，防止远距离传播；重视栽培管理，增强树势，提高综合抗病能力；适时修剪和绑束枝蔓，剪除病枝、病叶等病残体，并集中带出果园烧毁，防止病原菌的扩散，减少病原菌的越冬基数；对修剪、嫁接工具要严格消毒，防止人为传播；合理挂果，科学管理；选用高效、低毒、低残留药剂及时防治病虫害。

二、猕猴桃花腐病

主要为害猕猴桃的花蕾、花，其次为害幼果和叶片，引起大量落花、落果，还可造成小果和畸形果，严重影响猕猴桃的产量和品质。

（一）症状

受害严重的猕猴桃植株，花蕾不能膨大，花萼变褐，花蕾脱落，花丝变褐腐烂；中等受害植株，花能开放，花瓣呈橙黄色，雄蕊变黑褐色腐烂，雌蕊部分变褐，柱头变黑，阴雨天子房也受感染，有的雌花虽然能授粉受精，但雌蕊基部不膨大，果实不正常，种子少或无种子，受害果大多在花后一周内脱落；轻度受害植株，果实子房膨大，形成畸形或果实心柱变成褐色，果顶部变褐腐烂，导致套袋后才脱落。受花腐病为害的树挂果少、果小，造成果实空心或果心褐色坏死脱落，不能正常后熟（图5-12）。

该病主要为害花蕾、花朵，染病花瓣变为橘黄色，后期呈褐色并开始腐烂，造成落花、落蕾。雌花的为害概率比雄花高。

图 5-12　猕猴桃花腐病

（二）发生规律

花腐病是由假单胞菌侵染的细菌病害。病原菌存在于树体的芽、叶片、花蕾和花中，发病因气候的影响，从现蕾到开花，雨水多时发病就严重，从架形看，扁大棚架比"T"形架发病少。从垂直看，大棚架和"T"形架越接近地面，因潮湿而发病比上层得严重。花期遇雨或花前浇水，湿度大或地势低洼，地下水高地区发病就重。从花萼开裂到开花时间越长发病也越严重。花瓣感染重，花萼感染就轻。

（三）防治方法

1. 加强果园肥培管理，提高树体的抗病能力

秋冬季深翻扩穴增施大量的腐熟有机肥，保持土壤疏松；春季以速效氮肥为主配合速效磷、钾肥和微量元素肥施用；夏季以速效磷、钾肥为主适量配合速效氮肥和微量元素肥。

2. 适时中耕除草，改善园地环境

特别平坝区在5—9月要保持排水沟渠畅通，降低园地湿度。

3. 及时将病花、病果捡出猕猴桃园处理，减少病源数量

4. 农药防治

冬季用5波美度石硫合剂对全园进行彻底喷雾；在猕猴桃芽萌动期用3~5波美度石硫合剂全园喷雾；展叶期用65%的代森锌或代森锰锌500倍液或50%退菌特800倍液或0.3波美度的石硫合剂喷洒全树，每10~15d喷一次。特别是在猕猴桃开花初期要重防一次。

三、猕猴桃根结线虫病

(一) 症状

猕猴桃根结线虫主要为害根部，从苗期到成株期均可受害。

受害植株的根部肿大呈瘤状或根结状，每个根瘤有一至数个线虫，将肿瘤解剖，可肉眼看到线虫。根瘤初时表面光滑，后颜色加深，数个根瘤常常合并成一个大的根瘤物或呈节状，大的根瘤外表粗糙，其色泽与根相近，后期整个瘤状物和病根均变为褐色，腐烂，散入土中，地上部表现整株萎蔫死亡（图5-13）。

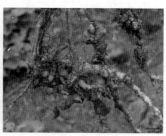

图5-13　猕猴桃根结线虫病

苗期受害，植株矮小，生长不良，叶片黄化，新梢短而细弱。

夏季高温季节，中午叶片常表现为暂时失水，早晚温度降低后才恢复原状。

受害严重时苗木尚未长成便已枯死。

成株受害后，根部肿大，呈大小不等的根结（根瘤），直径可达1~10cm。根瘤初呈白色，以后呈褐色，受害根较正常根短小，分支也少，受害后期整个根瘤和病根可变褐而腐烂。

根瘤形成后，根的活力减弱，导管组织变畸形歪扭而影响水分和营养的吸收。由于水分和营养吸收受阻，导致地上部表现出缺肥缺水状态，生长发育不良，叶黄而小，没有光泽。表现树势衰弱，枝少叶黄，秋季提早落叶。结果少，果实小，果质差。

(二) 发生规律

猕猴桃根结线虫主要依靠苗木、病土、带病的种苗以及人的农事活动传播。

猕猴桃根结线虫1年产生多代，世代重叠，雌虫将卵产于猕猴桃根内或根外的基质中，低龄幼虫从嫩根尖侵入皮层，病根受害形成肿状突起的根瘤，幼虫可重复为害多条新根，2~3周成熟产卵，幼虫可存活数月，条件适宜时，卵2~3d孵化，多以幼虫在根系中越冬，主要依靠苗木调运等形式传播。

（三）防治方法

1. 防治原则

坚持"预防为主、综合防治"的植保方针。以农业防治为基础，通过建立无病苗圃，增施有机肥，强化猕猴桃树势为主要措施，减轻猕猴桃根结线虫病的为害，严格猕猴桃苗木的监管手段，禁止携带根结线虫的病苗移栽到新果园，防止发生猕猴桃根结线虫病的苗木传播蔓延到未发生区域，辅以化学药剂防治的方法对猕猴桃根结线虫病进行综合防控。

2. 防治措施

（1）农业防治。

①培育无病苗木：选择无病苗圃地育苗，不能利用原来种过葡萄、番茄及十字花科的旱地作猕猴桃苗圃地或果园，最好采用水旱轮作地作苗圃地和果园定植地，减少猕猴桃根结线虫的初侵染来源。

②配方施肥：有条件的地方实行配方施肥，根据土壤的肥力状况科学施用氮、磷、钾肥，并适当补充锌、硼等微量元素肥料，提高植株的抗病能力。

③严格苗木监管：禁止从发生根结线虫的病区调运猕猴桃苗木到未发生根结线虫的区域种植，防止猕猴桃根结线虫病的传播蔓延，病区苗圃起苗后，严格监管检查，发现猕猴桃根结线虫为害严重的病苗或病株，剔除集中销毁处理，禁止人为造成病苗传播。

（2）化学防治。

①苗圃地防治：病区猕猴桃苗圃培育猕猴桃苗前选用0.1%的克线磷3~5kg杀线虫剂进行土壤处理，预防根结线虫的为害。培育（假植）猕猴桃苗圃发现猕猴桃根结线虫病为害，可选用20%丁硫克百威乳油1 000倍液+1.8%阿维菌素乳油1 000倍液按照1：1比例灌

根；或用20%呋虫胺可溶剂500倍液灌根；或用0.1%克线磷3~5kg浇水防治，减轻根结线虫的发生为害。

②苗木移栽前防治：苗木移栽前，选用20%丁硫克百威乳油1 000倍液+1.8%阿维菌素乳油1 000倍液按照1：1的比例混合或20%呋虫胺可溶粒剂500倍液，浸根30min，沥干水分后待栽；或用0.1%克线磷水溶液浸根1h；栽前再用0.136%赤·吲乙·芸苔可湿性粉剂1g对5kg水加细泥土调成稀泥状，蘸根处理后定植，可促进根系的生长，防治猕猴桃根结线虫的扩散蔓延。

③发病果园防治：若已移栽的猕猴桃苗发现根结线虫为害，可选用10%噻唑膦颗粒剂3~5kg或5%丁硫克百威颗粒剂1kg+淡紫拟青霉颗粒剂3kg与10~15kg细土混合均匀施入根冠周围的环状沟内，盖土，浇水至土湿润即可；或选用20%丁硫克百威乳油1 000倍液灌根；或使用20%呋虫胺可溶剂500倍液灌根处理或涂干处理。

四、猕猴桃根腐病

猕猴桃根腐病是一种毁灭性病害。植株染病后，树势衰弱，产量降低，品质变差，严重时会造成植株整株死亡，对猕猴桃生产影响极大。

（一）症状

根腐病从猕猴桃苗期到成株期都可发病，发病部位均在根部。该病由多种真菌引起，症状因病原不同而不同。幼树易发生白绢根腐病，老树易发生疫霉根腐病。

在果树旺长期或挂果以后，特别是7—8月，如遇久雨突晴，或连日高温，有的病株会突然出现整株萎蔫死亡。后期在患病组织内部充满白色菌丝；腐烂根部产生许多淡黄色成簇的伞状子实体。在土壤潮湿或发病高峰期，病部均产生白色霉状物。

1. 疫霉根腐病

发病初期叶面病斑呈水渍状，逐渐变褐，后期病部表面密生白色菌丝；发病后期整株叶片脱落，果实萎缩，全株枯死，根系腐烂（图5-14）。

2. 白绢根腐病

该病是造成苗期死亡的主要病害，植株一旦发病很难挽救，染病株根茎部有白色绢状物，叶片萎蔫，最后整株枯死（图5-14）。

图5-14　左为猕猴桃疫霉根腐病、右为白绢根腐病

3. 密环菌根腐病

初期根颈部皮层出现黄褐色水渍状块状斑，皮层逐渐变黑软腐，韧皮部和木质部分离，易脱落，木质部也可变褐腐烂。病株地上部表现为新梢细弱、叶片小、叶色淡、长势弱。当土壤湿度大时，病斑迅速扩大蔓延，导致整个根系变黑腐烂，地上部叶片迅速变黄，最后整株树体萎蔫死亡（图5-15）。

图5-15　密环菌根腐病

（二）发病特点

根腐病病菌随病残组织在土壤中越冬，翌年春季树体萌动后，病菌随耕作或地下害虫活动传播，从根部伤口或根尖侵入，使根部皮层组织腐烂死亡，还可进入木质部。7—8月是发病高峰期，发病期间，病菌可多次再侵染。

（三）防治方法

对于根腐病要采取培养无病苗木，加强田间管理，及时清除田间病残体，消灭地下害虫，结合药剂防治等综合防治措施进行有效防控。

选择无病地育苗，培养无病苗木；发现病株连根挖除销毁，土壤用溴甲烷熏蒸消毒。

消灭地下害虫，减少根部伤口，降低病菌感染率。

增施有机肥，提高土壤腐殖质含量，促进根系生长。

开沟排水，降低地下水位可以减少病菌感染。

化学防治：苗木浸根，定植前用 30%DT 胶悬剂 100 倍液浸根及根颈部 3h；发现病树时用 30%DT 胶悬剂 100 倍液（0.3kg/株）或 40% 多菌灵 500 倍液（0.5kg/株）或 50% 退菌特 800 倍液（0.3kg/株）灌根，间隔 15~20d 灌 1 次，连灌 2~3 次。

五、猕猴桃主要病害综合防治措施

（一）坚持"预防为主，综合防治"的植保方针

（1）加强植物检疫，严禁引进栽植带菌苗木或接穗，从源头上杜绝病源。

（2）发病果园修剪时，修剪工具必须严格消毒，防止人为传播。

（3）加强栽培管理，平衡施肥，增施有机肥，合理负载，增强树势，努力提高树体抗病能力。同时要做好清园，剪除病枝，树干涂白等保护工作。

（4）药剂预防和治疗：根据不同的病害和发生为害时间，选择对口农药适时开展防治。

（二）常用药剂

细菌性病害（溃疡病、花腐病等）：氢氧化铜、春雷·王铜、碱式硫酸铜、噻菌铜、噻霉酮、壬菌铜、噻森铜、代森铵。

真菌性病害（褐斑病、黑斑病、炭疽病、灰纹病等）：丙森锌、醚菌酯、戊唑醇、唑醚·代森联、苯醚甲环唑、丙环唑、菌毒清。

膏药病：腈菌唑、甲基托布津。

根结线虫病：克线丹、呋喃丹。

第二节　猕猴桃主要虫害

鞘翅目：小薪甲、苹果蓝跳甲。

同翅目：桑白蚧、草履绵蚧、角蜡蚧、斑衣蜡蝉、小绿叶蝉、黑尾大叶蝉。

半翅目：麻皮蝽、茶翅蝽、绿芒蝽。

蜱螨目：红蜘蛛。

软体动物门柄眼目：野蛞蝓。

鞘翅目：金龟子（苹果金龟子、铜绿金龟子）。

鳞翅目：吸果夜蛾、斜纹夜蛾、枣尺蠖、盗毒蛾、金毛虫。

第六章 猕猴桃贮藏保鲜及加工技术

第一节 猕猴桃贮藏保鲜

一、贮藏库准备

1. 库体及设备安全检查

提前一个月对库体的保温、密封性能进行检查维护，对电路、水路和制冷设备进行维修保养，对库间使用的周转箱、包装物、装卸设备进行检修。

2. 消毒灭菌

果品入库前贮藏库要进行消毒灭菌，特别是前一年贮藏过其他果品蔬菜的贮藏库，一定要提前一周消毒灭菌，可选择下述方法。

（1）按甲醛∶高锰酸钾=5∶1的比例配制成溶剂，以$5g/m^3$的用量熏蒸冷库$24\sim48h$。

（2）用$0.5\%\sim1.0\%$漂白粉水溶液喷洒贮藏库或用10%石灰水中加入$1\%\sim2\%$硫酸铜配制成溶液刷贮藏库墙壁，晾干备用。

（3）用0.5%漂白粉水溶液或0.5%硫酸铜水溶液刷洗果筐、放果架、彩条布等贮藏库用具，晒干后备用。薰蒸后的贮藏库，气味排完后方可贮果。

（4）果品入库后可用二氧化氯消毒液原液活化后，盛到容器中，均匀放置$4\sim6$个点，让其自然挥发进行库间灭菌，或用噻苯咪唑、腐霉利烟雾剂熏蒸，也可用臭氧发生器产生臭氧（O_3）进行库间灭菌。

3. 提前降温

产品入库前两天贮藏库预先降温，到果品入库时库温降至果品贮藏要求的温度。

4. 人员培训

对贮藏库管理人员进行技术培训，熟练掌握贮藏技术规程和制冷机械操作保养技术。

二、选择贮藏品种

1. 不同品种贮藏能力差异较大

一般来说，美味猕猴桃比中华猕猴桃耐贮藏；硬毛品种比软毛品种耐贮藏；绿肉品种比黄肉、红肉品种耐贮藏；晚熟品种比早熟品种耐贮藏。

2. 同一品种不同的栽培环境、不同的管理水平对贮藏的影响都很大

滥用大果灵的果实不耐贮藏、重施化肥，树体郁闭光照不足的不耐贮藏，超负载挂果及发育不全的果实、黄化果、畸形果不耐贮藏。在同一批果中，中等大小的果实较耐藏，在同一树冠的果实中，光照好、着色充分的果实耐藏。

三、确定采收期

1. 可溶性固形物含量在 6.5%~9%

2. 外观变化

美味猕猴桃果实毛色褐色加深，叶片大部分老化，果梗与枝条离层逐步形成，果易摘下，果肉色泽达到翠绿色或黄亮色，红心品种红色部分着色充分，色度饱满，籽粒充分成熟呈黑褐色。

3. "米良1号"10月上中旬成熟，"红阳"9月中下旬成熟

四、采前处理

做好病虫害防治、疏枝摘叶、通风透光等果园管理工作，使果实充分光照着色。

采前20d、10d分别喷0.3%的氯化钙加甲基硫菌灵等广谱性杀菌剂各一次。

五、采收

贮藏所用果实应新鲜、周正、无粉尘污染、无畸形、无日灼、无病虫害及其他损伤，具有该品种固有的色泽，果品质量符合无公害标准规定。

1. 采收时间

露水干后的早晨或傍晚气温较低采收为好，尽可能避开雨天、雾

天、带露水的清晨进行采收；雨住后应间隔 6d 再进行采收。

2. 采收技术

采收时，从果梗与果实离层处摘下，装入可盛果实 15kg 左右的塑料箱或木筐内。

3. 采收准备

采果时剪指甲、戴手套、轻拿轻放，防止机械伤，禁止饮酒采果搬运。

六、收购果品运输

采够一车立即运回预冷，地头堆放不得超过 5h，从采收到入库不得超过 12h，转运时防止装载不实严重振荡。

七、预冷

预冷入库时要严格遵守冷库管理制度，入库的包装干净卫生，入库人员禁止酒后入库或带芳香物入库。选择的入库品种最好单品单库，分级堆放预冷。

采收的猕猴桃，同果筐一块立即运入冷库，在 0℃ 库间预冷，高温天气采收的猕猴桃没有充足的预冷间可在阴棚下散去大量田间热入库。

果筐入库后松散堆放，在 0~1℃ 库间预冷 2~3d，待果实温度接近库存温度后包装、码垛。

每天入库量不得超过库容的 20%。

八、挑选、分级、包装

挑选、分级、包装 3 项工作最好在冷库内作业。

1. 挑选

小果、烂果、病虫果、伤果、畸形果除去。

2. 分级

猕猴桃分级主要按重量分级，同时对果实的形状和果面也进行了要求。分级如表 6-1 所示。

3. 包装

周转箱使用塑料箱或木筐均可，箱内（或筐内）垫厚度为 0.02~0.03mm 的高压聚乙烯塑料袋，每箱装果 10kg 左右，果箱高度应低于30cm，防止挤压，在每箱果实的上部放置有充足吸附孔的保鲜剂一袋（用蛭石或珍珠岩作载体浸渍饱和高锰酸钾溶液做成的乙烯吸收剂，每袋保鲜剂重200g），最后绑扎塑料袋口。中短期贮藏可不加保鲜袋，采取顶部覆盖和垛周围防护等措施防止果实失水发皱，也可用高强度细瓦楞纸托盘装果后摆放于货架贮藏。

表6-1　猕猴桃分级表

种类	特级	1级	2级	3级	备注
大果型	141~150g	121~140g	101~120g	80~100g	米良1号
中果型	120~140g	111~120g	91~110g	70~90g	红阳
其他外观指标	果面干净、毛色光洁饱满、果型周正、套袋果	果面干净、毛色光洁饱满、果型周正	果型周正、果面无明显果锈和枝磨	果型周正、果面无明显果锈和枝磨	要求各等级通过农残抽检合格

九、入库堆垛

果箱分级分批堆放整齐，留开风道，底部垫板高度10~15cm，果箱堆垛距侧墙10~15cm，距库顶80cm。果箱堆垛要有足够的强度，并且箱和箱上下能够镶套稳定。箱和箱紧靠成垛，垛宽不超过2m，果垛距冷风机不小于1.5m，垛与垛之间距离大于30cm；库内装运通道1.0~1.2m。主风道宽30~40cm，小风道宽5~10cm。

十、贮期管理

1. 贮藏温度、湿度及气体成分管理

按各种贮藏方法的技术要求，进行精准管理，并进行密切观察。

2. 品质检查

每月抽样调查一次，发现有烂果现象时全面检查，烂果及时除去。

3. 设备安全

配备相应的发电机、蓄水池，保证供电供水系统正常，调整冷风机和送风桶，将冷气均匀吹散到库间，使库内温度相对一致。保证库间密闭温度稳定，停机2h库温上升不超过0.5℃，减少库间温度变化幅度，防止果实表面结露，也不使果实发生冻害。

十一、确定贮藏期限

1. 贮后果实理化指标

平均果实硬度≥1.5kg/cm^2，硬果率≥93%，商品果率≥96%。

2. 贮后果实感官标准

外观新鲜，色、香、味、形均好，果蒂鲜亮不得变暗灰色。

3. 贮藏天数

机械冷库严格按照技术规程"米良1号"可贮藏150d左右，"红阳"可贮藏130d左右。

十二、出库

将果实在缓冲间放置10~12h，缓慢升温，让果温与外界温度之差小于6℃时再出库。

重新装箱、包装、贴标。

十三、食前催熟

在25℃的温度条件下放置7~8d可自然软熟。

用1 000mg/L乙烯利喷果或浸果2min后放置催熟。

家庭食用猕猴桃时可将果实装在塑料袋中，并在袋内混装1~2个苹果，绑扎袋口3~4d便可催熟。

第二节　猕猴桃加工

我国猕猴桃资源丰富，人工种植面积近年来发展迅速。但猕猴桃属薄皮多汁的浆果，而且对乙烯敏感，采收时节又正值高温季节，果实采收后极易变软腐烂，而且贮藏库建设远远跟不上产业发展的需求，严重影响猕猴桃种植业的发展。若将鲜果及时地加工成半成品，大大延长了贮藏期限，因此，进行猕猴桃加工，对充分开发我国的猕猴桃资源，提高农产品经济价值有着重要的现实意义。

根据猕猴桃的加工特征，猕猴桃适合加工成猕猴桃罐头、果脯、果肉饮料、糕点、猕猴桃浓缩汁、猕猴桃酱及陈、猕猴桃晶、猕猴桃酒等产品。这里简单介绍猕猴桃果脯和果酒的加工。

一、猕猴桃果脯加工

1. 加工工艺流程

原料收购→分选→去皮→切片→烫漂→糖渍→糖煮→干燥→包装。

2. 原料收购与分选

当野生猕猴桃接近成熟，它的含糖量达 7.5%~8% 时（即八成熟），立即集中收购；收购时进行分选，将畸形果、病虫果、霉烂果剔除。有条件的，还可按果形大小给予分级，以便加工的产品大小一致。

3. 去皮

在搪瓷烧桶中配制 14%~16% 的氢氧化钠溶液，加热至沸腾，然后放入一定数量的猕猴桃果实，40~60s 时间，果皮发黑时捞起果实，放在竹筐中，来回摆动，搓去果皮，同时用自来水冲洗（洗去果皮和残留碱液），最后，将冲洗过的果实放在 0.8% 的盐酸或 1.5%~2% 的柠檬酸溶液中进行中和。中和过的溶液应略呈酸性。

4. 切片

将中和过的猕猴桃沿果实横向切片，切片厚度 3~5mm。为防止氧化变色，应将切好的果实放入 1%~2% 食盐溶液中保存。

5. 烫漂

将切好的果片放入沸腾的清水中烫漂 2~3min，以杀灭氧化酶，烫漂后应迅速用自来水将果片冷却。

6. 糖渍

将烫漂过的果片沥干，用其重约 40% 的白砂糖糖渍 24h；糖渍时应将砂糖按上、中、下层以 5∶3∶2 的比例分布。

7. 糖煮

将糖渍好的猕猴桃果片捞出，沥干糖液，在糖液中加入砂糖（或上锅剩余糖液），使浓度达 50% 时煮沸，加入糖渍过的猕猴桃果片，煮沸 10min 后第一次加糖（或上锅剩余糖液），数量约果片重的 16%，待煮沸 15min 后第二次加糖（或上锅剩余糖液），数量约果片重的 15%，继续煮沸约 20min，当糖液浓度达到 70%~75%，看到果片肉呈半透明状时，糖煮结束。

8. 干燥

将糖煮好的猕猴桃果实捞出，沥干糖液，放在竹筛网（或不锈钢网）上，送入烘房内干燥。干燥时应将前期温度控制在50℃，待果实半干时，再将温度提高到55~58℃，继续干燥20h左右即可。干燥好的果脯要求外部不粘手，捏起来有弹性。

9. 包装

干燥后的果脯应尽快包装，防止吸潮。包装材料可用食品袋或玻璃纸，包装规格应根据市场需求而定。

二、猕猴桃酒加工

工艺流程：原料选择→清洗→破碎→前发酵→榨酒→后发酵→调整酒度→贮藏。

制作方法如下。

1. 原料

可以选用残次果作原料。

2. 清洗

用清水漂洗去杂质。

3. 破碎

在破碎机内破碎成浆状，也可用木棒进行捣碎。

4. 前发酵

在果浆中加入5%的酵母糖液（含糖8.5%），搅拌混合，进行前发酵，温度控制在20~25℃，时间5~6d。

5. 榨酒

当发酵中果浆的残糖降至1%时，需进行压榨分离，浆汁液转入后发酵。

6. 后发酵

按发酵到酒度为12度计算，添加一定量的砂糖（也可在前发酵时，按所需的酒度换算出所需的糖量，一次调毕），保持温度在15~20℃，经30~35d后，进行分离。

7. 调整酒度

用90%以上酒精调整酒度达16度左右，然后贮藏两年以上，即为成品。

猕猴桃酒在贮藏过程中，由于叶绿体破坏，颜色由最初的浅绿色变成浅黄色，再由于叶黄体分解，颜色逐渐变淡，失去果酒应有的观赏性，在发酵过程中加入紫黑葡萄一起发酵，或在陈酿前勾兑发酵好的红葡萄酒共同陈酿，用以增强酒的色泽和味道。

参考文献

［1］ 杜戈．米良 1 号猕猴桃无公害丰产栽培［J］．特种经济动植物，2009，12.

［2］ 吴玉周．吉首无公害猕猴桃栽培技术规程［S］．湖南农业科学，2006（1）.

［3］ 彭俊彩．猕猴桃品种与栽培技术讲座．湖南省园艺研究所．

［4］ 杨勇．猕猴桃种植技术．百度文库．

［5］ 王仁才．猕猴桃栽培技术基础讲座．湖南农业大学．

［6］ 彭际淼．猕猴桃主要病虫害综合防治讲座．湘西州柑橘研究所．

编写：谢昌勇　熊绍军　熊　琳

优质稻产业

第一章 概 述

第一节 优质稻的起源及分布

目前，世界上的稻属栽培种主要有两个，即普通栽培稻（亚洲栽培稻）和光稃栽培稻（非洲栽培稻）。从种植地域上看，普通栽培稻起源于中国至印度一带的热带地区，光稃栽培稻起源于热带非洲的尼日尔河三角洲地区。我国的水稻栽培历史悠久，起源可以追溯至新石器时代，在长江中下游及汉水流域地区、武陵山区周边宜都、枝江等地方均有发现稻谷种植的遗迹。最早发现关于水稻的记载出现在甲骨文上，称为"秜"，公元前 8 世纪之前的民歌《诗经》中就有"十月获稻"的记载。一般认为普通栽培稻的演化顺序是：多年生野生稻→一年生野生稻→人工驯化→一年生栽培稻。

矮秆育种和杂种优势利用促进了我国稻作生产水平的巨大发展，进入 20 世纪 80 年代中期，人民的温饱问题已基本解决，随着人们生活水平的逐步提高和生活质量的日益改善，稻米品质问题开始引起人们的关注。21 世纪以来，优质稻获得了大力的发展，一大批优质稻新品种（组合）通过农作物品种审定委员会审定，并广泛投入到市场，满足市场需求。

水稻是湖南传统的大宗优势作物，其种植面积最大、总产量最多、总产值最高，并且围绕稻米加工形成的产业链和产业规模也是其他农作物难以比拟的。因此，抓好水稻生产对全省粮食增产、农业增效、农民增收，乃至对整个国民经济都具有重大的影响。稻米作为湖南的主要出口农产品，其品质的好坏对经济效益的影响是显而易见的。市场欢迎适口性好、食用安全的优质稻米，创立湖南优质稻米品牌，提高优质稻生产的经济效益，把产业优势转化为经济优势，是振兴湖南农业生产和食品加工业的重要举措。

湖南优质稻的研究工作大体可分为 4 个阶段，即起步阶段、发展阶段、综合提高阶段、创新阶段。20 世纪 70 年代末开始优质稻的研究工作，这一阶段选育了余赤 231-8、湘早糯 1 号、湘早籼 3 号等优质稻品种。这些优质稻品种部分是水稻品种资源，并且评选时偏重外观，饭味偏硬。20 世纪 80—90 年代初是发展阶段，这一阶段主要解决了饭味偏硬的问题，以湖南软米、湖南丝苗、猫牙米为代表，这一阶段的优质米直链淀粉含量偏低、饭软、黏、食味好，并且开始了优质稻的栽培技术研究。20 世纪 90 年代中后期是综合提高阶段，优质稻品种在产量、综合米质上都进一步得到了提高，育成了湘晚籼 5 号、湘晚籼 6 号、湘晚籼 11 号、培两优 8 等优质稻品种，并形成了优质稻"三高一少"栽培技术体系，此阶段更注重优质稻的产量、适应性和综合米质。20 世纪 90 年代末至 21 世纪初开始进入稻米创新阶段，此阶段优质稻的生产得到进一步发展，特别是优质稻品种、栽培技术及产业链开发的不断完善，主要解决优质稻米与国际市场接轨的问题，近年来，优质稻产业化生产已经步入正轨，并着手 AA 级绿色大米栽培技术体系、有机稻米栽培技术体系的研究。

第二节　发展优质稻产业的重要意义

随着人们健康意识、生活质量意识、生态环境意识的不断增强和经济收入水平的持续提高，原有的水稻品种、品质严重不适应生产发展的需要，消费市场对无公害优质稻米的需求将直线攀升。优质大米的市场需求量在持续扩大。因此，发展种植优质水稻，优质稻米加工，让老百姓吃上优质米、好米、放心米，这对提高人民生活质量具有积极意义。

第三节　优质稻产业的发展概况

一、气候特点

湘西州属于亚热带季风湿润气候，具有明显的大陆性气候特征。夏季受夏季风控制，降水充沛，气候温暖湿润；冬季受冬季风控制，降水较少，气候较寒冷干燥。即雨热同季，暖湿多雨，冬暖夏凉，四季分明，降水充沛，光热偏少；光热水基本同季，前期配合尚好，后期常有失调，气候类型多样，立体气候明显。在4—9月主要农作物生长季内，多年平均降水量为800～1 200mm，占全年总降水量的65%～70%，这一时段内丰沛的雨水资源与热量资源、光照资源同步，是湖南优越的农业生产的重要条件。

二、永顺县优质稻生产情况

永顺县是湘西州粮食生产第一大县，是优质稻米产业化开发基地，粮食播种面积和产量均稳居湘西州第一位，2011—2015年连续5年荣获全省粮食生产标兵县称号。截至2016年，永顺县年粮食播种面积65万亩以上，粮食总产量稳定在22万t以上。永顺县超级稻和优质稻种植面积22万亩以上，高档优质米种植面积3.2万亩，年订单收购12万t以上。永顺县培育扶持30亩以上大户138户，发展粮食类家庭农场58个，专业从事粮食生产合作社5家，粮食规模种植面积2.8万亩。现有年加工能力达5万t的企业两家，加工能力达0.5万t中小型企业31家。引导组建农业专业化服务组织6家，开展专业化统防统治服务1.5万亩。扶持成立农机专业合作社8个，集中开展机耕、机插、机收作业，为农户提供机械化生产面积累计达50万亩。

三、永顺生态香米

"游天下第一流，尝永顺富硒香米"。永顺生态香米产于海拔500～800米的永顺松柏镇、颗砂乡无公害优质稻米生产基地，产地生态环境独特，无任何环境污染。部分产品通过国家农业部无公害农产品认证，米粒晶莹如玉，食之清香可口。

第二章 优质稻稻米品质标准及其影响因素

第一节 优质稻稻米品质的主要性状指标

一、优质稻和稻米品质概念

优质稻是指目前正在生产上种植，米质较优、产量较高、抗性较强，并已通过全国或各省、市、自治区品种审定的水稻优质米品种（组合），其核心在于水稻品种稻米品质的改善。

稻米品质是稻米作为商品在流通、消费过程中必须具备的特性，它是市场对稻米的物理特性和化学特性等要求的综合反映。稻米品质不仅取决于稻米自身内在的理化特性，而且与稻米的加工、处理、贮藏条件等相关联，可从碾米品质、外观品质、蒸煮和食味品质、营养品质、卫生品质和贮藏品质等方面来比较衡量。

（一）碾米品质

稻谷包括谷壳和米粒（糙米）两部分。谷壳由外颖和护颖等组成，一般占谷重的20%左右；米粒中果皮和种皮占5%~6%，胚占2%~3%，胚乳占91%~92%，果皮、种皮、胚和胚乳外表的糊粉层组成米粒的糠层部分，通常在碾米过程中除去。

稻米的碾米品质指稻谷加工过程中所表现的特性，包括糙米率、精米率和整精米率。糙米率是指净稻谷脱壳后，糙米占试样稻谷的百分率，一般为78%~80%（变幅71%~85%）；去掉糠皮和胚的米为精米，精米占试样稻谷的百分率为精米率，糠皮及胚一般占稻谷的8%~10%，因而一般稻谷的精米率仅在70%左右；整精米占试样稻谷的百分率为整精米率，其高低因品种不同而差异较大，一般在25%~65%。优质稻品质要求"三率"高，其中整精米率是碾米品质中最主要的指标，整精米率高，说明稻米加工的出米率高，碾米品质好。

（二）外观品质

稻米的外观品质又称商品品质，是指糙米籽粒或精米籽粒的外表物理特性，是稻米交易评级的主要依据。主要包括米粒的粒形、垩白度（垩白率和垩白大小）和透明度等指标，对糯米来说，还包括阴糯米率。作为商品大米或稻谷除以上性状外，还应有不完善粒、色泽、气味及水分等。

1. 稻米的粒形

包括籽粒的粒长、粒宽和长宽比。一般情况下籼米细长，粳米粗圆。粒长是指籽粒两侧的最大长度，粒宽是指籽粒两侧的最大宽度，以 mm 为单位。稻米粒形一般有细长、中等、粗短和圆等类型。目前国内无稻米粒形的分类标准，常借国际上通用的一些标准（表 2-1）。

表 2-1　稻米籽粒大小的形态分类

文献来源	米粒形式	长度（mm）		形状（长/宽）	
		类型	范围	类型	范围
联合国粮农组织（1972）	精米	极长	7.0 以上		
		长	6.0~6.99	细	>3.0
		中	5.0~5.99	粗	2.0~3.0
		短	<5.0	圆	<2.0
国际水稻所（1975）	糙米	极长	>7.5	细	>3.0
		长	6.61~7.5	中	2.1~3.0
		中	5.51~6.6	粗	1.1~2.0
		短	5.5 以下	圆	1.1 以下

2. 稻米垩白

稻米垩白是稻米籽粒中白垩不透明的部分，是由于稻米胚乳中淀粉和蛋白质颗粒排列疏松和充实不良形成的。根据垩白在籽粒上发生的不同部位，通常分为腹白、心白和背白等类型。稻米垩白同用垩白粒率、垩白大小和垩白度表示。稻米的垩白虽然与食味没有直接关系，但它影响米的外观，还容易使稻谷在碾米过程中产生碎米。垩白粒率表示垩白籽粒占全部样品籽粒的百分数；垩白大小指垩白籽粒中垩白的面积占整个籽粒面积（投影面积）的百分比，通常以随机取样的 10 粒垩白粒平均值表示；垩白度则表示样品中垩白总面积占总米粒面积的百分比，由垩白率和垩白大小的乘积得到，即垩白度 = 垩白粒率×垩白大小。目前，垩白度测定以目测为主，部颁标准中把垩白度分为 5 个级别（表 2-2）。

表 2-2　稻米垩白度和透明度分级

垩白度		透明度	
级别	范围（%）	级别	范围（%）
1	<1	1	<1
2	1~5	2	1~5
3	6~11	3	6~11
4	11~20	4	11~20
5	>20	5	>20

3. 稻米的透明度

稻米的透明度表示米粒透光特性的指标，反映了胚乳细胞中淀粉体的充实情况，几乎所有稻米市场都喜欢半透明似玻璃质的籽粒类型。但是也有一些品种的米外观好，而食味欠佳。部颁标准中把透明度分为 5 级（表 2-2）。

（三）蒸煮和食味品质

主要指稻米在蒸煮过程中及食用时表现的各种理化特性和感官特性，如吸水性、溶解性、延伸性、糊化性、膨胀性以及热饭或冷饭的柔软性，黏弹性、香、色、味等。蒸煮和食味品质是稻米品质的核心指标，通过检测这些理化指标的特性或含量，可以间接了解各种稻米的蒸煮食味品质类型。评价稻米蒸煮和食味品质的主要理化指标包括直链淀粉含量、糊化温度和胶稠度 3 项指标。

1. 直链淀粉含量

精米中直链淀粉的百分率与米饭黏性、柔软性及光泽有关，直接影响米饭质地和适口性。直链淀粉含量可分为高（≥25%）、中

（21%~24%）、低（10%~20%）和极低（≤9%）4 种类型。一般非糯米性的稻米，直链淀粉含量变动范围为 13%~32%，含量为 8%~20%为低直链淀粉含量，21%~25%的为中等含量。低直链淀粉含量的稻米，蒸煮时米饭较黏，有光泽，但过热则易散裂。高直链淀粉含量的稻米，蒸煮时干燥、蓬松和无光泽，但冷却后易变硬。所以，优质稻米通常以 17%~24%为宜。

2. 糊化温度

稻米的淀粉粒在热水或加热过程中，失去结晶结构，发生不可逆膨胀时的温度。糊化温度的高低与米饭蒸煮时所需水量和时间呈正相关，不同质地稻米的糊化温度变动于 55~79℃。低于 70℃的，视为低糊化温度；70~74℃的为中等糊化温度；高于 74℃的为高糊化温度。一般糊化温度可间接用消碱值来表示，即可根据精米在 1.7%的KOH 溶液中于 30℃温度下经 23h 的散裂程度分级，1~3 级者为高糊化温度；4~5 级者为中等糊化温度；6~7 级者为低糊化温度。高糊化温度的品种，比中或低糊化温度品种需要更多的水和更长的蒸煮时间，且易产生夹生饭。一般优质稻以中、低糊化温度为好。

3. 胶稠度

精米米粉经碱解糊化，米胶冷却时的流动长度，反映稻米胚乳中淀粉糊的流体特性，即延展性。支链淀粉含量高的胶稠度大，一般糯米大于粳米，粳米大于籼米。根据米胶的长度划分 3 个等级，米胶的长度在 40mm 或以下者为硬胶稠度；米胶的长度在 41~60mm 为中等胶稠度；米胶的长度在 60mm 以上者为软胶稠度。一般优质稻以软、中型为好。胶稠度与米饭硬度呈正相关。

蒸煮品质是指稻米在蒸煮过程中表现出来的特性，而食味品质是米饭在咀嚼时给人的味觉感官所留下的感觉，最直接有效的方法是品尝。食味既与米的成分和理化性质有关，还与煮饭后的食用时间有关，可以根据米饭的外观、气味、适口性和冷饭质地综合评分，其中适口性（口感）最为重要。多重比较分析结果表明在区别米饭适口性优劣时，米饭质地指标较直链淀粉含量、胶稠度更具有参考价值。

（四）营养品质

稻米中的营养成分包括淀粉、脂肪、蛋白质、氨基酸、维生素类及矿物质元素，还包括有药用价值成分，稻米的蛋白质品质是谷类作物中最好的，氨基酸配比合理，易被人体消化吸收。蛋白质对人体虽很重要，但其含量高低常与食味矛盾。蛋白质含量过高，往往食味欠佳；含量较低，食味反而较好。但目前主要还是以稻米的蛋白质含量为营养品质的指标。

（五）卫生安全品质

近年来由于使用过量农药和环境污染，稻米受到不同程度的污染。为此，国家制定了《粮食卫生标准》（GB2715-81），其中稻米卫生安全品质指标如表 2-3 所示。

表 2-3　优质稻米卫生安全品质指标

项目	指标	种类
磷化物（以 PO_3 计，mg/kg）	≤0.05	稻谷
氰化物（以 HCN 计，mg/kg）	≤5	稻谷
砷（以总 As 计，mg/kg）	≤0.7	
汞（以 Hg 计，mg/kg）	≤0.02	稻谷
氟（mg/kg）	≤1.0	
铅（以 Pb 计，mg/kg）	≤0.4	
铬（mg/kg）	≤1.0	
镉（以 Cd 计，mg/kg）	≤0.2	大米
铜（以 Cu 计，mg/kg）	≤10	
亚硝酸盐（以 $NaNO_2$ 计，mg/kg）	≤3	大米
溴氰菊酯（mg/kg）	≤0.5	稻谷
氰戊菊酯（mg/kg）	≤0.2	稻谷
呋喃丹（mg/kg）	≤0.5	稻谷
对硫磷（mg/kg）	≤0.1	稻谷
乐果（mg/kg）	≤0.05	稻谷
甲拌磷（mg/kg）	≤0.02	稻谷
甲胺磷（mg/kg）	≤0.1	稻谷
苯并（a）芘（μg/kg）	≤5	
杀虫脒	不得检出	稻谷
黄曲霉素（B_1，μg/kg）	≤5	稻谷

1986 年，农业部颁布了我国第一个优质米标准 NY20—1986《优质食用稻米》。1999 年在此基础上，国家颁布了《优质稻谷》（GB/T17891—1999）（表 2-4）。

表 2-4　优质稻谷质量标准

类别	等级≥	出糙率%≥	整精米率%≥	垩白粒率%≤	垩白度%≤	直链淀粉干基%	食味品质分≥	胶稠度(mm)≥	长宽比≥	不完善粒%≤	异品种粒%≤	黄粒米%≤	杂质%≤	水分%≤	色泽气味
籼稻谷	1	79.0	56.0	10	1.0	17.0~22.0	9	70		2.0	1.0				
	2	77.0	54.0	20	3.0	16.0~23.0	8	60	2.8	3.0	2.0			13.5	
	3	75.0	52.0	30	5.0	15.0~24.0	7	50		5.0	3.0				
粳稻谷	1	81.0	66.0	10	1.0	15.0~18.0	9	80		2.0	1.0				
	2	79.0	64.0	20	3.0	15.0~29.0	8			3.0	2.0	0.5	1.0	14.5	正常
	3	77.0	62.0	30	5.0	15.0~20.0	7	60		5.0	3.0				
籼糯稻		77.0	54.0		≤2.0		7	100		5.0	3.0			13.5	
粳糯稻		80.0	60.0											14.5	

二、各类米粒形态识别

（一）青粒米

糙米中的果皮中残留有叶绿素而呈绿色的米粒为青粒米。在收割早或倒伏灌浆迟的情况下常发生，抽穗至成熟期光照不足，也往往会造成籽粒充实不良，青粒米增多。施肥过多，造成贪青晚熟也易发生。一般青米黏性强、食味好，从品质上说是受欢迎的。

（二）未熟米粒

未达到成熟程度的米粒除去死米后称之为未熟米粒，有乳白粒等。典型的乳白粒的米粒呈乳白色，米粒的表面富有光泽。乳白粒比完全粒小，碾米时易碎，在精米中成粉质使品质变劣。灌浆成熟不良，遇冷害时易产生乳白粒，在减数分裂期至抽穗期施用氮肥可减少乳白粒的产生，成熟晚、灌浆迟的籽粒中乳白粒出现多。

（三）受害米粒

在灌浆成熟过程中遇低温、光照不足、风害、洪水或干旱等原因而引起的某种生育障碍使米粒变形，这种米粒称之为受害米粒。

（四）发芽粒与胚腐粒

灌浆成熟后期倒伏或遇雨引起穗发芽或胚芽腐烂。这种米粒在碾米时易碎，贮藏时易霉变。

（五）整米粒

精选后的糙米中除去未熟米粒、受害米粒和死米，具有品种固有的形状、色泽且灌浆成熟良好的米粒，总称整米粒。

（六）裂纹米

米粒有裂纹的米，常见于在收获前或在干燥过程中因暴晒或机械烘干，使稻谷骤热骤冷或遇到骤热吸湿变干引起。裂纹米在加工时出米率低，食味下降。预防裂纹米出现，主要是控制稻谷暴晒或烘干温度。

（七）发酵粒

糙米表面中微生物引起色斑点的病米，常由于收割后稻谷干燥期间含水分多或在糙米贮藏期发生。胚乳部也变质，精白后也不能除去，不仅使品质劣变，有的还含有菌毒。按其表面颜色上的差异又称为褐变米、黄变米和赤变米。

（八）死米

大部分死米的外观不透明、无光泽。有的虽然较饱满，其长度和宽度也相当好，但厚度变小。死米按表面叶绿素的褪色程度有白死米和绿米之分，但不同于乳白粒，因乳白粒表面有光泽。

第二节　影响稻米品质的主要因素

一、稻米的组织结构与品质的关系

稻米中垩白是淀粉体的充实不良引起的，淀粉在充实不良时呈球形或椭圆形，淀粉体间存有气体，使胚乳细胞中出现许多空隙，光线照射这部分胚乳组织时发生光散射，从而呈现垩白。

二、稻米化学组成及其与品质的关系

稻米的主要营养成分是淀粉和蛋白质，它们的种类与数量决定了稻米的品质。

1. 直链淀粉含量是衡量稻米品质的重要指标

直链淀粉含量高会使米饭的黏性、柔软性、光泽度和口感变差。支链淀粉能增加米饭的黏性和甜味，使饭软而有光泽，口感变好。

2. 蛋白质的种类与含量

按蛋白质在不同溶剂中的溶解度，将稻米的蛋白质分为谷蛋白、球蛋白、清蛋白和醇溶蛋白，它们分别约占蛋白质总含量的 80%、10%、5% 和 3%。谷蛋白含有较多的赖氨酸、精氨酸、甘氨酸等必需氨基酸，易被蛋白酶分解。醇溶蛋白含赖氨酸少，且不被胰蛋白酶分解。球蛋白和清蛋白主要分布于糊粉层等组织，多为活性酶分子。精米中的蛋白质主要是谷蛋白和醇溶蛋白，其含量决定稻米的食味品质和营养品质。关于蛋白质与食味关系的看法有两种，一种认为蛋白质含量与食味品质呈负相关，米中蛋白质含量高时对淀粉的吸水、膨胀性有抑制，使食味变差；另一种认为，蛋白质含量高不一定会降低稻米食味，食味决定于含氮物的种类与数量，认为谷蛋白营养价值高且易被人体吸收与消化，对食味有正面影响，只有消化性差的醇溶蛋白是降低食味的因素。

三、环境条件对稻米品质的影响

水稻产量和品质形成的关键期为抽穗后的灌浆结实期，该时期的气候因子，尤其是温度和光照条件对米质影响较大。

1. 温度

温度是影响稻米品质最主要的气候因子。日均温度大于 26℃ 或小于 21℃ 都会使稻米的碾米品质下降；高温能使糙米率、精米率降低 1~3 个百分点，整精米率降低 3~10 个百分点。垩白性状和透明度受环境影响大，特别易受灌浆期间温度的影响，开花后的高温可增加腹白，低温则减少腹白。水稻齐穗后 15d 内的日平均气温的高低，对垩白性状的影响极大。研究发现，高温对蛋白质含量有明显的影响。

成熟期的高温（32℃）能提高蛋白质含量，变幅可达 5.6% ~ 16.5%，而较低的气温（17℃）则使蛋白质降低。温度对氨基酸的合成也有影响，表现在高温使氨基酸的总含量降低，改善食味品质的赖氨酸合成的适温一般在 21 ~ 28℃。

2. 光照

光照强度对稻米品质的影响是多方面的。生育后期光照不足，会阻碍光合作用，特别是营养生长过旺、田间荫闭和通风透光不良的情况下，垩白米发生会增加；但光照太强，温度会相应提高，缩短成熟过程，形成高温逼熟，使稻米垩白面积增大，垩白粒率提高。优质稻栽培的适宜气候，要求阳光充足，雨量较多，后期温度较低，昼夜温差大，灌浆结实期的温度以 20 ~ 28℃ 为宜，相对湿度以 75% 以上为宜。

四、栽培措施对稻米品质的影响

1. 播栽期

播栽期是否适宜，是能不能利用当地温光资源，获得优质和高产水稻的重要因素。以江苏扬州地区为例，温光对不同类型水稻品种各播期的垩白度的影响为：早熟中粳盐粳 4 号、中熟中粳镇稻 88 随播期推迟，垩白度减少；而迟熟中粳武育粳 3 号和早熟晚粳苏香粳 1 号随播期推迟，垩白度增加；迟熟中粳武运粳 8 号和中熟中籼两优培九播期过早或过迟，垩白度均高（表 2-5）。

表 2-5　播种期对稻米垩白度的影响（%）

播种期	盐粳 4 号	镇稻 88	武运粳 8 号	武育粳 3 号	苏香粳 1 号	两优培九
4 月 30 日	3.45	2.13	1.63	0.77	2.25	2.58
5 月 10 日	2.59	2.69	1.45	0.69	2.46	2.03
5 月 20 日	2.11	2.33	1.56	1.02	2.34	1.43
5 月 30 日	1.85	2.02	1.71	1.39	2.83	1.76
6 月 9 日	1.39	1.37	2.14	2.11	3.27	2.69

2. 栽培密度

合理的群体调控，有利于协调群体与个体、营养生长与生殖生长的矛盾，从而培育优质、高光效和高产群体，进而提高稻米品质。

3. 肥料施用

化肥的过多施用会降低稻米品质，在氮、磷、钾三要素中，氮素对稻米品质的影响最为重要，有利于提高稻米蛋白质含量，降低直链淀粉的含量，使胶稠度变硬。施用氮肥，不仅影响稻米外观品质、碾米品质，改变稻米的营养成分，而且影响米饭的食味。从食味与蛋白质的化学成分的关系来看，精白米的蛋白质含量与食味品质呈负相关，食味品质降低的原因主要是蛋白质含量的增加，引起了米饭黏弹性降低和硬度的增加。基肥不影响食味，但追肥却有明显影响，粒肥在增加蛋白质含量的同时，也使食味品质显著下降。

土壤中较高的速效磷含量有利于降低垩白度，改善加工品质，如整精米率。肥料的施用应以有机肥和生物性肥料为主，少施无机肥，坚持氮、磷、钾以及微量元素肥料合理搭配，平衡施用，以有机肥来维持肥沃的土壤质地，丰富土壤的各种肥料要素的含量。

4. 灌溉

朱庆森（2001）等研究发现，结实期低限水势对出糙率无显著影响，对精米率有影响。当低限土壤水势低于-15kPa 时，精米率显著降低，整精米率明显受到土壤水分的影响，并随着低限土壤水势的下降呈下降趋势；低限土壤水势为-15kPa 时，整精米率比浅水层略高，但不显著，结实期土壤水势对子粒长宽比无显著的影响，对透明度也没有明显的影响，但对稻米的垩白粒率和垩白度有显著的影响；当低限土壤水势为-30kPa 时，垩白粒率和垩白度增加；当低限土壤水势为-60kPa 时，垩白粒率和垩白度则分别比浅水层高 16.89 和8.23 个百分点。

结实期土壤水分对糊化温度无显著影响，直链淀粉含量受土壤水分影响。当土壤水势为 0~30kPa 时，直链淀粉含量均随着土壤水势的降低而增加；当土壤水势低于-30kPa 时，直链淀粉含量下降。土壤水分对垩白大小的影响因品种而异。稻米蒸煮品质 3 个指标中以胶稠度受结实期土壤水势影响较大。精米中粗蛋白是营养品质的评价指标，结实期土壤水势对粗蛋白含量有一定的影响，随土壤水势的降低呈现升高的趋势。

五、施用农药

稻米品质除本身的品质特性（营养、食味、外观和碾米等）外，还包括卫生品质，指稻米不被农药和化学物品等污染的情况。

六、收获时期

水稻成熟后的收获时期对于稻米品质，如蛋白质含量和适口性有较大的影响，适当延迟收获可减少青米率，改善米饭的适口性。研究表明以抽穗后35d收获的稻米胶稠度最高，以抽穗后25d收获的稻米蛋白质含量最高。收获期及收割方法与裂纹米形成有很大关系，收割不适时，过早或过迟都会增加裂纹米。

第三章 主栽的优质稻品种

一、玉针香

选育单位：湖南省水稻研究所

审定编号：湘审稻 2009038

品种来源：天龙香 103/R4015

特征特性：该品种属常规中熟晚籼，在永顺县作双季晚稻栽培，全生育期 114d 左右。株高 119cm 左右，株型适中。叶鞘、稃尖无色，落色好。省区试结果：每亩有效穗 28.1 万穗，每穗总粒数 115.8 粒，结实率 81.1%，千粒重 28.0g。抗性：稻瘟病抗性综合指数 8.2，白叶枯病抗性 7 级，感白叶枯病；抗寒能力较强。米质：糙米率 80.0%，精米率 65.7%，整精米率 55.8%，粒长 8.8mm，长宽比 4.9，垩白粒率 3%，垩白度 0.4%，透明度 1 级，直链淀粉含量 16.0%。2006 年第六届湖南省优质稻新品种评选活动中被评为一等优质稻新品种。

产量表现：2007 年省区试平均亩产 426.38kg，比对照金优 207 减产 1.34%，不显著；2008 年续试平均亩产 461.56kg，比对照减产 7.15%，极显著。两年区试平均亩产 443.97kg，比对照减产 4.25%，日产 3.89kg，比对照低 0.31kg。

栽培要点：作双季晚稻栽培。每亩大田用种量 2.5kg。7 月 25 日前移栽完毕，秧龄以 35d 内为佳，种植密度 16.6cm×20.0cm，每穴插 4~5 苗，每亩插基本苗 7.5 万~9.0 万。宜采用中等偏高肥力水平栽培，以充分发挥该品种的增产潜力。前期施足基肥，以有机肥为主；早施追肥，促进分蘖，中后期稳施壮苞肥及壮籽肥；前期以浅水促分蘖为主，中后期保持湿润为主，切忌脱水过早。在苗期、分蘖盛期和抽穗破口期必须加强对稻瘟病的预防措施。同时注意预防纹枯病和白叶枯病。

种植区域：该品种达到审定标准，通过审定。适宜于稻瘟病轻发区作双季晚稻种植。

二、农香32

选育单位：湖南省水稻研究所

审定编号：湘审稻2015009

品种来源：AF6-82/R80///AF6-82×R80/三合占//农香16。

特征特性：该品种属籼型常规中熟中稻。省区试结果：在我省（湖南省）作中稻栽培，全生育期137.5d。株高126.4cm，株型适中，生长势较强，叶鞘绿色，稃尖秆黄色，中长芒，叶下禾，后期落色好。每亩有效穗14万穗，每穗总粒数171.6粒，结实率78.1%，千粒重27.7g。

抗性：叶瘟5.8级，穗颈瘟7.3级，稻瘟病综合抗性指数5.6，白叶枯病7级，稻曲病4级，耐高温能力较弱，耐低温能力较弱。

米质：糙米率72.3%、精米率62.1%、整精米率45.0%，粒长8.0mm，长宽比4.2，垩白粒率19%，垩白度1.9%，透明度3级，碱消值4.0级，胶稠度83mm，直链淀粉含量13.1%。

产量表现：2013年省区试平均亩产489.0kg，比对照减产8.4%，减产极显著；2014年省区试平均亩产524.36kg，比对照减产4.81%，减产极显著。两年区试平均亩产506.68kg，比对照减产6.61%，日产量3.69kg，比对照低9.23%。

栽培要点：丘陵区5月15—20日播种，在山区4月中下旬播种，每亩秧田播种量10~15kg，每亩大田用种量2.5kg，秧龄30d以内。种植密度16.5cm×23.1cm，每蔸插4粒谷秧。施足基肥，早施追肥，防止氮肥施用过迟过量。及时晒田控蘖，后期湿润灌溉，不要脱水过早。注意防治稻瘟病等病虫害。

审定意见：该品种达到审定标准，通过审定。适宜在稻瘟病轻发的山丘区作中稻种植。

三、兆优5455

选育单位：深圳市兆农农业科技有限公司

审定编号：湘审稻2016006

品种来源：兆A×R5455。

特征特性：该品种属籼型三系杂交迟熟中稻。省区试结果：在湖南作中稻栽培，全生育期147d，比对照Y两优1号长一天。株高117.2cm，株型适中，生长势强，叶姿直立，叶鞘绿色，稃尖秆黄色，短顶芒，叶下禾，后期落色好。每亩有效穗15.6万穗，每穗总粒数167粒，结实率85.0%，千粒重27.5g。抗性：叶瘟5.0级，穗颈瘟6.3级，稻瘟病综合抗性指数4.7，白叶枯病5级，稻曲病5级。米质：糙米率80.8%，精米率72.0%，整精米率66.7%，粒长7.1mm，长宽比3.4，垩白粒率12%，垩白度2.8%，透明度1级，碱消值6.5级，胶稠度82mm，直链淀粉含量15.0%。省评二等优质稻。

产量表现：2014年省区试平均亩产595.2kg，比对照Y两优1号增产3.5%。2015年省区试平均亩产608.3kg，比对照Y两优1号减产4.2%。两年区试平均亩产601.7kg，比对照减产0.3%，日产量4.1kg，比对照低1.3%。

栽培要点：4月中下旬播种，每亩秧田播种量15kg，每亩大田用种量0.6~1.0kg。秧苗4.5叶左右移栽，种植密度16.7cm×20cm，每穴插2~3粒谷秧。重施底肥，早施追肥，氮、磷、钾配合施用，控施高氮，适当增加磷、钾肥用量。深水活蔸，浅水分蘖，及时晒田，有水壮苞抽穗，后期干干湿湿，不脱水过早。注意防治稻瘟病、白叶枯病和稻曲病等病虫害。

审定意见：该品种达到审定标准，通过审定。适宜在稻瘟病轻发的山丘区作中稻种植。

四、天优华占

选育单位：中国水稻研究所、中国科学院遗传与发育生物学研究所、广东省农业科学院水稻研究所

审定编号：国审稻2008020。

品种来源：天丰A×华占

特征特性：该品种属籼型三系杂交水稻。在长江中下游作双季晚稻种植，全生育期平均119.2d，比对照汕优46短0.3d。株型紧凑，茎秆较粗，叶片直挺，熟期转色好，每亩有效穗数18.9万穗，株高101.3cm，穗长21.1cm，每穗总粒数155.1粒，结实率76.8%，千粒

重 24.9g。抗性：稻瘟病综合指数 3.4 级，穗瘟损失率最高 5 级，抗性频率 100%；白叶枯病 7 级；褐飞虱 7 级。米质主要指标：整精米率 69.9%，长宽比 3.4，垩白粒率 3%，垩白度 0.3%，胶稠度 80mm，直链淀粉含量 20.7%，达到国家《优质稻谷》标准 1 级。

产量表现：2006 年参加长江中下游中迟熟晚籼组品种区域试验，平均亩产 511.3kg，比对照汕优 46 增产 8.50%，极显著；2007 年续试，平均亩产 536.1kg，比对照汕优 46 增产 12.12%，极显著；两年区域试验平均亩产 523.7kg，比对照汕优 46 增产 10.32%，增产点比例 96.70%。2007 年生产试验，平均亩产 491.7kg，比对照汕优 46 增产 7.15%。

栽培要点如下。①育秧：适时播种，大田每亩用种量 0.7～0.9kg，适当稀播，适施秧田肥，培育壮秧。②移栽：秧龄 25～30d 移栽，合理密植，每亩栽插 1.2 万～1.5 万穴，行株距 20cm×（20～26.7）cm。③肥水管理：增施有机肥，适当配施磷、钾肥，早施追肥，一般每亩施复合肥 13～18kg 作底肥、尿素 13～15kg 与氯化钾 5～8kg 混合作追肥，穗粒肥依苗情适施或不施。后期忌断水过早，应实行间隙灌溉或湿润灌溉，利于籽粒灌浆饱满。④病虫防治：注意及时防治稻瘟病、白叶枯病、褐飞虱、螟虫等病虫害。

审定意见：该品种符合国家水稻品种审定标准，通过审定。熟期适中，产量高，中感稻瘟病，感白叶枯病和褐飞虱，米质优。适宜白叶枯病轻发的双季稻区作晚稻种植。

五、深两优 5814

选育单位：国家杂交水稻工程技术研究中心，清华深圳龙岗研究所

审定编号：国审稻 2009016，粤审稻 2008023，渝引稻 2011007

品种来源：Y58S/丙 4114（B4114）

特征特性：该品种属籼型两系杂交水稻。在长江中下游作一季中稻种植，全生育期平均 136.8d，比对照Ⅱ优 838 长 1.8d。株型适中，叶片挺直，谷粒有芒，每亩有效穗数 17.2 万穗，株高 124.3cm，穗长 26.5cm，每穗总粒数 171.4 粒，结实率 84.1%，千粒重 25.7g。抗

性：稻瘟病综合指数 3.8 级，穗瘟损失率最高 5 级；白叶枯病 5 级；褐飞虱 9 级。米质主要指标：整精米率 65.8%，长宽比 3.0，垩白粒率 13%，垩白度 2.0%，胶稠度 74mm，直链淀粉含量 16.3%，达到国家《优质稻谷》标准 2 级。

产量表现：2007 年参加长江中下游迟熟中籼组品种区域试验，平均亩产 585.61kg，比对照 Ⅱ 优 838 增产 4.24%，极显著；2008 年续试，平均亩产 588.76kg，比对照 Ⅱ 优 838 增产 4.21%，极显著；两年区域试验平均亩产 587.19kg，比对照 Ⅱ 优 838 增产 4.22%，增产点比例 68.8%；2008 年生产试验，平均亩产 537.91kg，比对照 Ⅱ 优 838 增产 2.16%。2009 年湖北随州示范种植亩产高达 858kg。2010 年农业部在湖南省隆回县超级稻验收亩产 870.5kg。2010 年在福建省永安市验收亩产 959.44kg。2012 年被农业部确认为超级稻品种。

栽培技术要点如下。①育秧：适时播种，每亩大田用种量 1.5kg 左右，稀播匀播，培育壮秧。②移栽：栽插密度以 20cm×20cm 或 18cm×25cm 为宜，每亩插足基本苗 6 万~8 万苗。③肥水管理：适宜中等偏上肥力水平栽培，施肥以基肥和有机肥为主，前期重施，早施追肥，后期看苗施肥。后期采用干干湿湿灌溉，不宜脱水过早。④病虫防治：注意及时防治螟虫、纹枯病、稻瘟病、稻飞虱等病虫害。

制种技术要点：采用两期父本制种为宜，第一期父本比母本早播 20~22d。

种植区域：适宜作一季中稻种植。

其他重要特性：产量高，抗性强，米质优，出米率高，整精米率高，秧龄弹性好，抗高温低温能力强，抗稻瘟病、稻曲病能力强，耐旱耐涝性强，再生稻能力强。

六、Y 两优 5867

选育单位：江西科源种业有限公司、国家杂交水稻工程技术研究中心、清华深圳龙岗研究所选育

审定编号：赣审稻 2010002，国审稻 2012027

品种来源：Y58S×R674（蜀恢 527/ 9311）

特征特性：全生育期 129.2d，比对照 Ⅱ 优 838 长 4.9d。该品种

株型紧凑，叶片挺直，长势繁茂，分蘖力强，有效穗多，秤尖无色，穗大粒多，结实率高，熟期转色好。株高 120.7cm，亩有效穗 17.0万穗，每穗总粒数 141.2 粒，实粒数 120.0 粒，结实率 85.0%，千粒重 27.8g。出糙率 80.8%，精米率 72.2%，整精米率 69.5%，粒长 7.0mm，粒型长宽比 3.3，垩白粒率 24%，垩白度 2.6%，直链淀粉 15.3%，胶稠度 80mm。米质达国优 3 级。稻瘟病抗性自然诱发鉴定：穗颈瘟为 9 级，高感稻瘟病。

产量表现：2008—2009 年参加江西省水稻区试，2008 年平均亩产 567.00kg，比对照Ⅱ优 838 增产 8.84%，极显著；2009 年平均亩产 556.58kg，比对照Ⅱ优 838 增产 5.13%。两年平均亩产 561.79kg，比对照Ⅱ优 838 增产 6.99%。

2009 年参加国家长江中下游中籼迟熟组区域试验，平均亩产 565.4kg，比对照Ⅱ优 838 增产 1.5%；2010 年续试，平均亩产 590.0kg，比Ⅱ优 838 增产 8.7%。两年区域试验平均亩产 577.7kg，比Ⅱ优 838 增产 5.0%。2011 年生产试验，平均亩产 600.8kg，比对照Ⅱ优 838 增产 8.6%。

栽培技术要点：丘陵、山区于 4 月下旬至 5 月中旬播种，平原、湖区 5 月 23—28 日播种，秧田播种量每亩 10kg，大田用种量每亩 1.0~1.25kg。秧龄 30d。栽插规格 17cm×27cm，每穴插 2 粒谷。亩施纯氮 15kg，氮、磷、钾肥施用比例为 1.0∶0.6∶（1.1~1.2）。够苗晒田，有水孕穗，湿润灌浆，后期不要断水过早。加强稻瘟病、稻飞虱等病虫害的防治。

第四章 优质稻病虫害及其防治措施

第一节 优质稻主要病害防治技术

一、稻瘟病

(一) 稻瘟病识别

稻瘟病属于真菌病害，水稻从发芽到收获都可发病。由于侵入的时期和部位不同，可以分为苗瘟、叶瘟、节瘟、穗颈瘟和谷粒瘟等类型，苗瘟、叶瘟、穗颈瘟比较常见而且为害较大。

苗瘟：苗瘟是指发生在秧苗三叶期以前的稻瘟病。病苗多呈黄褐色或淡红褐色，成团枯死。

叶瘟：是指发生在叶片上的稻瘟病。其病斑主要有急性病斑和慢性病斑两种，但慢性病斑最常见。慢性病斑：一般为梭型病斑，有一条褐色的坏死线从病斑中央贯穿两端，这是识别慢性病斑的重要特征。急性病斑：一般为近圆形或不规则的暗绿色水渍状病斑（似开水烫过），在病斑的表面常有灰色的霉状物。急性病斑的出现，是稻瘟病严重发生的预兆（图4-1、图4-2）。

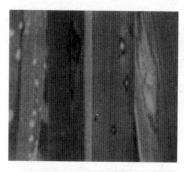

图4-1 叶瘟　　　　　图4-2 叶瘟暴发

穗颈瘟和枝梗瘟：是指发生在稻穗颈部和枝梗部的稻瘟病。发病初期先在穗颈（或枝梗）上产生褐色的点，后使穗颈（或枝梗）变黑枯死，使整个或部分稻穗（或枝梗）变白形成白穗，对产量影响最大（图4-3至图4-6）。

图4-3 穗瘟

图4-4 穗瘟大田表现

图4-5 颈瘟

图4-6 枝梗瘟

节瘟：是发生在水稻茎节上的稻瘟病。发病初期先在茎节上产生褐色的小黑点，最后整个茎节都变黑、凹陷折断，形成白穗。

（二）稻瘟病发生特点

稻瘟病在水稻的各个生育期都能发生为害，尤其在秧苗3~5叶期、分化至孕穗期、始穗期至齐穗期发生多、为害重。通常山区重于平原，早稻重于晚稻，地膜秧田重于露地秧田。稻瘟病是一种真菌病害，主要以发病稻草、种子带菌传播为特点。其发病轻重同气候条件、品种抗性及栽培管理密切相关。一般气温在24~28℃，相对湿度在92%以上或连续阴雨天气，有利于发病；品种抗性差、过多或偏迟施用氮肥也有利于发病。

（三）防治措施

此病应以预防为主，综合治理。预防的关键在于选用抗病良种、种子消毒及药剂预防叶瘟和穗瘟。

1. 选用抗病良种

这是防治稻瘟病最有效、最根本的措施，对稻瘟病常发区尤为重要。

2. 种子消毒

所有种子在播种前都要用药剂浸种消毒，药剂可选用先安、强氯精等。

3. 烧毁带病稻草，合理水肥管理，不偏施、迟施氮肥

4. 药剂防治

重点是预防叶瘟和穗瘟。一是在秧苗移栽前3~5d打好预防稻瘟病超级送嫁药；二是在大田出现叶瘟发病中心或急性病斑时，立即用药防治叶瘟；三是在破口初期对发生叶瘟及感病品种要喷药预防穗瘟发生，重病田在齐穗期再防治一次。药剂可选用正邦稻瘟病专用药、瘟失顿（三环唑）、富士一号（稻瘟灵）等。

二、纹枯病

纹枯病又叫"烂脚病""花脚病"，是水稻上一种重要的发生普遍的常发性病害。

（一）纹枯病的识别

纹枯病先侵染水稻叶鞘，后侵染叶片甚至稻穗。叶鞘发病时，先在近水面的叶鞘上发生椭圆形暗绿色水渍状病斑，以后逐渐扩大成云纹状。发病严重时病斑由下向上扩展至叶片，最后水稻基部腐烂，引起成片倒伏（图4-7）。

（二）发生特点

纹枯病发生普遍、为害严重。水稻秧苗期一般很少发病，一般在

图4-7 纹枯病

水稻分蘖末期开始发生，孕穗期到抽穗期发病最重，常可造成病害流行和严重损失。早栽早发早封行的稻田，栽插密度大、通风透光条件差的稻田，过量过迟施用氮肥的稻田以及低洼积水、湿度大的稻田纹枯病往往发生严重。

（三）防治措施

1. 打捞菌核，减少菌源

稻田整好后，将下风头的浪渣打捞干净并将它们深埋或烧毁。

2. 加强栽培管理

做到合理密植；不过多或过迟追施氮肥；增施磷、钾肥；不长期深水灌溉，适时露田和晒田，尤其是分蘖末期至孕穗期前后及时晒好田，对控制纹枯病的为害效果显著。

3. 药剂防治

每季水稻应防治两次，在分蘖末期至孕穗初期当纹枯病病丛发病率达到20%以上时预防第一次，过7～10d后预防第二次。药剂可选择正邦纹枯病专用药、10%井冈霉素粉剂、5%井冈霉素水剂、纹特佳、纹霉清等。

三、稻曲病

稻曲病又称为黑穗病、绿黑穗病、谷花病、青粉病，俗称"丰产果"。该病只发生于水稻穗部，为害部分谷粒，是水稻穗期重要病害。

（一）稻曲病的识别

受害谷粒内形成菌丝块逐渐膨大，内外裂开，露出淡黄色块状物。后破裂，散生黑绿色粉末，随风雨传播（图4-8）。

图4-8　稻曲病

（二）发生特点

从抽穗至成熟期均能发生，其中孕穗期最容易发生。气候条件是影响稻曲病病菌发育和侵染的重要因素。稻曲病病菌在温度为24~32℃均能发育，以26~28℃最为适宜，34℃以上不能生长。同时，稻曲病病菌的子囊孢子和分生孢子均借风雨侵入花器，因此，影响稻曲病病菌发育和侵染的气候因素以降雨为主。在水稻抽穗扬花期雨日、雨量偏多，田间湿度大，日照少，一般发病较重。

（三）防治措施

1. 选择抗病品种

稻曲病的防治策略在于干预，首先要选择抗病品种，淘汰高感病品种。一般散穗、早熟品种发病比较轻，密穗、晚熟品种发病比较重。

2. 清洁田园

清洁田园，清理病原菌，减少病原菌数量。避免在病田留种，播种前搞好种子消毒工作。

3. 科学肥水管理

改进施肥技术，基肥要足，慎用穗肥，采用配方肥，尤其氮肥施用要适量。用水注意干湿管理，浅水勤灌，及时晒田，后期见干见湿。

4. 科学用药

发病期雨量偏多就要防治，于破口期前 7~10d（幼穗分化第七期），每亩用 12.5% 氟环唑 50g、或用 30% 苯丙·丙环唑乳油 15~20mL、或用 20% 井冈霉素可湿性粉剂 40g 对水 50~60kg 喷雾防治；齐穗期再施一次药。老病区在孕穗末期至破口初期预防，间隔 7d 一次，连防两次。推荐选用 45% 咪鲜胺水乳剂 40mL/亩、30% 己唑醇悬浮剂 20mL/亩、43% 戊唑醇悬浮剂 20mL/亩、75% 拿敌稳（肟菌·戊唑醇）水分散粒剂 10g/亩或 50% 多菌灵可湿性粉剂 100g/亩。

四、其他病害

1. 恶苗病

恶苗病属于真菌病害，又称徒长病、公稻子。发现后及时清理田园，拔除病株减少侵染。

2. 水稻烂秧

水稻烂秧，是指育苗期发生的多种生理性和侵染性病害。精选谷种，做到纯、净、健壮；提高催芽技术，掌握好温度和水分；秧田选在背风向阳、土质好、排灌方便的田块。绵腐病发生后，0.01%~0.05% 硫酸铜溶液，每亩 70~100kg。立枯病在一叶一心时用 65% 敌磺钠（敌克松）可湿性粉剂 600 倍液预防，如果在发病期用 65% 敌磺钠（敌克松）可湿性粉剂 200~500 倍液喷雾防治。

第二节　优质稻主要虫害防治技术

一、二化螟

二化螟又叫钻心虫，是水稻的一种主要害虫。

1. 为害虫态及形态识别

二化螟以幼虫为害水稻。幼虫虫体长 1~26mm，背上有 5 条褐色纵线，中间 3 条最明显。

2. 为害部位及为害状

幼虫主要为害水稻的叶鞘和茎秆。幼虫从卵块中孵化出来后，先钻入水稻叶鞘内取食为害，使叶鞘发黄枯死，造成枯鞘，并在田中形成由若干丛有枯鞘的水稻组成的枯鞘团。幼虫稍大（2 龄）以后分散转移，分别蛀入水稻茎秆内取食，造成枯心、枯孕穗、白穗等症状，在稻田中常形成一团团的枯心团、枯孕穗团和白穗团。

3. 为害特点

二化螟在武陵地区各地均有分布，一年发生 3~4 代，主害代为第一代。第一代主要为害栽插早、长势好的早稻田，为害高峰期一般在 5 月中下旬至 6 月上旬；第二代主要为害中、迟熟早稻，一晚和二晚秧苗；第三代主要为害早、中栽二晚和一晚秧苗；第四代主要为害迟熟二晚秧苗。由于全省南、北纬度和气候差异，各地发生期的时间相差较大，第一代南北地区可相差 20~30d，至第三、第四代差距逐渐缩小。

4. 防治措施

目前二化螟的防治仍以药剂防治为主，一是在秧苗移栽前 3~5d 打好防治二化螟超级送嫁药；二是在大田分蘖期当枯鞘大量出现时，对枯鞘丛率达 8% 以上的稻田施药防治一次，并保持浅层水 3d 以上；施药 7d 后，检查防治效果，对防治效果不好的稻田及时补治或挑治枯心团。药剂可选择正邦稻田杀虫剂、螟施净、三唑磷、锐劲特、阿维菌素等。

二、三化螟

三化螟也叫钻心虫，是水稻主要害虫之一，它与二化螟统称为螟虫。

1. 为害虫态及形态识别

三化螟以幼虫为害水稻。幼虫身体淡黄白色或淡黄绿色，背面有一条透明纵线，体长 1~20mm。

2. 为害部位及为害状

三化螟卵多产于叶片的中上部，初孵幼虫从稻株的基部或心叶处蛀入茎秆内取食。水稻分蘖期和孕穗期要比其他生育期更适于蚁螟侵入，在分蘖期为害造成心叶枯死形成枯心苗，孕穗期造成稻穗空瘪发白形成白穗。因一块卵块孵化出的幼虫都集中在附近的水稻上为害，造成的枯心苗或白穗株在田中常表现为由数丛枯心丛或白穗丛组成的枯心团或白穗团。

3. 为害特点

三化螟仅为害水稻，武陵山区均有分布。三化螟一年发生 4 代，部分地区有不完整的第五代。第一代主要为害早、中栽早稻，第二代主要为害中、迟熟早稻和一晚及二晚秧苗，第三代主要为害早、中栽二晚和一晚秧苗，第四代主要为害中、迟熟二晚秧苗。以一晚穗期和二晚分蘖期发生的第三代及二晚穗期发生的第四代为害最重，造成的损失最大。由于南部和北部温差较大，各地发生期的时间相差也较大，第一代由南向北逐渐推迟，南北地区可相差一个月左右，以后各代因南北各地温差逐渐缩小，发生期则逐渐接近。

4. 防治措施

在盛孵期内，经调查凡每亩有卵 30 块以上的稻田，应打药防治。

防治枯心苗，使用残效期短的农药，应用药两次，第一次在盛孵初期，隔 5~6d 再施药一次；使用残效期长的农药，可在盛孵高峰前 1~2d 施药即可。防治白穗，既要看虫情（盛孵期），又要看苗情（水稻打苞抽穗）来决定。在盛孵期内，掌握水稻先破口先打药，后破口后打药的原则。水稻抽穗在先、卵块盛孵期在后，掌握卵块什么时候开始盛孵就什么时候开始用药。卵块盛孵期在先、水稻抽穗在后，掌握水稻破口 8%~10% 施第一次药，5d 后水稻不能齐穗，盛孵期又未结束的还应施第二次药。防治药剂与二化螟一致，但锐劲特除外，不宜用于防治三化螟。

三、稻飞虱

稻飞虱俗称火蠓子，是一种迁飞性害虫，也是水稻上的主要害虫。

1. 为害虫态及形态识别

严重为害水稻的有白背飞虱和褐飞虱两种，它们均以成虫和若虫为害水稻。飞虱虫体较小，像虱子，若虫虫体长 1~3mm，小若虫虫子无翅，大若虫有两对翅芽，成虫 4~5mm，有长翅型和短翅型两种。短翅型成虫腹部肥大，产卵量多，其数量增多是稻飞虱大发生的信号。白背飞虱成虫前胸背板黄白色，中胸背板中央黄白色。褐飞虱成虫头顶至前胸、中胸背板暗褐色，中胸背板 3 条中隆线明显，体色分暗色与浅色两型。

2. 为害部位及为害状

稻飞虱以成虫、若虫群集于水稻下部的叶鞘上吸食水稻茎秆汁液为害。水稻被害后，稻株基部发黑，下部叶片发黄枯死，严重时造成枯槁倒伏。被害稻田常先在田中出现穿顶，后逐渐扩大成片，严重时造成全田荒枯。

3. 为害特点

一般在早稻上白背飞虱种群占优势，晚稻上则以褐飞虱为主，白背飞虱在全省范围内一般发生为害较轻。从外地迁入虫源的多少和迟早，对稻飞虱发生的轻重，有着直接的关系。稻飞虱主要在水稻穗期为害，水稻孕穗期至乳熟期虫口密度迅速上升，特别是短翅型成虫比例不断增加。通常在初夏多雨、盛夏不热、晚秋不凉的年份发生重。氮肥过多、生长茂密的稻田，稻飞虱发生重。

4. 防治措施

经调查凡 5 丛水稻中飞虱虫量在孕穗期达到 50 只以上、在齐穗期达到 75 只以上的稻田，应打药防治。

药剂防治应采取"突出重点，压前控后"的防治策略。重发生年采取压前控后和攻主害代，一般发生年份攻主害代。按防治标准施药，抓住若虫 2~3 龄高峰期施药。施药时一定要用足水量，粗水喷雾，使药液沉降到水稻基部，同时田间应有浅层水，并保持 2~3d。药剂可选择正邦稻飞虱专用药、啶虫脒、吡虫啉、扑虱灵、毒死稗、叶蝉散、巴沙、敌敌畏等。毒死稗、叶蝉散、巴沙、敌敌畏的速效性虽好，但残效期短，在施药后 7~8d，如果稻飞虱数量又回升，还要再用药一次。由于褐飞虱对吡虫啉已经产生较强抗药性，因此，不宜选用吡虫啉药剂防治褐飞虱。

四、稻纵卷叶螟

稻纵卷叶螟也叫卷叶虫，是一种常发性的重要害虫，也是一种迁飞性害虫。

1. 为害虫态及形态识别

稻纵卷叶螟以幼虫为害水稻叶片。幼虫虫体长 1~19mm，为黄绿色，活泼，触之会快速爬动。

2. 为害部位及为害状

通常幼虫孵出后先在心叶或叶尖为害，稍大后吐丝拉拢两边叶缘，纵向卷成圆筒形的虫苞，并一直躲在虫苞内取食叶肉，造成透明的白色条斑。从孵化到叶片被吃至白条状须经 6d。一般当一片叶吃去 1/4~1/2 时，幼虫则转移他叶另结新苞为害。一头幼虫从孵化到老熟可为害 6~9 片叶。发生严重时满田是虫苞，叶片全发白。

3. 防治措施

经调查凡 100 丛水稻中有新虫苞 20 个以上的稻田，都要施药防治。如没有达到标准，3~5d 后再调查一次，以确定是否用药。

在药剂防治上要抓住盛孵期施药，主要原因是盛孵期大量幼虫于心叶基部取食，心叶基部施药时其受药量最大，且最易接触虫体而把幼虫杀死。若错过了盛孵期施药的时机，则争取于幼虫开始结苞（2龄幼虫高峰期）时施药。在此防治适期内往往施药一次，即可达到良好防治效果。药剂可选择正邦卷叶螟专用药、正邦钻心虫卷叶虫专杀剂、捷鹰、毒死稗、龙丹等。

五、稻秆蝇

稻秆蝇俗称钻心蝇、稻秆潜蝇，是武陵山区水稻主要虫害之一。

1. 为害虫态及形态识别

稻秆蝇成虫体长 2.2~3mm，翅展 5~6mm，鲜黄色。头顶有一钻石形黑斑，胸部背面有 3 条黑褐色纵纹，中间的一条较大。腹背各节连接处都有一条黑色横带。卵长椭圆形，长约 1mm，白色，表面有纵行细凹纹。幼虫蛆型，老熟时体长约 6mm，略呈纺锤形，11 节，乳白色或黄白色，口钩浅黑色，尾端分两叉。围蛹体长约 6mm，淡黄褐色，尾端分叉与幼虫相似。

2. 为害部位及为害状

以幼虫钻入稻茎内为害心叶、生长点或幼穗，心叶抽出后出现小孔或白斑点，被害叶尖变黄褐色，展叶后叶上有若干条细长并列的裂缝；被害幼穗变为畸形穗或成白穗。

3. 防治措施

（1）冬春季结合积肥，铲除田边、沟边、山坡边的杂草，以消灭越冬虫源。

（2）改善耕作制度。单季稻、双季稻混栽山区尽量不种单季稻，可抑制发生量。

（3）排水晒田可减轻为害。

（4）药剂防治如下。

①成虫盛期用30%乙酰甲胺磷乳剂或40%乐果乳剂1 000~1 500倍液喷雾，连续喷两次，隔5d喷第二次。

②插秧后每亩撒施3%呋喃丹3kg或3%甲基异柳磷4kg，可将幼虫杀死。

（5）采用狠治一代，挑治二代，巧治秧田的策略。第一代为害重且发生整齐，盛期也明显，对防治有利。成虫盛发期、卵盛孵期是防治适期，当秧田每平方米有虫3.5~4.5头或本田每100丛有虫1~2头或产卵盛期末，秧田平均每株秧苗有卵0.1粒，本田平均每丛有卵2粒时开始防治成虫，喷洒80%敌敌畏乳油或50%杀螟松乳油，每亩50mL，对水50kg。防治幼虫用50%杀螟松乳油，每亩用药100mL，对水50kg。对带卵块的秧田，可用50%杀螟松乳油300倍液或36%克螨蝇乳油1 000倍液浸秧根。浸秧时间需根据当时温度、秧苗品种及素质先试验后再确定，以防产生药害。

第五章　优质稻的水肥管理

第一节　优质稻的水分管理

一、优质稻基本需水

1. 优质稻的生理需水

直接用于优质稻的正常生理活动以及保持体内水分平衡所需要的水分称为生理需水，蒸腾作用和光合作用是优质稻生理耗水的两大主要形式。

2. 优质稻的生态需水

优质稻的生态需水是指用于调节空气、温度、湿度、养料、抑制杂草等生态因子，创造适于优质稻生长发育的田间环境所需的水分，主要包括棵间蒸发和稻田渗漏两部分。

二、优质稻稻田需水与灌溉定额

1. 优质稻稻田需水量

优质稻稻田需水量又称优质稻稻田耗水量，常用 mm 表示。优质稻稻田需水量是由叶面蒸腾量、棵间蒸发量与稻田渗漏量组成。叶面蒸腾和棵间蒸发称腾发量。叶面蒸腾在各生育期是不同的，它随优质稻生育进程，绿叶面积增大而增加，达高峰值后又随叶面积的减少而降低，呈单峰曲线。棵间蒸发量，移栽初期植株小，株间蒸发大于叶面蒸腾，分蘖期以后株间蒸发小于叶面蒸腾，并随荫蔽的增加而减少，二者之间呈现出此消彼长的关系。株间腾发量的高峰仍在抽穗前后，叶面腾发量在很大程度上受气候因素支配，与空气温度呈正相关，与空气湿度呈负相关。株间蒸发量也受品种、施氮量和田间水层的影响。渗漏量因稻田的整地技术、灌水方法、地下水位高低，尤其是土壤质地差异而有很大不同。

2. 灌溉定额

单位面积稻田需要人工补给的水量称为灌溉定额。优质稻稻田灌溉定额可根据以下公式估算：

灌溉定额＝整田用水量＋大田生育期间耗水量－有效降水量

整田用水量与自然条件、地形地貌、土壤种类、整田前土壤含水量以及耕作有关。稻田灌溉用水，要求水温适宜，含氧量高，酸碱适度，无有毒物质等。

三、优质稻稻田水分管理

1. 优质稻不同生育期对水分的需求及管理

灌溉排水的任务在于调节稻田水分状况，以充分满足生理和生态需水的要求。掌握优质稻不同生育期稻田适宜的水分范围，是田间灌溉的关键。

（1）返青期。优质稻返青期间稻田保持一定水层，给秧苗创造一个温度、湿度比较稳定的环境，促进早发新根，加速返青。但水层不能超过最上面全出叶的叶耳，否则影响生长的恢复。早栽的秧苗，因气温较低，白天灌浅水，夜间灌深水，寒潮来时适当深灌防寒护苗。返青期间遇阴雨天气应浅水或湿润灌溉。

（2）分蘖期。适宜优质稻分蘖的田间水分状况是土壤含水高度饱和到有浅水之间，以促进分蘖早生快发。水层过深分蘖会受到抑制。生产上多采用排水晒田的方法来抑制无效分蘖。

（3）幼穗发育期。稻穗发育过程是优质稻一生中生理需水的临界期。加之晒田复水后稻田渗漏量有所增大，一般此时需水量占全生育期的30%～40%。此期一般宜采用水层灌溉，淹水深度不宜超过10cm，维持深水层的时间也不宜过长。

（4）抽穗开花期。优质稻抽穗开花期对稻田缺水的敏感程度仅次于孕穗期。受旱时，重则出穗、开花困难，轻则影响花粉和柱头的活力，空秕率增加。一般要求有水层灌溉。在出穗开花期有可能遇高温危害，稻田保持水层，可明显减轻高温的影响。

（5）灌浆结实期。后期断水过早，会影响稻株的吸收和运输，秕粒增加。此期最适合的水分是间隙灌水，使稻田处于渍水与落水相交替的状态。

2. 晒田的作用及技术

晒田又名烤田、搁田，是指优质稻分蘖盛期后到幼穗分化前的排水晒田，是我国水稻灌溉技术中的一项独特的措施。

（1）晒田的生理生态作用。一是改变土壤的理化性质，更新土壤环境，促进生长中心从蘖向穗的顺序转移，对培育大穗十分有利。二是调整优质稻长相，促进根系发育，促进无效分蘖死亡，使叶和节间变短，秆壁变厚，优质稻抗倒力增强。高产栽培中，当全田总苗数达到一定程度时，常采取排水晒田措施，以提高分蘖成穗率，增加穗粒数和结实率。

（2）晒田技术。晒田常根据气候、土壤、施肥和秧苗长势不同而掌握不同的晒田时期与晒田程度。晒田一般多在优质稻对水分不甚敏感的时期进行，以分蘖末期至幼穗分化初期较适宜。晒田程度要视苗情和土壤而定。苗数足、叶色浓、长势旺、肥力高的田应早晒、重晒，以人立不陷脚、叶片明显落黄为度；相反则应迟晒、轻晒或露田，田中稍紧皮，叶色略褪淡即可。晒田不宜过头或不足，要灵活掌握。

3. 节水灌溉技术要点

稻田节水灌溉的主要措施：① 建立健全并完善稻田灌溉系统，实行计划供水、用水。② 耕作过程中进行旱犁、旱整，回水后尽快水耕、水耙，把好整地质量关，同时糊好田埂。③ 实行湿润或浅水灌溉，对"望天田"要浅灌深蓄，或早蓄晚灌或上蓄下灌。④ 根据水稻各生育期的生理生态需水实施计划供水。⑤ 实行水稻半干旱式种植或地膜覆盖旱种。⑥ 选用耐旱性强的优质稻品种，实行旱育秧，培育耐旱带蘖壮秧。⑦ 采用高成穗率的施肥技术和其他配套技术。

第二节 优质稻的需肥特性

一、优质稻对氮、磷、钾的吸收和运转

在水稻所吸收的矿质营养元素中，吸收量多而土壤供给量又常常不足的主要是氮、磷、钾三要素。优质稻在全生育期吸收氮、磷、钾总量与普通稻没有明显的区别，一般苗期吸收量少，随着生育的进程，营养体逐渐大量生长，吸肥量也相应提高，到抽穗前达到最高，以后随着根系活力的减退又逐渐减少。对氮素的吸收以分蘖期最高，

其次为幼穗发育期；对磷的吸收，以幼穗发育期最高，分蘖期次之，结实成熟期仍吸收相当数量的磷；对钾的吸收，抽穗前吸收最多、抽穗后很少。一般来说，优质稻的肥料利用率较普通高产品种偏低，每生产100kg优质稻稻谷所吸收的氮、磷、钾量大都比普通高产品种要高，并且成熟时氮、磷主要分配于谷粒中，而钾则主要聚集在稻草里。但分配于谷粒中的养分比例表现出优质稻株低于普通稻株的趋势，表明优质稻养分运往谷粒的能力要差。

优质稻所吸收的养分中，对于土壤的依赖程度要明显高于普通品种，尤以磷、钾突出。优质稻氮、磷、钾来源于土壤养分分别占52.8%~55.7%，63.5%~74.5%，57.2%~58.5%。优质稻吸收土壤中氮的比例与普通高产稻差别不大，其磷、钾比例则明显要高，说明优质稻的生产更需要土壤肥沃。

二、优质稻对钙、镁、硫的吸收与运转

优质稻对钙、镁、硫的吸收与普通高产品种基本相近。在相同条件下，优质稻总吸收量和单位产量的需求量均比普通品种高，晚稻的吸收量要远大于早稻，尤以钙元素表现突出。优质早稻累计吸收的钙、镁、硫分别为1.27~1.63kg/亩、1.20~1.63kg/亩、0.84~0.95kg/亩，每生产100kg优质稻稻谷需吸收的钙、镁、硫元素平均为0.40kg、0.30kg、0.23kg。

优质稻谷粒中钙、镁、硫的比例明显小于普通高产品种，在植株体内的运转能力较差，尤以钙元素表现突出。优质晚稻中的钙、镁、硫元素向谷粒中的运转比例分别为7.9%、37.4%和44.3%，较普通晚稻品种低2.2~11.0个百分点；优质早稻的运转能力相对较强，但仍显著低于普通品种。

水稻除了氮、磷、钾、钙、镁、硫这6种主要元素外，还需一些微量元素，如锰、硼、锌、钼、铜、硅等，也应注意供应，以满足水稻正常生长的需要。尤其是水稻吸收硅元素的数量很大，生产500kg稻谷，吸收87.5~100kg硅，因此，高产栽培时，应采取稻草还田，施用秸秆堆肥或硅酸肥，以满足优质稻对硅元素的需要。

第三节　优质稻的营养元素缺素症

一、缺氮的症状和防治

1. 主要症状

（1）在下部叶片首先出现缺素症状。

（2）叶片由淡绿发展到淡黄、橙黄或黄红。

（3）植株矮小，分蘖差。

（4）穗小，穗粒少，秕粒多，早衰。

2. 发生原因

（1）土壤中氮肥量不足。

（2）低温或冷水田，根系吸氮能力弱。

3. 防治措施

（1）增施速效氮肥。

（2）配施适量磷、钾肥。

（3）叶面喷施氮肥。

二、缺磷的症状和防治

1. 主要症状

（1）植株矮小，生长慢，迟不分蘖，呈簇状（图5-1）。

图 5-1　水稻缺磷症状

（2）叶片直笃，叶色暗绿带紫灰色，叶片短、叶鞘长，严重时，呈纵状卷缩。

（3）根细长，黄色，软绵少弹性，或根系发黑。

（4）生育期延长，瘪粒增多。

2. 发生原因

（1）土壤有效磷低。

（2）低温或冷水田，根系吸磷能力弱。

（3）土壤还原性物质抑制磷素吸收。

（4）绿肥分解中，磷被生理固定。

3. 防治措施

（1）增施磷肥。

（2）排水耘田、搁田，提高土温，改善土壤通透性，消除还原性物质，使根系增加吸磷量。

（3）施用石灰、石膏等间接肥料。

三、缺钾的症状和防治

1. 主要症状

（1）株型矮小，易倒伏，抗旱、寒能力弱，分蘖很少。

（2）叶片有不定型的赤褐色斑点，称赤枯病，远看似火烧焦（图5-2）。

图5-2　水稻缺钾症状

（3）根系老化腐朽，后变黑腐烂。

（4）病株根系生长不良，极易拔起。

（5）重病田常和胡麻叶斑病并发。

2. 发生原因

（1）土壤有效钾含量低。

（2）重氮轻钾，氮钾比例失调、钾氮比越低，病越重。

（3）中毒发僵和冷害发僵稻根生长差，减少钾素吸收，常与之伴随并发。

3. 防治措施

（1）增施、早施钾肥。

（2）开沟排水，降低地下水位。砂田掺泥，泥田掺砂，改良土壤理化性状。

（3）浅水勤灌，提高水温，增氧通气。

（4）发病立即排水，增施磷、钾肥，中耕，搁田。

四、缺硫的症状和防治

1. 主要症状

（1）植株发僵，新叶失绿黄化。

（2）叶片出现紫红色斑点。

（3）开花和成熟期推迟，结实率低，籽粒少。

2. 发生原因

（1）土壤中本身缺磷。

（2）施用含硫的化肥品种越来越少。

（3）重钙肥的施用。

3. 防治措施

（1）施用含硫肥料。

（2）增施有机肥料，补充土壤供硫能力。

（3）结合氮、磷、钾、镁肥施用水溶性含硫肥料。

五、缺钙的症状和防治

1. 主要症状

（1）植株矮小，根、茎的生长点出现凋萎或坏死。

（2）幼叶变形，叶尖相互粘连呈弯钩状，新叶难抽出。

（3）早衰，结实少或不结实。

2. 发生原因

（1）土壤中有效钙含量低，满足不了水稻对钙的需求。

（2）土壤中盐分含量高，抑制水稻对钙的吸收。

（3）土壤酸性强，影响了钙的有效性。

（4）土壤耕作层浅、过沙，导致土壤保水保肥能力差，引起钙的流失。

（5）氮与钙离子存在颉颃作用，而氮肥过量施用，从而降低了钙的有效性，影响了钙的吸收。

3. 防治措施

（1）补施石灰质肥料，含钙的氮、磷肥料，如硝酸钙、过磷酸钙、钙镁磷肥等，也能补充一定数量的钙，但其施用量应以水稻对氮、磷营养的需要量而定。

（2）合理施用钙质肥料。

（3）控制水溶性氮、磷、钾肥的用量。在含盐量较高及水分供应不足的土壤上，应严格控制水溶性氮、磷、钾肥料的用量，尤其是一次性施用量不能太大，以防土壤的盐浓度急剧上升，避免因土壤溶液的渗透势过高而抑制水稻根系对钙的吸收。

（4）合理灌溉，在易受旱的土壤上及在干旱的气候条件下，要及时灌溉，以利土壤中钙离子向水稻根系迁移，促进钙的吸收，防止缺钙症的发生。

六、缺镁的症状和防治

1. 主要症状

（1）中下部叶片的叶尖出现条纹状黄化，叶片也从舌处下垂（图5-3）。

（2）叶色褪淡、变黄，脉间失绿。

（3）颖花稀少，结实率低。

2. 发生原因

（1）土壤耕层浅，质地粗，淋溶强，供镁不足。

图 5-3 水稻缺镁症状

(2) 长期不用或少用钙镁磷肥等含镁肥料。

(3) 大量施用氮肥和钾肥，植株生长过旺，由于稀释效应和钾对镁的吸收颉颃作用，导致主体内镁的缺乏。

3. 防治措施

(1) 叶面喷施 1%~2% 的硫酸镁溶液。

(2) 合理施用镁肥，氯化镁效果最好，尽量早施。

(3) 控制氮、钾用量。

(4) 改善土壤环境，施用石灰，尤其是含镁石灰，或者直接施用白云石粉，既可中和土壤酸度，又能提高土壤的供镁能力。

(5) 施用有机肥，改善根系对镁的吸收。

七、缺锌的症状和防治

1. 主要症状

(1) 基叶尖干枯，随后下部叶出现褐色锈斑块（图 5-4）。

(2) 出叶慢，心叶卷曲、失绿白化，老叶叶脉发脆易断。

(3) 稻株变矮，迟不分蘖。

(4) 根细短，如与中毒发僵并发，变黑褐色。

2. 发生原因

(1) 土壤有效锌含量低。

(2) 土壤 pH 值偏高，锌溶解度降低。

(3) 尿素水解增加碳酸根浓度，抑制稻苗对锌的吸收。

图 5-4　水稻缺锌症状

（4）大量施用石灰，锌被碳酸钙颗粒表面固定。

3. 防治措施

（1）增施锌肥。

（2）缺锌土壤，氮肥施用硫化铵、硫酸铵等生理酸性肥料。

（3）磷肥与锌肥配合施用，改善磷、锌平衡，提高对磷、锌的吸收利用。

八、缺硼的症状和防治

1. 主要症状

（1）下部叶出现淡黄斑点。

（2）顶端生长点不正常或停滞生长，幼叶畸形，皱缩，颖花稀少，空秕谷多。

（3）侧芽多，但生长畸形。

2. 发生原因

（1）偏施化肥造成营养失调。

（2）土壤中硼的有效含量低，满足不了水稻对硼的需求。

（3）土壤耕层浅、过沙，导致保水保肥能力差，引起硼等养分流失。

（4）含钙量高或石灰性土壤中，因钙对硼的颉颃作用，降低了土壤中硼的吸收和运转，影响了水稻对硼的吸收。

3. 防治措施

（1）在缺硼的土壤中施用硼肥。

（2）用硼肥或硼酸溶液浸种。

（3）叶面喷施硼酸溶液。

（4）增施优质腐熟的有机肥，重施基肥，轻施追肥。

第四节　优质稻的用肥量与施用

一、优质稻施肥量和施肥时间的确定

1. 优质稻的施肥量

决定施肥量时，应根据单产水平对养分的需要量，土壤养分的供给量，所施肥料的养分含量及其利用率等因素进行全面考虑，在理论上施肥量可根据产量指标按公式计算：

$$理论施肥量 = \frac{计划产量吸收养分量 - 土壤养分供给量}{肥料中该元素含量（\%）\times 肥料当季利用率（\%）}$$

计划产量所需吸收的养分量，可以根据对收获物元素含量的分析确定。土壤养分的供给量，主要决定于土壤养分的贮存量和有效程度，但施肥可促使水稻对原有氮素的利用。我们稻田普遍缺磷，部分缺钾，加之大量氮肥的施用，加速了土壤磷、钾的消耗。因此，氮、磷、钾肥配合施用，才能满足优质稻对养分的需要。肥料利用率，受肥料种类、施肥方法、土壤环境等影响，我国当前化肥利用率大致是：氮肥 30%~60%，磷肥 10%~25%，钾肥 40%~70%。因此，合理施肥还必须注意肥料利用率。在实际计算施肥量时，为简单起见，可把土壤供肥量与肥料利用率大体相抵，把计划产量的吸收量作为施肥量，实践证明是可行的。但又因地区、土壤、前作、季节等不同需酌情增减。

2. 施肥时期的确定

根据各生育期的吸肥特点，结合产量构成因素的形成时期，在进行合理施肥时，必须注意选择适宜的施肥时期。

（1）增加穗数的施肥适期。以基肥和有效分蘖期内追施促蘖肥效果最好，对于迟熟品种于幼穗开始分化时再追一次肥，有保蘖增穗和保花的作用。

（2）增加每穗粒数的施肥适期。在第一苞分化至第一次枝梗原基分化时追肥，有促进颖花数增多的效果，称"促花肥"；在雌雄蕊形成至花粉母细胞减数分裂期施肥，可防止颖花退化，称"保花肥"，钾肥效果优于氮肥。对于生育期较长的大穗品种，"促花肥""保花肥"施后均增粒效果显著。前期施肥少，穗肥可提前，反之，则移后。

（3）提高粒重和结实率的施肥适期。水稻在粒期（抽穗后）还要吸收一定数量的氮肥，这时施"粒肥"有延长叶片功能期、提高光合强度、增加粒重、减少空秕粒的作用。一般除地力较高或抽穗期肥效充足的田块外，齐穗期追施氮肥或叶面喷施磷酸二氢钾对提高结实率和增加粒重均有效果。

二、优质稻肥料运筹与施用

高产优质稻在肥料管理及施用时，应根据土壤的肥力状况、种植制度、生产水平和品种特性进行配方施肥，注重有机肥、无机肥的配合和氮、磷、钾及其他元素的配合施用。永顺地区的优质稻因各地条件差异，在施肥方式上也存在着较大差异，主要表现在基肥、追肥的比重及追肥时期、数量的配置上。施肥方法上，磷肥全作基肥，钾肥的40%作分蘖肥，60%作穗肥，氮肥的施肥技术主要有以下几种。

1. 底肥"一道清"施肥法

底肥"一道清"施肥法是将全部肥料于整田时一次施下，使土肥充分混合的全层施肥法。适于黏土、重壤土等保肥力强的稻田。

2. "前促"施肥法

"前促"施肥法是在施足底肥的基础上，早施、重施分蘖肥，使稻田在水稻生长前期有丰富的速效养分，以促进分蘖早生早发，确保增蘖增穗。尤其是基本苗较少的情况下更为重要。一般基肥占总施肥量的70%~80%，其余肥料在返青后全部施用。此施肥法多用于栽培生育期短的品种，施肥水平不高或前期温度较低，肥效发挥慢的稻田。

3. "前促、中控、后补"施肥法

这种施肥法仍注重肥料的早期施用。其最大特点是强调中期限氮和后期补氮。在施足底肥基础上，前期早攻分蘖肥，促进分蘖确保多穗；中期晒田控氮抑制无效分蘖，争取壮秆大穗；后期酌情施穗肥，以达多穗多粒增加粒重的目的。

4. "前稳、中促、后保"施肥法

在栽足基本苗的前提下，减少前期施肥量，使优质稻稳健生长，主要依靠栽培的基本苗成穗，本田期不要求过多分蘖。中期重施穗肥，促进穗大粒多，后期适当补施粒肥，增加结实率和粒重。适用于生长期较长的品种、肥料不足和土壤保肥力较差的田块。

第六章　优质稻收获、贮藏及加工

第一节　适时收获与合理干燥技术

一、适时收获

优质稻收获必须达到成熟，黄熟末期或完熟初期（稻谷含水量为 20%~25%）是最佳收获时期。一般早熟优质稻适宜收获期为齐穗后 25~30d，中熟优质稻为齐穗后 30~35d，晚熟优质稻为齐穗后 40~45d。不同品种和气候条件下优质稻收获期略有差异。

收获过早，谷粒未完全发育成熟，灌浆不足，出现青谷粒和空秕粒较多，结实率较低，同时稻米蛋白质含量较高，米饭因淀粉膨胀受到限制而变硬，使加工、食味等品质下降；收获延迟时，谷粒营养物质倒流，千粒重和容量降低，稻米光泽度差，脆裂多，垩白趋多，黏度和香味均下降，严重影响优质稻的产量和品质。因此，在优质米生产过程中应严格执行水稻适期收割。

二、合理干燥技术

干燥室在确保不降低米质的前提下，将稻谷含水量下降到可安全贮藏的水分界限以下的操作。急速干燥因米粒表面水分蒸发和内部水分扩散间不平衡而产生脆裂；高含水量稻谷如果立即加热干燥，糊粉层和胚芽中的氨态氮和脂肪向胚乳转移而降低食味。

干燥手段主要有阳光下摊晒自然干燥和机械加热干燥。自然干燥法一般采用席子垫晒或室内阴干或晒谷层加厚，较水泥场薄层暴晒的整精米率高，因为高温暴晒使稻谷裂纹率或爆腰率相应增大，整精米率及米饭黏度和食味也下降。机械加热干燥要在水稻收获后适时干燥并控制好干燥结束时含水量，其技术要点为：①稻谷收获后适时干燥，刚收获的稻谷含水量不均匀，立即加热干燥易引起含水多的米质变差，故应事先在常温下通风预备干燥 1h，以降低稻谷水分及其偏差。但稻谷若长期贮放，又易使微生物繁殖而产生斑点形成火焦米。

②正确设置干燥时温度，温度宜控制在 35~40℃ 范围内，先用低温干燥，并随水分下降逐渐升温，干燥速率控制在每小时稻谷含水量下降 0.7 个百分点以内。③控制好干燥结束时含水量，一般以 15% 为干燥结束时的标准含水量。由于干燥后稻壳与糙米间有 5% 的水分差，为防止过度干燥，应事先设置干燥停止时糙米含水量（15%），达到设定值时停止加热，利用余热干燥达到最适宜的含水量。

第二节　优质稻稻米品质的保优贮藏技术

稻谷在仓库内贮藏期的整精米率、直链淀粉含量、蛋白质含量及其氨基酸组成基本稳定，但仍然会发生许多物理或化学的变化。在常温下，随着贮藏时间的延长，常发生以下变化：一是脂肪被水解，米中的游离脂肪酸增加，米溶液 pH 值下降。游离脂肪酸易导致酸败，又可与直链淀粉结合形成脂肪酸–直链淀粉复合物，抑制淀粉膨胀，同时使糊化温度提高、煮饭时间延长、米质变硬，其食用和加工品种变质。二是蛋白质的硫氢基被氧化形成双硫键，使黄米增多，米的透明度和食味品质下降。三是米中游离氨基酸和维生素 B_1 迅速减少。仓库缺乏通风设备也会加速品质劣变。

采用常规方法贮藏时，稻谷含水率籼稻应在 13.5% 以下，粳稻应在 14.5% 以下，贮藏时间不宜超过 1 年。陈米的品质不及新米，应提倡在稻谷收获后半年内，最迟 1 年之内食用稻米。但如果贮藏于 15℃ 或 10℃ 以下冷库内，则在 2~3 年内可以保持米的新鲜度，且可减少因高温、潮湿、虫害等造成的损失，充以 CO_2 的稻米小包装亦有较长期保持米的优良品质的显著效果。改善贮藏条件，防止米质变劣，应受到充分重视。通过降低 O_2、提高 CO_2 浓度及隔绝空气中湿度（薄膜包装）的气调法也被认为是保持稻米品质的有效方法之一。此外，贮藏稻谷的仓库应干湿得当，过湿易导致发霉，过干易降低食味品质，一般以含水 14.5% 的稻谷仓贮效果较佳。

第三节　主要加工产品与综合利用

对优质稻不同的加工方式，可以获得不同的加工产品。

一、制米

稻谷制成稻米的过程称作制米，优质稻制成优质稻米是优质稻的主要加工产品，根据品种不同产品可能多样。

二、制粉

以米研磨制成的粉状物料的过程称作制粉，优质稻磨成糙米粉，可以用来加工糕点、米糊等食品。

三、米粉

米粉，中国特色小吃，是中国南方地区非常流行的美食。米粉以大米为原料，经浸泡、蒸煮和压条等工序制成的条状、丝状米制品，而不是词义上理解的以大米为原料以研磨制成的粉状物料。米粉质地柔韧，富有弹性，水煮不糊汤，干炒不易断，配以各种菜码或汤料进行汤煮或干炒，爽滑入味，深受广大消费者（尤其南方消费者）的喜爱。米粉品种众多，可分为排米粉、方块米粉、波纹米粉、银丝米粉、湿米粉和干米粉等。它们的生产工艺大同小异，一般为：大米—淘洗—浸泡—磨浆—蒸粉—压片（挤丝）—复蒸—冷却—干燥—包装—成品。

四、米醋

米醋：是一种用粮食制造的产品，它的历史悠久，是一种非常好的调味品。它含少量醋酸，色泽玫瑰红色而透明，香气纯正，酸味醇和，略带甜味，适用于蘸食或炒菜。研究表明常吃米醋对预防心脑血管疾病有益。

五、爆米花

爆米花，一种膨化食品，很受年轻人欢迎，可作为日常零食。

参考文献

[1]　中国农业科学院. 中国稻作学 [M]. 北京：中国农业出版社，1986.

[2]　南京农业大学，江苏农学院，等. 作物栽培学 [M]. 北京：中国农业出版社，1991.

[3]　中国水稻所. 中国水稻种植计划 [M]. 杭州：浙江科学技术出版社，1989.

[4]　刁操铨. 作物栽培学各论（南方本） [M]. 北京：中国农业出版社，1994.

[5]　凌启鸿，张洪程，等. 作物群体质量 [M]. 上海：上海科学技术出版社，2000.

[6]　张洪程，等. 水稻高产栽培技术及理论 [M]. 南京：东南大学出版社，1991.

[7]　蒋彭炎. 水稻高产新技术——稀少平栽培法原理与应用 [M]. 杭州：浙江科学技术出版社，1989.

[8]　苏广达. 作物学 [M]. 广州：广东高等教育出版社，2000.

[9]　黄义德. 作物栽培学 [M]. 北京：中国农业大学出版社，2002.

[10]　杨文钰，等. 作物栽培学各论（南方本） [M]. 北京：中国农业出版社，2003.

[11]　张玉烛，等. 优质稻栽培新技术 [M]. 南京：东南大学出版社，2012.

[12]　张国平，陈仕龙，颜迅平，等. 优质稻最佳收获期试验初探 [J]. 贵州农业科学，2007，35（1）：68.

[13]　石兴涛，夏云，孙红玲，等. 蔬菜缺硼症的发生原因及综合防治 [J]. 上海农业科技，2014-2.

[14]　沈波，陈能. 温度对早籼稻垩白发生与胚乳物质形成的影响 [J]. 中国水稻科学，1997，11（3）：183-186.

[15]　陈能，李太贵，罗玉坤. 早籼稻胚乳充实过程中温度变

化对垩白形成的影响 [J]. 浙江农业学报，2001，13
（2）：103-106.

[16] 胡孔峰，杨泽敏，朱永柱，等. 垩白与稻米品质的相关
性研究进展 [J]. 湖北农业科学，2003，（1）：19-22.

[17] 陈能，罗玉坤，朱智伟，等. 优质食用稻米品质的理化
指标与食味的相关性研究 [J]. 中国水稻科学，1997，
11（2）：73-76.

[18] 蔡一霞，朱庆森，王志琴，等. 结实期土壤水分对稻米
品质的影响 [J]. 作物学报，2002，28（5）：601-608.

[19] 王秀艳. 浅析水稻稻瘟病发生条件及综合防治技术 [J].
中国科技博览，2012（2）：295.

[20] 暴海英. 水稻稻瘟病的发生与综合防治技术 [J]. 现代
农业，2012（5）：72-73.

[21] 杨大权，王宝华. 水稻纹枯病的综合防治 [J]. 农业科
学实验，2009（6）：13.

[22] 许科友，黎祖德，黄鹏. 水稻纹枯病综合防治技术 [J].
植物医生，2010，23（2）：9.

编写：李春勇　蔡　娟　胡承伟　王　军

茶叶产业

第一章 概 述

第一节 茶叶的来源与分布

一、茶叶的来源

中国是茶树的原产地。中华民族的祖先最早发现和利用茶叶，经过历代长期实践，创造了丰富多彩的茶文化，传播世界，造福人类。

据考证，野生茶树最早出现于我国西南部的云贵高原、西双版纳一带。后北传巴蜀，并本土化，逐渐孕育出适宜巴蜀生长的巴蜀茶。陆羽是我国探讨茶叶起源的第一人。《茶经》中记载："其巴山峡川，有两人合抱者。"巴山峡川即今川东鄂西。《茶经》中又说"茶之为饮发乎神农，闻于鲁公"。有关神农氏，据考证，最早生活在川东或鄂西山区。距今已经有5 000多年的历史。而人工栽培茶树的最早文字记载始于西汉的蒙山茶，记载在《四川通志》中。

隋朝开通南北大运河，便利南茶北运和文化交流，社会上出现专用的茶字。而我国唐代为茶叶发展的鼎盛时期，开元年间，北方佛教禅宗兴起，坐禅祛睡，倡导饮茶，饮茶之风由南方向北方发展。唐代以后，制茶技术日益发展，饼茶（团茶、片茶）、散茶品种日渐增多，种植、加工、贸易规模也日益加大，日益与人们的生活密切相关了。

上元至大历年间，陆羽《茶经》问世，成为我国也是世界第一部茶叶专著。宋元时期茶区继续扩大，种茶、制茶、点茶技艺精进。

明代朱元璋时期，我国茶叶生产由团饼茶为主转为散茶为主。茶类有了很大发展，在绿茶基础上，白茶、黑茶、黄茶、乌龙茶、红茶及花茶等茶类相继创造出来。明代强化茶政茶法，为巩固边防设立茶马司，专营以茶换马的茶马交易。

清朝到民国时期，海外交通发展，国际贸易兴起，茶叶成为我国主要出口商品。康熙二十三年，清朝廷开放海禁，我国饮茶文化和茶叶商品传往西方。在民国初期，创立初级茶叶专科学校，设置茶叶专修科和茶叶系，推广新法种茶、机器制茶，建立茶叶商品检验制度，制订茶叶质量检验标准。

中华人民共和国成立后，政府十分重视茶业。1949年11月23日，专门负责茶业事务的中国茶业公司成立。自此，茶叶在生产、加工、贸易、文化等多方面蓬勃发展。

我国茶叶最早向海外传播种茶技术的是日本，公元804年，日本僧人最澄来我国浙江学佛，回国时（805年）携回茶籽。印度尼西亚于1731年从我国运入茶籽。印度第一次栽茶始于公元1780年，由东印度公司船主从广州带回茶籽种植于不丹和加尔各答植物园。斯里兰卡的华尔夫于公元1867年从我国游历回国，带回几株茶树栽于普塞拉华的咖啡园中。

二、茶叶的分布

1. 世界茶区分布

茶树自然分布在南纬33°以北和北纬49°以南地区，主要集中在南纬16°至北纬20°之间。目前世界上有60个国家引种了茶树，列入国际统计的有34个国家，其中分布在亚洲12个、非洲13个、欧洲3个、拉丁美洲4个、大洋洲2个。亚洲的茶叶产量占世界茶叶总产量的81.79%左右，非洲约占15.10%，其他3个洲中，除了阿根廷有一定的产量外，其他国家和地区产茶很少，约占世界比重的3.11%。近10年来，一般情况下，斯里兰卡茶叶出口量第一，中国第二，肯尼亚第三，印度第四。

2. 中国茶区分布

我国茶区辽阔，分布极为广阔，南自北纬18°的海南岛，北至北纬38°的山东蓬莱，西至东经95°西藏东南部，东至东经122°的台湾东岸。在这一广大区域中，有浙江、安徽、湖南、台湾、四川、重庆、云南、福建、湖北、江西、贵州、广东、广西、海南、江苏、陕西、河南、山东、甘肃等共有21个省（区、市）967个县、市生产茶叶。全国分四大茶区：西南茶区、华南茶区、江南茶区、江北茶区。

（1）西南茶区。西南茶区又称"高原茶区"。位于米仓山、大巴山以南，红水河、南盘江、盈江以北，神农架、巫山、方斗山、武陵山以西，大渡河以东区域，包括黔、川、渝、滇中北、藏东南等地。是我国地形地势最为复杂的茶区，包括云南、贵州、四川、重庆等省市。本区具有立体气候的特征，年平均气温为 15~19℃，年降水量为 1 000~1 700mm。该区为茶树原产地，是我国最古老的茶区，是茶叶的发源地。区内茶树品种资源丰富，茶树的种类也很多，灌木型、小乔木型、乔木型茶树一应俱全。土壤以黄壤、棕壤、赤红壤和山地红壤为主，土壤有机质含量比其他茶区更丰富，以生产绿、红茶和边销茶为主。

（2）华南茶区。华南茶区又称"南岭茶区"。位于大漳溪、雁石溪、梅江、连江、浔江、红水河、南盘江、无量山、保山、盈江以南区域，包括闽南、粤中南、桂南、滇南、台湾、海南等地，是我国最南茶区，包括南岭以南的广东、海南、广西、闽南和台湾等地。年平均气温为 19~22℃，年降水量在 1 200~2 000mm，茶年生长期 10 个月以上，年降水量是中国茶区之最，其中台湾省雨量特别充沛，年降水量常超过 2 000mm。有乔木、小乔木、灌木等各种类型的茶树品种。茶区土壤以砖红壤为主，部分地区也有红壤和黄壤分布。该区以生产红茶、乌龙茶为主。还是生产乌龙茶、白茶、六堡茶、花茶等特种茶的重要生产基地。

（3）江南茶区。又称"中南茶区"。种植的茶树以灌木型为主，少数为小乔木型。茶区大多为低丘、低山，只有少数在千米以上的高山，如安徽的黄山，江西的庐山，浙江的天目山、雁荡山、天台山、普陀山等。这些高山，既是名山胜地，又是名茶产地，黄山毛峰、武夷岩茶、庐山云雾、天目青顶、雁荡毛峰、普陀佛茶均产于此。茶园分布于丘陵地带，土壤多为黄壤，部分为红壤。全区基本上属中亚热带季风气候，四季分明，年平均气温为 15~18℃，冬季气温一般在 -8℃，年降水量 1 400~1 800mm。

（4）江北茶区。江北茶区又称"中北茶区"。位于长江以北，秦岭、淮河以南，大巴山以东，山东半岛以西区域，包括甘南、陕南、鄂北、豫南、皖北、苏北、鲁东南等地，是我国最北的茶区，地处亚热带北缘，茶区年平均气温为 15~16℃，冬季绝对最低气温一般为 -10℃左右。年降水量较少，为 800~1 100 mm，且分布不匀，气温低，茶树采摘期短，尤其是冬季，会使茶树遭受寒、旱危害。种植的是灌木型中叶种和小叶种茶树，生态环境和茶树品种均适宜绿茶生产。茶区土壤多属黄棕壤或棕壤，是中国南北土壤的过渡类型。

第二节　发展茶叶产业的重要意义

我国是世界茶叶的发源地，有着悠久的种茶历史和饮茶历史。截至 2016 年，全国 21 省 1 000 多个县市已经发展茶园总面积 4 500 万亩，年产量 240 万 t。种茶是弘扬中华茶文化的一个重要途径。

发展茶叶产业是生产健康饮品的需要。茶叶是著名的世界三大饮料之一。经分析，茶叶中含有咖啡碱、单宁、茶多酚、蛋白质、碳水化合物、游离氨基酸、叶绿素、胡萝卜素、芳香油、酶、维生素 A 原、B 族维生素、维生素 C、维生素 E、维生素 P 以及无机盐、微量元素等 400 多种成分。茶叶具有解渴生津、提神醒脑、利尿解毒、延年益寿、抗菌抑菌，抑制动脉硬化、降脂降血压、抗癌抗辐射等多种功效。种茶是生产健康饮品、保护人民身体健康的一个重要途径。

发展茶叶产业是企业增收、农民增效的需要。茶叶产业是一个高效、环保、富民的产业。长期发展证明，茶叶产业不仅绿色生态环保，而且产值高效，茶农平均亩产年收入可达到 4 000 元以上。与此同时，茶叶为目前山区最稳定的避灾农业，即使在气候恶劣的年份，也不会因为环境的影响而造成较大的影响。同时借助茶产业的发展，许多县市通过茶旅融合，带动了茶叶和旅游业的双丰收。

第三节　茶叶产业的发展概况

茶叶是永顺县的特色产业之一。2016 年永顺县发展茶园面积 2.1 万亩，其中 20 世纪 70 年代建设的茶园面积 1.3 万亩，2010 年后新扩建的茶园面积 0.8 万亩。现采摘面积约 1.5 万亩。2016 年干毛茶总产量 190 t，总产值 2 000 万元，主要产品为绿茶，其次为红茶和少量黑茶。目前有无公害茶园面积总计 1 万亩。

　　永顺县有 16 个乡镇产茶，主要分布在沙坝镇、毛坝镇、万坪镇、灵溪镇、润雅镇等乡镇。茶园分布在海拔 300～1 100m 区域。老茶园以群体种为主，多种植于 20 世纪 70—80 年代，无性系良种主要从 2000 年后开始发展，主要品种有保靖黄金茶、白毫早、碧香早、楮叶齐、福鼎大白、迎霜等。"十三五"主要发展的品种为保靖黄金茶、迎霜等。

　　永顺县有加工企业 9 家，均以家庭手工作坊为主。区域内主要品牌有"永农翠""土家春"，获得湖南省湘茶杯金奖，"永农翠""猛洞毛尖"连续 3 年被评为湖南省名茶，"永农翠"连续 5 年在湘西州名优茶评比中获得第一。

第二章　茶树的形态特征及生长环境

第一节　茶树的形态特征

茶树植株是由根、茎、叶、花、果和种子等器官构成。根、茎和叶是营养器官；花、果和种子为生殖器官。根系称为地下部分，其他则称为地上部分，亦称为树冠。根颈是地上下部的交接处，它是茶树各器官中比较活跃的部分。

茶树的外部形态受生态环境条件的影响，在系统发育过程中会发生变异，但其种性遗传、形态特征及其解剖结构等仍具共同之处。茶树的各个器官是有机的统一整体，彼此之间密切联系，互相依存。

一、根

茶树的根为轴状根系，由主根、侧根、细根、根毛组成（图2-1）。

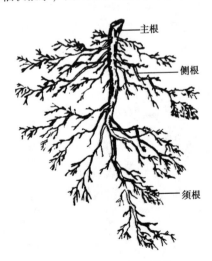

图2-1　茶树根系结构

主根，又称初生根，由种子胚根发育而成，它垂直向下生长，一般深入 1m 以上。无性系品种一般无主根。

侧根，又称次生根，从主根上分枝，着生于主根上的统称侧根。

细根，又称吸收根，丛生于侧根周围的细小根，乳白色的质体脆弱的根。

根毛，根伸长期最前沿的毛状体，在细根表面形成密生的根毛区。

茶树的主侧根呈红棕色，寿命长，起固定、贮藏和输导作用。细根和根毛，寿命短，处在不断的衰亡更新之中，是根系吸收水分和无机盐的主要部分。根系在土壤中的形态与分布，受土壤条件、品种、树龄而有显著的差异。根系的生育随年龄而增长，青壮年茶树比幼年或老年茶树分布深和广。一般一年生茶树主根长 20cm，二年生则深达 40cm，水平分布 30cm，三年生深达 55cm，水平达 60cm，垂直且出现两层，四年生深达 70cm，水平达 60cm。

二、茎

茎是联系茶树根与叶、花、果，输送水、无机盐和有机养料的轴状结构。主要包括主干、分枝和当年新枝。它是构成树冠的主体。

茶树的分枝习性有两种形式，即单轴分枝与合轴分枝。按照分枝习性不同，通常把茶树分为乔木型、半乔木（小乔木）型、灌木型3 种（图 2-2）。

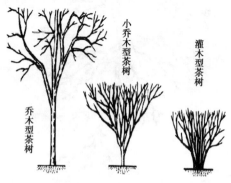

图 2-2　茶树 3 种形态

乔木型：植株高大，有明显的主干。小乔木型：植株中等，基部主茎明显，分枝部位离地较近。灌木型：植株矮小，无明显的主干，分枝部位近地面或从根颈处发出。

树冠是茶树主干以上的全部枝、叶的总称。主茎是由胚芽发育而成的茎。枝条是由叶芽发育而成的，初期未木质化的枝条称之为新梢。

自然生长的茶树，主枝生长明显，侧枝生长受抑，分枝粗细悬殊，每年生长轮次又少，无法形成整齐密集的采摘面。

根据分枝部位不同，从下至上分为主干枝、骨干枝和生产枝。从主干枝上发生的为一级骨干枝，从一级骨干枝上发生的为二级骨干枝……依次类推。

三、芽

芽是指茶树系统发育过程中产生叶、枝条、花的原始体，是茶树系统发育过程中新梢与花的雏体。发育为枝条的芽称为叶芽或营养芽，发育为花的芽称花芽（图2-3）。

图2-3 茶芽

茶树枝干上的芽按其着生的位置，分为定芽和不定芽。茶树的根、根颈和茎上都可以产生不定芽，这部分芽的萌发是茶树更新复壮的基础。

根据芽的生理状态，分越冬芽（或休眠芽）、活动芽和休止芽。根据芽的性质，可分叶芽和花芽。叶芽展开后形成的枝叶称新梢。根据新稍展叶多少，分一芽一叶稍、一芽二叶稍……新稍顶芽成休止状的称驻稍，称为"对夹叶"。

茶芽的再生能力——当茶树失去某些部分后，如果环境条件适合，植物体便能恢复其失去部分，直至形成一个新个体的能力。在一定程度上，采掉一批芽能萌发下一批嫩芽，依其特性，采去一个顶芽有更多的芽形成。

四、叶

茶树叶片的可塑性最大，易受各种因素的影响，但就同一品种而言，叶片的形态特征还是比较一致的。因此，在生产上，叶片大小、叶片色泽，以及叶片生长角度等，可作为鉴别品种和确定栽培技术的重要依据之一。

茶树属于不完全叶，有叶柄和叶片，但没有托叶。茶树叶片可分为鳞片、鱼叶和真叶。

鳞片：也称芽鳞，包在茶芽外面的鳞状变态叶。质体比较坚硬，无叶柄，色黄绿或褐色，外表有茸毛和蜡质，有保护幼芽和减少蒸腾失水等作用。越冬芽通常有 3~5 个鳞片，当芽体膨大开展，鳞片就会很快脱落。

鱼叶：是新稍上抽出的第一片叶子，也称"胎叶"，由于其发育不完全，形如鱼鳞，并因此而得名。一般每稍基部有一片鱼叶，也有多至 2~3 片或无鱼叶的。

真叶：发育完全的叶片，茶树叶片一般指真叶而言（图 2-4）。真叶的大小、色泽、厚度和形态各不相同，并因品种、季节、树龄、生态条件及农业技术措施等不同而有很大差别。叶片形状有椭圆形、卵形、长椭圆形、披针形、倒卵形、圆形等。其中，以椭圆形和卵形居多。

茶树叶片大小变异很大，叶短的为 5cm，长的可达 20cm。叶片上的茸毛是茶树叶片形态的又一特征。茸毛多是鲜叶细嫩、品质优良的标志。但茸毛多少与品种、季节和生态环境有关。在同一稍上，茸毛的分布以芽上最多，密而长，其次为幼叶，再次为嫩叶；随着叶片成熟，茸毛渐稀短而逐渐脱落，一般至第四叶叶片上虽留有痕迹，但已无茸毛可见。

萌发期　　　展叶期

图2-4　茶叶不同形态图片

五、花、果实、种子

茶树的花芽由当年生新梢上叶芽基部两侧的数个花原基分化而成。茶花为两性花，微有芳香，色白，少数呈淡黄或粉红色。花的大小不一，大的直径5~5.5cm，小的直径2~2.5cm。花由花托、花萼、花瓣、雄蕊、雌蕊5个部分组成，故属完全花（图2-5）。

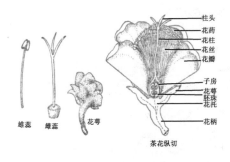

图2-5　茶花的形态结构

由茶花受精至果实成熟，约需一年零4个月，在此期间，同时进行着花与果形成的过程，这种"带子怀胎"也是茶树的特征之一。

茶树果实属于蒴果，果实通常有五室果、四室果、三室果、双室果和单室果等，它是山茶科植物的特征之一。果实的大小因品种而不同，直径一般3~7cm不等。果实的形状呈圆形、近长椭圆形、近三角形、近方形、近梅花形。幼果为绿色，成熟后呈现绿色、紫红色、杂斑色等（图2-6）。

图 2-6　茶树果实

　　种子大多数为棕褐色或黑褐色。茶子的形状有近圆形，半球形，肾形 3 种，其中以近球形居多，半球形次之，肾形制在西南地区少数品种发现（图 2-7）。

图 2-7　茶树种子

第二节　茶树的生长环境

　　茶树原产于我国西南部湿润多雨的原始森林中，在长期的生长发育进化过程中，茶树形成了喜温、喜湿、耐荫的生活习性。凡是在气候温和，雨量充沛，湿度较大，光照适中，土壤肥沃的地方采制的茶叶，品质都比较好。

一、土壤条件

1. 土质

茶叶喜酸，种茶土壤要求呈酸性或微酸性，即 pH 值 4.5～6.5 为宜。含石灰质的碱性土壤不能选用。

2. 土层厚度

要求土层（表、心、底 3 层相加）厚度在 1m 以上，表土层越厚，土壤越肥。

3. 土壤肥力

要求土壤富含有机质，并且通透性良好的壤土和砂壤土，有机质含量在 1.5% 及以上的砂质壤土、红壤、砖红壤或黄壤、紫色土均可。

二、气候条件

茶树生长要求是湿润气候；雨量充沛、多云雾、少日照。

1. 温度

茶树生长最适宜的温度在 18～25℃，低于 5℃ 时，茶树停止生长，高于 40℃ 时容易死亡。要求年平均气温 15℃ 以上，年活动积温 5 000～6 000℃。

2. 降水量及空气湿度

茶树性喜潮湿，需要多量而均匀的雨水，湿度太低，或雨量少于 1 500mm，都不适合茶树生长。要求年平均降水量 1 000～2 000mm，月平均降水量 100mm，空气相对湿度 70%～90%。

3. 光照

茶树生长要求的光照以漫射光和散射光为好，雾日多的地块最适宜茶树生长。而山地阳坡有树木荫蔽的茶园，其茶叶品质最佳。

三、海拔及地形条件

海拔高低决定茶叶的好坏。所谓高山云雾出好茶，主要是因为云雾笼罩、湿度足够且气压低、日照长，使得茶芽柔嫩，芬芳物质增多，因此醇而不苦涩；另外，紫外光照射多，对茶叶水色及出芽影响极大。但海拔太高茶园容易受冻，一般海拔高度应在 1 200m 以下，茶地要选择坡度在 30° 以下的山坡或丘陵地。坡向宜选择北面坡或东面坡（图 2-8）。

图 2-8　高山云雾茶园

四、水源条件

茶树喜水又怕水，平地种茶要求地下水位在 1m 以下。土壤含水量在 60%~70%，茶地选择靠河流、水塘，以利于引水抗旱和方便施肥、施药。

五、有害物质污染源

茶叶生产基地，必须远离有害物质污染源的地块。避免因大气、水和土壤污染带来有害物质超标的问题。

第三章　茶树的繁殖技术

茶树短穗扦插育苗技术是无性繁殖方法之一，是利用茶树植株营养器官的一部分，插入湿润疏松的红黄壤的苗圃里，形成新的完整的植株。扦插繁殖培育出的茶苗表现与母株相似的遗传性，在相同的环境条件下，能保持母株的性状和特性。永顺县在茶产业发展过程中，也先后应用该技术繁育无性系茶苗，支撑永顺县茶产业发展，目前每年约发展面积 100 多亩，培育无性系茶苗 2 000 多万株。

第一节　母穗园的选择与培育

一、母穗园的选择与修剪

母穗园是专门用于培育扦插枝条的茶园。建立专用母穗园，是保证插穗质量和数量的重要措施。母穗质量不仅关系到扦插成活率，而且还影响苗木的长势，因此，应选择穗条产量多的青壮年无性系良种茶树作为母本。一般是在春茶采收后适度水平修剪茶树蓬面，剪除病虫枝、细枝等，增强树冠通风透光性，使得养分集中与新梢生长。

二、母穗园的肥培管理

在养穗前一年的秋季要施入足够的基肥，肥料种类及数量为：饼肥 200~250kg，或用厩肥 2 000~2 500kg，另加硫酸钾 20~30kg、过磷酸钙 30~40kg，拌和后施入。另外，要进行追肥，每亩用 15kg 纯氮，分两次施用，第一次在春茶前，施用总量的 60%；第二次在剪取插穗后，施用剩余的 40%。如果采完春茶后再修剪养穗，则在修剪后要立即追施一次氮肥。

三、病虫害防治

枝条培育阶段时刻注意病虫害的预防，尤其是在剪取枝条前一个星期根据情况喷药防治。

四、分期打顶

符合新梢要求的先打顶，将每个枝梢的顶端摘去一芽一叶或对夹叶，以茎的基部开始变红为适宜期。在扦插前 20d 左右打顶芽，促进芽萌发及梗、叶成熟。当枝条大部分变红或黄绿色，即可剪下枝条作插穗用。

第二节　苗圃地的选择与前处理

一、选地

选择低纬度、低海拔、气候热量丰富、昼夜温差较大的气候育苗，要求苗圃所在地年降水量在 1 100mm 以上，且无明显冻害，交通方便、水源方便的地方。

二、土壤条件

土质肥沃、土层深厚、结构疏松、透气性良好的壤土，且地势平坦、地下水位低，土层厚度在 60cm 以上，土层内有机质含量在 1.5% 以上。土壤 pH 值在 4.5~5.5。

三、苗圃地规划

根据地形，建好主干道，道宽 1.5~2.0m。同时建好若干支干道，道宽 0.6~0.8m。主干道和支干道连成道路网，将苗圃地分成若干小块。主干道和支干道旁边都设立排水沟，每小块苗圃地中间根据排水情况另设 2~3 条排水沟。苗圃地长度为 20m 左右，宽度不等，畦沟宽 0.3m，畦面宽 1.2m。第一次全面深耕 40cm，有积水的地方需及时排水。第二次复耕后即可做苗床，做到土块碎，无树根、石块、草根等杂物，表面土块整细、整平。苗圃地中间以沟代替步行道。

四、苗圃地整理

根据地势，以有利于排水的方向做畦，土地平整后，按照苗畦和畦沟的规格实地定好。整理好苗畦后，及时喷施育苗剂、病虫害预防药物。

五、搭遮阴棚

分矮棚和高棚两种方式。矮棚用竹块做棚架，竹块长 2.0m，宽 25cm，拱架间隔 50cm，架高 50cm。冬季下雪较少的地方也可搭建高棚遮阴，采用水泥杆、铁丝做支架。遮阴材料均为遮阴网（图 3-1、图 3-2）。

图 3-1　矮棚遮阴　　　　　图 3-2　高棚遮阴

第三节　剪穗与插穗

一、剪穗

剪枝时留一片大叶或鱼叶，一芽一叶长 3~4cm，母穗一叶，具生长芽一个，剪口平滑，上口离芽基 0.2~0.3cm，剪时切勿伤芽。

二、插穗

扦插时期选择在 9—11 月，苗畦行距 8~12cm，后行叶尖近于前行穗干，株距 2~3cm，叶片互不遮盖。亩扦插茶苗 25 万~30 万株，扦插前 3~4 h 先在苗畦上洒水，待水分下渗，土壤呈湿而不黏的松软状态下开始扦插。扦插前按行距的要求先划行后插穗，深度以插到叶柄基部为宜。每插完一行将插穗两旁的土壤压紧，使插穗与土壤紧密接触，当插完一定面积后及时洒水遮阴（图 3-3）。

图 3-3　插穗

第四节 苗圃管理

一、管理

适时除草，及时防治病虫害，防止人畜践踏。

二、遮阴

遮光度为70%左右，茶苗生根到地上部分达1芽5叶左右，选择阴天揭掉遮阴网。当棚内温度达30℃以上时，应立即揭开棚的两端，让其通风，使茶苗继续生长。冬季及早春（3月中旬前）可加盖塑料薄膜保温，使水分保留在畦内，满足茶苗所需水分，有利于茶苗生长。

三、浇水

在扦插后5~10d内，浇水湿度适当偏高。晴天每日淋水1次，苗圃土壤含水量80%~90%，阴天可几天1次，前30d土壤含水量保持在80%左右。揭棚后水肥合理配合，满足茶苗所需水肥，雨后积水应及时排出。

四、追肥

分叶面施肥和根部施肥两种。叶面施肥在茶苗扦插满一月后进行，采用0.5%~1%的磷酸二氢钾每15d喷施一次，掌握先淡后浓。根部施肥一般在6月后茶苗长出新根后进行，选择阴雨天之前进行，每15d一次，采用尿素，化水后均匀喷施，亩用量2~4kg，掌握先淡后浓。

五、防旱防寒

冬季土壤水分蒸发少，一般不会出现旱情，但有时也会出现冬旱，从而加剧寒害。夏季高温容易造成旱害，注意及时浇水或灌水抗旱。

第四章　茶树的栽培技术

20 世纪 90 年代，永顺县主要推广籽播建园技术和速生密植矮化栽培技术，2000 年后永顺县按照标准茶园创建技术，选用无性系良种，选择在永顺县宜茶区进行茶园标准化建设。先后发展茶园面积 1 万多亩。

第一节　园地选择

根据茶树的生长习性，选择在宜茶区进行种植。要求年平均气温 15℃以上，年平均降水量 1 000mm 以上，雾日较多；海拔高度应在 1 200m 以下，700~800m 最佳；坡度在 30°以下的山坡或丘陵地；壤土、砂壤土或紫色土，呈酸性或微酸性，土层深厚，有机质丰富；水源方便、交通便利，远离有害物质污染源的区域。

第二节　茶园规划

本着平地和缓坡地宜大，丘陵地宜小的原则，以道路、林段、自然河流、水沟、分水岭为界线，将环境条件基本一致和种植同一品种集中连片的 50~100 亩茶园规划为一个种植区。

一、种植带的规划

1. 坡度在 15°以下的缓坡地茶园

实行环山等高开挖种植沟，以后结合茶园田间管理，在行间修筑采茶步道（图 4-1）。

2. 坡度在 15°~30°的地块

实行等高水平梯地建园，行与行的坡面距离为 2~3m，开梯后梯面宽度在 1.8~2m，植茶沟距梯内壁 40~60cm，并设置内沟外埂，梯面外高内低，成 3°~5°内倾斜，梯壁成 60°~70°倾斜。

3. 平面茶园

实行等距开挖种植沟种植，行距1.5~1.8m（图4-2）。

图4-1　缓坡茶园　　　　　　　图4-2　平地茶园

二、道路网的规划

1. 主干道

基地或加工厂连接外公路的道路，宽度6m（图4-3）。

图4-3　茶园主干道

2. 支道

连接主道与步道的道路，是运送肥料、鲜叶的道路，宽4m，可单行一辆货车。

3. 步道

从支道向各茶地块运送肥料、鲜叶的通道，宽1m，能通人力车、三轮车。也可以说是茶地块之间的间隔道路（图4-4）。

图4-4　茶园步道

三、排灌系统的规划

1. 纵沟（也称主沟）

指汇集和排出横沟、截洪沟、梯面内沟之间的渠道。平地茶园设在道路两旁，坡地茶园应充分利用自然纵沟或顺山坡开设，沟宽60cm，深40cm。坡地茶园每隔5~10行茶带挖一个沉泥坑，以便沉积泥沙和蓄水（图4-5）。

图4-5　茶园纵沟

2. 横沟（也称支沟）

间隔5~10行茶带开设一条横沟与纵沟垂直相接，与茶行平行设置，沟宽50cm，深40cm。

3. 截洪沟

为防洪蓄水而开设在茶行最顶的一条横沟，沟宽70cm，深50cm。

4. 梯面内沟

在梯地内壁开设与纵沟连接的小沟，沟深和宽各 20cm。

此外，还应建立抽水、引水和蓄水系统，修建园内蓄水池和肥水池，蓄水池平均每亩茶园需建 15m³，肥水池平均每亩茶园需建 5m³。

第三节　茶园的开垦

一、平地、缓坡地开垦

1. 清洁茶地

茶园开垦时，先将园地内的灌木丛、树头、树根、碎石、杂草、树枝等清除，将其燃烧。

2. 深耕改土

对土壤进行深耕，土质疏松的可浅些，土质浅薄结实的应深耕60cm 以上。对于从未深耕的生荒地，应分别初耕和复耕，初耕60cm，复耕可浅些，30cm 左右（图4-6）。

图4-6　茶园机械开垦

二、陡坡地开垦

修筑水平梯台，减少冲刷，起到保水、保土作用，同时有利于机械操作和水利灌溉。

梯面等高水平，尽可能做到等高等宽，外埂内沟，梯梯接路，沟沟相通，梯层高度不宜超过 1.8m。

第四节 茶树的种植

一、品种选择

选择适宜本区域生态气候条件的，具有抗病、适制、制优率高等特性的茶树良种。注意品种搭配，选最优 1~2 个品种做基本品种，以早、中品种为宜。

二、种植规格

可实施两种种植模式，双行单株种植或单行单株种植。双行单株种植，大行距 1.5m，小行距 30~35cm，株距 30~35cm。单行单株种植，大行距 1.5m，株距 20~25cm。永顺县目前主要推广单行单株种植方法（图 4-7）。

图 4-7 单行条栽茶园

三、种植时间

定植茶苗要求选择在阴雨天。定植的茶苗，以地上部分处于休眠状态为适宜。出圃茶园苗时，如遇有正在伸长嫩梢的茶苗，应将嫩梢部分剪去再起苗。最佳的定植一般在 10—12 月，或者早春 2—3 月，如果水源条件好，定植后可以随时浇水。

四、种植方法

1. 出圃茶苗管理

出圃后的茶苗，在定植前不得置于强阳光下，否则会失水干死。

如放置或运输时间过长，应经常保持通风，并浇水保持湿润状态。在运输或放置过程中，不得长时间堆压，以免发热红变。

2. 泥浆蘸根

茶苗出圃后在茶苗地旁，用清洁的红壤土或黄壤土搅拌成泥浆，然后将茶苗根部充分蘸匀泥浆，再用薄膜包扎根部后装运。

3. 机械起垄

先用桩绳定好种植行，应用珍珠岩等物质划好线，然后采用起垄机起好垄，覆盖薄膜或不覆盖薄膜均可。之后用小铲锄开挖10～15cm深的种植沟，注意每个种植行必须在同一方向开挖，确保大小行距不变（图4-8）。

图4-8　茶园机械起垄

4. 茶苗定植

采用沟植法。茶苗栽入沟中，左手垂直持苗于沟中，使根系保持舒展状态，右手覆土埋去根的一小半，后稍将茶苗向上提动一下，使根系舒展，以右手按压四周土壤，使下部根土紧接。然后埋土填平沟中，至原来苗期根系土壤位置，适当镇压茶树周围土壤（图4-9）。

5. 浇定根水

在雨天定植茶苗，可以不浇定根水。若在晴天定植，应在早上或傍晚阳光较弱时及时浇足定根水。浇定根水后可在茶苗根部周围覆盖一层杂草，以保持土壤湿度。

图4-9　茶苗定植

6. 定型修剪

在茶园出圃前或定植后，须按定型修剪的要求剪除主枝上部，留下 15~20cm（或 3~5 片叶）高度，保留分枝。这样做可以减少叶片水分蒸腾，保证茶苗成活。整个茶苗定植过程，就是围绕保"水"而采取一系列的保水措施，可以说，保水就是保苗。

第五节　幼年茶园的管理

一、浇水抗旱

茶苗定植后第一年内，水源条件好的地块，要经常浇水保苗，可避免茶苗干旱而枯死。一般在气温高于 30℃，连续晴 7d 以上，就需要抗旱保苗了。

二、地面覆盖

在茶苗根部周围，用稻草、秸秆、谷壳或薄膜等将种植部分覆盖，可起到保水保温的作用。1~2 年生茶园实行稻草覆盖，可保湿增肥，提高茶苗成活率和增强生长势，提前投产（图4-10、图4-11）。

三、清除杂草

一是耕锄次数和时间。耕锄次数一年 4~5 次，一般在每次施肥

图 4-10 茶园覆盖（谷壳）　　图 4-11 茶园覆盖（稻草）

时进行。二是耕锄除草方法。采用人工除草或者割灌机除草，忌药剂除草，除草时应尽量避免松动茶苗根部土壤，并在茶苗附近适当培土，提高抗旱效果，高温季节一般不提倡用挖锄除草。

四、茶园间作

茶园间作是指在同一茶园内，以茶为主，利用茶树行间空隙种植一种或一种以上其他作物的种植方式。包括茶树与农作物间作、茶果间作、茶胶间作。其中茶园间作的农作物中，以豆科绿肥和豆科油料作物为主。一亩豆科作物，一般能固定 5kg 左右纯氮，绿肥又含有较高的有机质，能改善土壤理化性状（图 4-12、图 4-13）。

图 4-12 茶园间作蔬菜　　图 4-13 茶园间作黄豆

五、补苗

在定植后 1~2 年内用同品种茶苗将缺苗补齐。

六、树冠培育

幼龄茶园（1~3 年）一般需 3 次定型修剪。第一次在茶苗栽后第一年底进行，当苗高达 30cm 时，有 1~2 个分支，离地 15~20cm 剪去主枝，侧枝不剪。第二次在栽后第二年年底进行，当苗高达 50cm 时，剪口高度 30~40cm。第三次在栽后第三年年底进行，当苗高达 70cm 时，剪口高度 45~50cm。前两次用整枝剪，第三次用水平剪。经过 3 次定型修剪后茶树就进入丰产期，第四次可采取弧形修剪（图 4-14）。

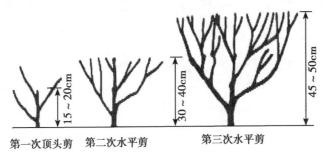

第一次顶头剪　第二次水平剪　　　第三次水平剪

图 4-14　幼龄茶园 3 次定型修剪

七、茶园施肥

1. 幼龄茶树的施肥原则

幼龄茶树施肥，应以有机农家肥和茶叶专用肥为主，少量多次，多元复合，逐年增加。

2. 施肥时期及数量

立春前后，下透雨时施第一次茶叶专用肥，每亩 2.5~5kg；立夏前后施第二次茶叶专用肥，每亩 2.5~5kg；立秋前后施第三次追肥，每亩 2.5kg；霜降节令施基肥，每亩 250~400kg。

3. 施肥方法

条栽茶园多以开施肥沟施，在茶树冠边缘或茶行上方开 15~20cm 深的施肥沟，将肥料均匀施下后盖土至沟满。

第五章 茶树主要病虫害防治技术

茶树病虫害一直是影响永顺县茶产业经济收入的一个重要因素。过去，由于永顺县主要采春茶，茶农对病虫害的防控主要以农业防控为主，即在夏秋季病虫害暴发高峰期，通过茶树修剪进行控制，效果一般。"十二五"期间，永顺县加强了茶园综合防控力度，茶园病虫害得到一定程度的控制，示范区茶农经济收入普遍提高。

第一节 茶园病虫害综合防治技术措施

一、农业防治

通过茶园栽培管理及农艺措施，预防和控制病虫害的发生。

1. 优化茶园生态环境

茶园及其周围的生态环境，决定着茶园生物的多样性和茶园病虫害的发生程度。在良好的生态环境中，生物群落多样性指数高、稳定性好，对有害生物的自然调控能力强，害虫大发生的概率小。如茶园周围植树绿化，改善茶园的生态环境，以创造不利于病虫草害滋生和有利于各种天敌繁衍的环境条件，保持茶园生态平衡和生物群落多样性，增强茶园生态系统的自然调控能力（图5-1）。

图 5-1 生态茶园

2. 选择抗性强的品种

不同茶树品种对病虫害具有不同程度的抗性。在发展新茶园或改种换植时，选用的茶树品种应适当考虑对当地主要病虫害的抗性。只有选用对当地主要病虫害有较强抗性的茶树良种，才能从根本上达到减轻这些病虫害为害的目的。在大面积种植新茶园时，要选择和搭配不同无性系品种，以避免某些茶树病虫害大发生。

3. 茶树合理修剪

修剪是培植树冠、更新茶树的重要措施，修剪可清除栖息在茶树上的大量害虫和病原物，同时茶树修剪剪除了茶树绿叶层，减少害虫的食料，对害虫的发生繁衍有较好的控制效果（图5-2）。

图5-2　茶园修剪

4. 茶叶适时采摘

采摘本身是茶叶优质高产的措施，同时通过适时采摘，减少了害虫的食物原料，对病虫害有很好的防控效果。多次分批采摘能明显地抑制假眼小绿叶蝉、茶橙瘿螨、茶跗线虫，茶细蛾、茶蚜、茶芽枯病等对茶树的为害（图5-3）。

5. 茶园中耕除草

土壤是很多害虫越冬越夏的场所。通过冬季深耕，可将害虫及其各种病菌翻入深处，阻止其羽化出土或使其死亡，减少来年虫口病原及虫口基数。同时翻耕可改善土壤的通气状况，促进茶树根系生长和土壤微生物的活动，提高茶树生长势，进而提高茶树的抗性。

茶园浅耕锄草，不仅促进茶树生长，还可以恶化病虫害滋生的环

图5-3 茶叶适时采摘

境。对于茶园恶性杂草可通过人工耕除、刈割，并将割锄的杂草就地埋入茶园土中，让其腐烂，以增加土壤肥料、改良土壤性状。一般杂草可不必除尽，保留一定数量的杂草有利于天敌栖息，可调节茶园小气候，改善生态环境。

6. 茶园合理施肥

施肥对茶树病虫害发生有着间接或直接的影响，合理施肥、增施有机肥可促进茶树生长，有助于提高茶树抗病虫害能力。过量使用氮肥或偏施氮肥有助于茶叶螨类、蚧类和茶炭疽病、茶饼病等的发生，而增加磷、钾肥可提高抗病性。施肥要根据土壤理化性质、茶树长势、气候条件等，确定合理的肥料种类、数量和施肥时间，通过测土配方，实施茶园平衡施肥，防止茶园缺肥和过量施肥（图5-4）。

图5-4 茶园重施有机肥

二、物理防治

主要是利用害虫的趋光性、群集性和食性等，通过信息素、光、色等诱杀或机械捕捉控制害虫的发生。

1. 灯光诱杀

利用害虫的趋光性，设置诱虫灯诱杀害虫，从而达到防治害虫的目的。茶树害虫中的鳞翅目类害虫其成虫大多具有趋光性。目前生产上应用较多的频振式杀虫灯，LED诱虫灯等，选用对天敌相对安全、对害虫有较强诱杀作用的杀虫灯，并掌握开灯时间，应在主要害虫的成虫羽化高峰期开灯诱杀，以防止杀伤天敌（图5-5、图5-6）。

图5-5　频振式杀虫灯诱杀　　　　图5-6　LED诱虫灯诱杀

2. 色板诱杀

利用害虫对不同颜色的趋性，在田间设置有色粘胶板进行诱杀。目前生产上用黄素馨色或芽绿色做成的粘胶板用来监测和诱杀叶蝉及粉虱。色板与信息素组合成诱捕器能增加防治效果（图5-7）。

图5-7　茶园色板诱杀

3. 性信息素诱杀

利用害虫异性间的诱惑力来诱杀和干扰昆虫的正常行为，从而达到害虫发生和繁衍的目的。目前生产上应用人工合成茶毛虫、茶尺蠖等性诱剂，可以用来诱杀相应雄虫，也可以用于害虫的预测测报。

4. 食饵诱杀

利用害虫的趋化性，用食物制作毒饵可以诱杀到某些害虫。常用糖醋诱蛾法。将糖（45%）、醋（45%）和黄酒（10%）按比例调成。放入锅中微火煮成糊状，将少量熬成的糖醋倒入盆钵底部，并涂在盆钵的壁上，将盆钵放在茶园中，略高出茶蓬，引诱卷叶蛾、小地老虎等成虫飞来取食，接触糖醋液后粘连致死。

三、生物防治

生物防治目前是茶树病虫害防治的发展方向和重要的绿色防控手段。用食虫昆虫、寄生昆虫、病原微生物或其他生物天敌来控制、降低和消灭病虫害的方法。生物防治对人畜无害，不污染环境，对作物和自然界很多有益生物无不良影响，且对害虫不产生抗性。

1. 保护和利用自然天敌

我国茶树虫害的天敌资源丰富，如绒茧蜂、赤眼蜂、草蛉、瓢虫、蜘蛛、捕食螨和鸟类等（图5-8、图5-9）。在茶园自然天敌种群中，蜘蛛为最大种群，其数量大，繁殖率高，蜘蛛对假眼小绿叶蝉有较好的控制作用，但是蜘蛛对环境比较敏感，在生态复杂和稳定的茶园内数量较多，对施用化学农药的茶园数量较少。

图5-8 茶园蜘蛛

图5-9 茶园瓢虫

为保护和利用天敌,茶园需要建立良好的生态环境,可在周围种防护林,也可采用茶林间作、茶果间作、幼龄茶园间作绿肥,夏、冬季在茶树行间铺草,均可给天敌创造栖息繁殖的场所,尽量减少化学农药在茶园的使用。

2. 人工释放天敌

人工大量繁殖和释放天敌,可以有效地补充田间自然天敌种群,既对害虫有较好的防治效果,又不对环境造成污染。例如,在茶橙瘿螨等害螨数量上升期释放捕食螨(胡瓜钝绥螨);防治茶蚜,按瓢蚜比 1:250 的比例人工释放异色瓢虫、七星瓢虫。

3. 施用生物农药

(1)真菌治虫:白僵菌、韦伯座孢菌等对鳞翅目、鞘翅目等害虫有一定的防治效果。如球孢白僵菌 871 粉虱真菌剂对黑刺粉虱、小绿叶蝉、茶丽纹象甲有较好的防控效果。

秋季封园防治病虫害效果十分显著,可明显减少第二年病虫害发生。既能防治螨类、蚧类、粉虱类等茶树害虫,又能杀卵和防治煤烟病等多种茶树病害,投入成本较低(图 5-10)。

(2)病毒治虫:目前茶树害虫上发现的病毒有数十种,由于病毒保存时间长,有效用量低,防效高,专一性强,不伤害天敌及具有扩散和传代作用,对茶园生态系统没有副作用,成为一项很有前途的生物防治措施。生产上应用较多的为核型多角体病毒。使用时应选择阴天进行,一般每年喷施一次即可(图 5-11)。

图 5-10 石硫合剂

图 5-11 核型多角体病毒

四、化学防治

化学农药防治仍然是茶树病虫草害防治的重要手段，尤其是病虫草害暴发时，显得尤为重要，具有不可替代的作用，但农药带来的负面效应也不可忽视。

茶叶是一种特殊的传统饮料，鲜叶不经洗涤直接加工成成品，饮用者又经多次冲泡，所以对农药的使用有着严格的要求。

1. 科学使用农药

根据防治对象，选用农药种类，化学农药由于化学成分及作用机理的不同，不同类别的害虫及同种害虫在不同发育阶段，对同一化学农药表现的敏感程度截然不同。农药的作用方式主要有触杀、胃毒、内吸、熏蒸等作用。具体选用时，应根据不同的防治对象合理选药。

2. 掌握适期施药

"适期"是指害虫对农药最敏感的发育阶段，此时施药易收到较好防效。掌握适期施药是提高农药的防治效果、降低农药使用量、减少周年喷药次数和降低防治费用的关键。要认真做好茶园病虫害发生情况的调查，加强病虫害的预测预报。例如，假眼小绿叶蝉应在发生高峰前期，且若虫占总虫量的80%以上时施药；尺蠖类、毒蛾类、卷叶蛾类、刺蛾类害虫，应在幼虫3龄前施药，介壳虫、粉虱类害虫，应在其卵孵化盛末期施药；叶螨类应在田间出现重害状之前，且幼、若螨占多数时施药。

3. 按照防治指标确定施药地点

害虫的防治指标是一种经济指标，当田间害虫数量达到一定程度，其为害造成的经济损失与人们采用化学农药防治一次的工本相等，此时的田间虫量即为此虫的防治指标。从根本上克服了"见虫就治"或"治虫不计成本"的偏向，体现了农药防治目的是控制主要害虫为害，并非是消灭某一害虫。

4. 农药的合理混用

农药的合理混用，是在农业害虫防治中经常采用的一种措施。混用的目的是为了增效、兼治、无药害，而不是盲目地将两种或几种农药加在一起。经混用后能提高防治效果，减少农药用量，或对已产生抗药性的害虫能获得良好的防治效果。且喷一次药能同时防治几种害虫，以减少周年的喷药次数，节省工本支出。农药混合使用若大面积推广，应事先做小区试验，观察防治对象的药效和对作物的安全性，同时观察农药混用后有无不良理化反应。

5. 遵守安全间隔期

农药的安全间隔期，是指最后一次施药至收获农作物前的时期，即自喷药到残留量降至允许残留量所需时间。在农业生产中，最后一次喷药与收获之间的时间必须大于安全间隔期，不允许在安全间隔期内收获作物。农药的安全间隔期，是控制茶叶中农药残留的一项关键措施。

6. 轮换使用农药

农药连续使用后，目标病虫会逐渐对该类农药产生适应性而表现出抗性，导致药效下降、用药量增加。轮换使用农药是延缓害虫产生抗药性的有效措施，一般每年使用一类农药次数不超过两次。

在化学防治时，特别要注意的是：所选用的农药品种必须是已在茶树上使用获得登记，出口茶叶基地用药还需要参照茶叶进口国农药残留限量标准的高低值选用。

第二节　茶园主要病虫害发生规律及防治技术

一、茶园主要虫害发生规律及防治技术

1. 假眼小绿叶蝉

又称叶跳虫。是永顺县各茶区发生最普遍、为害最严重的一种虫害。该虫成虫淡绿至黄绿色，会跳跃。以成虫和若虫刺吸茶树嫩梢汁液为害茶树，造成芽叶失水萎缩，枯焦，严重影响茶叶产量和品质。一年发生 9~11 代，以成虫在茶丛中越冬，开春后当日平均气温达 10℃以上时，越冬成虫开始产卵繁殖。一般有两个虫口高峰，第一虫口高峰自 5 月中下旬至 7 月上中旬，以 6 月虫量最多，主要为害夏茶。第二个虫口高峰自 8 月中旬至 11 月上旬，以 9—10 月虫量多，主要为害秋茶。它以针状口器刺入茶树嫩梢及叶脉，吸取汁液（图 5-12）。

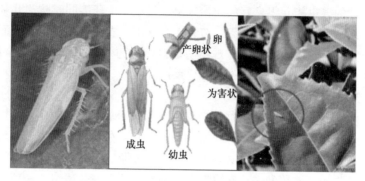

图 5-12　假眼小绿叶蝉

防治措施：①及时勤采。②保护茶园蜘蛛等天敌。③用茶蝉净750 倍液防治。④10 月下旬用 0.7~1 度的石硫合剂进行冬季清园。

2. 茶尺蠖

又称拱拱虫。以幼虫残食茶树叶片，低龄幼虫为害后形成枯斑或缺刻，3 龄后残食全叶，大发生时可使成片茶园光秃。其生活习性为一年发生 5~6 代，以蛹在茶树根际土壤中越冬，次年 2 月下旬至 3 月上旬开始羽化。幼虫发生为害期以 4 月上、中旬至 7 月上旬发生频繁，一年中以夏秋茶为害最重（图 5-13）。

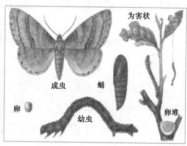

图 5-13　茶尺蠖

防治措施：①保护天敌。②轻修剪。③成虫盛发期利用黑光灯诱杀。④3 龄前应用茶尺蠖核型多角体病毒喷雾防治。

3. 茶毛虫

又称毒毛虫，痒辣子。浑身披满毒刺。主要为害茶树，严重时可食尽叶片，枝条光秃。一年发生两代，以卵块越冬，翌年4月中旬越冬卵开始孵化，各代幼虫发生期分别为4月中旬至6月中旬、7月下旬至9月下旬。幼虫3龄前群集，成虫有趋光性。低龄幼虫多栖息在茶树中下部或叶背面，取食下表皮及叶肉，2龄后食成孔洞或缺刻，4龄后进入暴食期，严重发生时也可使成片茶园光秃（图5-14）。

图5-14 茶毛虫

防治措施：①秋冬季清园。②成虫羽化期用信息素或灯光诱杀。③应用茶毛虫核型多角体病毒防治。

4. 茶橙瘿螨

又称茶刺叶瘿螨。成若螨刺吸茶叶汁液，它吸取茶树汁液，使受害芽叶失去光泽，叶脉发红，叶片向上卷萎缩，严重时造成芽叶干枯，叶背有褐色锈斑，影响茶叶产量和质量。该虫虫态混杂、世代重叠，一年可发生10多代。各虫态均可在成、老叶越冬，其卵散产于嫩叶背面，尤以侧脉凹陷处居多。气温18~26℃最适于其生长繁殖，一般全年有两个为害高峰，第一次发生于5月下旬至6月，第二次高峰在7—8月发生（图5-15）。

图5-15 茶橙瘿螨

防治措施：①及时分批采摘。②秋末结合清园用0.5波美度石硫合剂封园。③用24%帕力特1500倍液进行蓬面叶背喷雾防治。

二、茶园主要病害发生规律及防治技术

1. 茶饼病

为低温高湿病害，是永顺县各茶区发生最普遍的一种病害。嫩叶上初发病为淡黄色或红棕色半透明小点，后渐扩大并下陷成淡黄褐色或紫红色的圆形病斑，直径为2~10mm；叶背病斑呈饼状突起，并生有灰白色粉状物，最后病斑变为黑褐色溃疡状，偶尔也有在叶正面呈饼状突起的病斑，叶背面下陷。叶柄及嫩梢被感染后，膨肿并扭曲，严重时，病部以上新梢枯死。全年在4—5月、9—10月为发病高峰期。在海拔600m的茶区发生较重（图5-16）。

图5-16 茶饼病

防治措施：①勤除杂草，加强修剪和茶园通风透光，适当增施磷、钾肥。②茶园冬季用波美0.3~0.5度石硫合剂封园。③用1000亿/g枯草芽孢杆菌600倍液进行防治。

2. 茶炭疽病

为高温病害，主要为害成叶和老叶。病斑多自叶缘或叶尖，开始成水渍状暗绿色，圆形，后渐扩大，成不规则形，并渐呈红褐色，后期变灰白色，病健分界明显。病斑上生有许多细小、黑色突起粒点，无轮纹。其发病通常在多雨年份，在一年中以霉雨和秋雨期间发生较多。同时，偏施氮肥的茶园中也易发生。该病害在龙井43号茶树品种发生较多（图5-17）。

防治措施：①加强茶园管理，做好积水茶园的开沟排水。②秋冬

图 5-17 茶炭疽病

季清园。③增施磷、钾肥及有机肥。④茶园冬季用 0.3~0.5 波美度的石硫合剂封园。

3. 茶白星病

主要症状：为低温高湿型病害，主要侵害幼嫩芽梢。嫩叶被侵染后，初生针头状褐色小点，周围有黄色晕圈，后渐扩大成圆形病斑，直径在0.3~2mm，边缘有紫褐色隆起线，中央呈灰白色，上生黑色小粒点，后期数个或百个病斑融合成不规则大斑。叶片常畸形扭曲，易脱落。嫩茎上的病斑与叶片上相似。气温 16~24℃，相对湿度高于 80% 易发病。全年在春、秋两季发病，5 月是发病高峰期。高山及幼龄茶园或缺肥贫瘠茶园、偏施过施氮肥易发病，采摘过度、茶树衰弱的发病重（图 5-18）。

图 5-18 茶白星病

防治措施：①加强茶园管理，增施磷、钾肥及有机肥，强壮树势；发病严重时进行轻修剪。②秋冬季清园。③茶园冬季用 0.3~0.5波美度的石硫合剂封园，或用 500 倍液的百菌清喷雾。

第六章　茶叶采收、加工技术

第一节　茶叶采收

茶叶采摘是茶叶加工的开始，茶叶鲜叶采摘时间、采摘质量，是加工高品质茶叶的重要因素之一。

茶鲜叶理化性状主要表现在3个方面：嫩度、匀净度和新鲜度。

嫩度：是指芽叶伸育的成熟程度。随着茶树的新陈代谢和营养器官的生长发育，芽叶从营养芽伸育并逐渐增大，伸展叶片；随着芽叶的成长，叶片逐渐增加，芽逐渐变小，最后完成一个生长期形成驻芽。随后叶片成熟，叶肉组织相应增厚，叶片逐渐老化。一般情况下，鲜叶幼嫩，制茶品质好，鲜叶粗老，制茶品质差；生产上鲜叶采摘，要根据茶树特性、外界条件及技术措施，进行合理采摘。

匀净度：鲜叶匀净度是指同一批鲜叶质量的一致性，即鲜叶老嫩是否匀齐一致，它是反映鲜叶质量的一个重要标志。对于制茶来说，无论哪种茶类都要求鲜叶匀净好，如匀度不好，老嫩混杂，制茶技术就无法保证制出品质优良的茶叶。影响鲜叶净度因素很多，如采摘不合理、茶园品种混杂、鲜叶运送和鲜叶管理不当等，都会造成老嫩叶混杂、雨露水叶与无表面水叶子混杂、不同品种鲜叶混杂和进厂时间不同的叶子混杂，匀净度不高。

新鲜度：是指鲜叶保持原有理化性质的程度。鲜叶采下来脱离茶树后，就存在着内含物的转化。随着水分不断散失，鲜叶内的各种酶的作用逐渐加强、内含物质不断分解和转化而消耗减少。一部分可溶性物质转化为不溶性物质、水浸出物减少，使制出的茶叶香低味淡、影响品质。而且这种转化随时间的延长而逐渐加强。内含有效物质消耗越多。环境温度越高，转化越快，干物质消耗越大。

一、采收时间

永顺县地处江南茶区，茶季在4—10月。每季茶开采的迟早，采期的长短，除受自然条件影响外，与茶树品种特性和栽培技术也有密切关系。在自然因子中，气温和降水起主导作用，而在栽培技术中，除采摘技术影响外，修剪技术、肥水管理关系较为密切。

永顺县春茶的开采期，主要受早春气温的影响，一般3月平均气温较高时，开采期就早。早春进行轻修剪的，一般开采期要相应推迟，剪得越重越迟，影响越大。开采期宜早不宜迟，以略早为好，特别是春茶。采用手工采摘的，春季当茶蓬上有10%~15%的新梢达到采摘标准，夏秋茶有10%左右的新梢达到采摘标准时，就要开采。采用机械采摘的，春季有70%~80%的新梢达到采摘标准，夏秋季有60%左右新梢达到采摘标准时，为适宜开采期。

二、采收工具

茶为净物，应天时地利而生，采茶尤其要谨慎小心，不能伤其色味。这就要有适宜的采茶器具。

永顺县产竹子，取材方便、价格低廉。用竹子编成的篮子，通风透气，鲜茶叶短时间堆积其中也不会因为温度升高导致发热变质。而且竹篮的质量轻便。无论肩背手提，茶农都会非常省力。虽然现今采茶已经从手工采摘过渡到机械采摘，但竹器依然是茶农采茶时的必备工具（图6-1）。

图6-1　采茶用的茶篓

三、采收方法

合理采摘是指在一定的环境条件下，通过采摘技术，借以促进茶树的营养生长，控制生殖生长，协调采与养、量与质之间的矛盾，从而达到多采茶、采好茶、提高茶叶经济效益的目的。其主要的技术内容，可概括为标准采、留叶采。

1. 标准采

指按一定数量和嫩度标准来采摘茶树新梢。成品茶的品质，除受加工技术左右外，主要是由鲜叶原料的质量决定的。一般来说，采摘细嫩的芽叶，内质好，但重量轻，产量低；而采摘粗老的芽叶，重量重，产量较高，但内质差。也就是说，茶叶产量的高低，品质的优劣，权益的多少，一定程度上是由采摘标准决定的。所以在生产实践中，合理制订并严格掌握采摘标准，是非常重要的。

我国茶类众多，品质风格各异，对鲜叶采摘标准的嫩度要求，差别很大，其中名优茶类，采制精细，品质优异，经济价值高，是我国茶叶生产的一大优势。名优茶类对鲜叶的嫩度和匀度要求大多较高，很多只采初萌的壮芽或初展的一芽一二叶。这种细嫩采摘标准，产量低，花工大，季节性强，多在春茶前期采摘。永顺县名优茶也采取细嫩采摘这种标准（图6-2）。

图6-2 标准采的单芽、一芽一叶

2. 留叶采

指在采摘芽叶的同时，把若干片新生叶子留养在茶树上，这是一种采养结合的采摘方法，具有培养树势、延长采摘期和高产期的功效，是合理采摘的中心环节。

茶树在年生育周期中，留叶过多过少都是不适宜的。过多的留叶，虽可使茶树树冠长得高大广阔，但却导致树冠郁闭，叶片重叠，发芽稀，花果多，经济产量较低。如留叶过少，短期内可促使早发芽，多发芽，获得较高产量，但茶树生理机能逐渐衰退，茶树未老先衰，后期产量急剧下降。

在科学实验中，多以叶面积指数，即单位面积上茶树叶面积总量与土地面积的比值，来衡量留叶的适宜度。研究结果表明，茶树适宜的留叶范围，叶面积指数在 2~4。其中壮龄茶树适宜的叶面积指数为 3~4，老年茶树叶面积指数 2~3 时产量较高。留叶数量以树冠的叶子相互密结，见不到枝干为适度。

留叶采摘方法很多，大体可归纳为打顶采摘法、留真叶采摘法和留鱼叶采摘法 3 种。

打顶采摘法亦称打头采摘法，适宜新梢展叶 5 片叶子以上，或新梢即将停止生长时，摘去一芽二、三叶，留下基部鱼叶及三、四片以上真叶，一般每轮新梢采摘一两次。采摘要领是采高养低，采顶留侧，以促进分枝，培养树冠。这是一种以养树为主的采摘方法。

留真叶采摘法亦称留大叶采摘法，是当新梢长到一芽三、四叶或一芽四、五叶时，采去一芽二、三叶，留下基部鱼叶和一、二片真叶。留真叶采摘法又因留叶数量多少、留叶时期不同，分为留一叶采摘法、留二叶采摘法、夏季留叶采摘法等多种。这是一种既注意采摘，又注意养树，采养结合的采摘方法。

留鱼叶采摘法是当新梢长到一芽一、二叶或一芽二、三叶时，采下一芽一、二叶或一芽二、三叶，只把鱼叶留在树上，这是一种以采为主的采摘法。在生产实践中，应根据树龄树势、气候条件，以及产制茶类等具体情况，选用不同的留叶采摘方法，并组合运用，才能取得良好的效果。

另外，按照采收方式又分为手工采收和机械采收两种方式。

1. 手工采收

采摘鲜茶讲究技法。基本的采茶技法分为"掐采""提手采""双手采"等。

掐采：又称折采，细嫩茶叶的标准采摘包括托顶、撩头等。

提手采：标准采摘手法，即掌心向下，用拇指和食指夹住鱼叶上的嫩茎，向上轻提，芽叶折落掌心。

双手采：茶树有理想的树冠、采摘面平整的，适合用双手采，可提高效率50%~100%，熟练的采茶人喜欢这种采法。

采摘时不可一手捋，否则会伤害芽叶的完整性，放入竹篮中不可紧压；鲜叶要放在阴凉处，堆放时不可重压。

2. 机械采收

机械采收茶叶能大大提高生产效率。我国对采茶机的研究始于20世纪50年代末期，近60年来，研制并提供了生产上试验、试用的多种机型。以动力形式分，有机动、电动和手动3种。以操作形式分，有单人背负手提式、双人抬式两种（图6-3、图6-4）。一般单人往复切割式采茶机，二人操作，台时产量达50~75kg鲜叶，可比人工采摘提高工效10倍以上。双人抬往复切割式采茶机，3人操作，台时产量达200~300kg，可比人工采摘提高工效30倍以上。

图6-3　单人采茶机

实行机械采茶是降低茶叶生产成本，提高经济收益的一条有效途径。但茶树经连续几年机械采摘后，新梢密度迅速增加，密集于树冠表层，展叶数逐渐减少，叶层变薄，生长势削弱的速度要比手工采摘得快。需通过深修剪和加强肥培管理来解决。机采初期，对茶叶产量影响较大，机采一二年后，影响变小，甚至没有影响，已形成采摘面的茶园影响小，未形成采摘面的茶园影响大；对春茶影响大，而对夏秋茶反而有增产效果。机采鲜叶容易漏采，在机采初期，采用机采和手采相结合的采摘方法，效果很好。

图6-4　双人采茶机

第二节　茶叶加工技术

中国制茶历史悠久，从唐至今，经历了从饼茶到散茶、从绿茶到多茶类、从手工操作到机械化制茶的巨大变迁。中国茶类之多，制造技术之精湛，堪称世界之最。各种茶类品质特征的形成，除了茶树品种和鲜叶原料的影响之外，加工条件和制造方法是重要的决定因素。

鉴于绿茶、红茶是永顺县的主要茶类，本篇主要以名优绿茶和功夫红茶两大茶类的加工技术进行介绍。

一、名优绿茶——毛尖茶加工技术

永顺县名优绿茶多以白毫早、黄金茶、碧香早等品种制作毛尖茶而成，因优良的品质得到越来越多消费者的喜欢。毛尖茶主要工艺流程为鲜叶摊放、杀青、揉捻、打毛火、理条、烘干等。

1. 摊放

摊放是名优绿茶加工前必不可少的处理工序。鲜叶摊放作用是促进鲜叶内含成分的转化，促进鲜叶水分的散失，有利于控制杀青时茶锅的温度，提高杀青的质量，使最终的成品茶颜色更为绿黄新鲜。

毛尖茶鲜叶细嫩，摊放要注意：一是鲜叶要摊放在软匾、篾席或专用的摊放设备上。二是鲜叶摊放时，应根据采摘时间的不同、鲜叶老嫩度、晴天雨天采摘鲜叶的不同，要分开摊放。例如，晴天可以适当厚摊，以防止鲜叶失水过多；雨天采摘的鲜叶水分含量多，鲜叶应适当薄摊，延长摊放的时间，以便加速散发水分。三是摊放的鲜叶，要避光摊放。四是鲜叶摊放过程中，薄厚要均匀，尽量减少翻动。五是一般当鲜叶发软，芽叶舒展，水分散发，清香透露即可，说明摊放的时间够了。摊放时间一般在 8~12h（图 6-5）。

图 6-5　摊放

2. 杀青

杀青主要目的是高温钝化鲜叶酶活性，保持茶鲜叶本色。主要采用滚筒杀青机杀青，滚筒内壁温度控制在 260~280℃，时间约为 3min（图 6-6）。

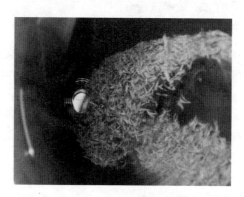

图 6-6　毛尖茶滚筒杀青

3. 揉捻

揉捻是形成毛尖茶品种的关键工艺。揉捻的目的有 3：其一，促进茶叶内质成分的转化，形成良好的滋味；其二，使芽叶紧卷成条，增进外形美观。由于鲜叶原料较细嫩，揉捻方法以轻揉轻压为主，揉捻时间一般控制在 30~60min（图 6-7）。

图 6-7 揉捻

4. 打毛火

采用平台烘干机或翻板式烘干机进行初烘，初烘温度为 120℃，时间为 3~5min，目的是初步去除揉捻叶表面的水分，使茶坯揉入理条机中不粘锅。

5. 理条

鲜叶经初烘后，采用多功能机理条，逐步提高转速，先慢后快，叶温从烫逐步降到比较热，锅内湿度逐步降低。锅内温度 150~180℃，用时 10~15min，待条索挺直、紧结时出锅摊凉（图 6-8）。

6. 烘干

干燥的目的是为了继续蒸发茶叶中的水分，使茶叶的干燥度达到 95% 以上，一是为了防止茶叶因为有水分而发酵变质，二是因为充分干燥可以使茶叶发挥更好的香味。

毛尖茶通常采用履带式烘干机或五斗式烘干机烘干，前者适用于量大的干燥，后者是量小的干燥（图 6-9）。

图 6-8　理条　　　　　　　图 6-9　五斗式烘干机烘干

烘干过程分为初烘：烘干机温度 100~120℃，时间 10min；摊凉15min。复烘：温度 80~90℃；低温长烘 70℃左右。期间有个摊凉回潮的过程，即烘叶摊于软匾上，进行摊凉回潮，使茶叶内部水分重新分布均匀。干燥程度为水分含量低于 6.5%，干燥后经冷却即为成品（图 6-10）。

图 6-10　猛洞毛尖

二、功夫红茶加工技术

我国的红茶包括功夫红茶、红碎茶和小种红茶。它们的制法，大同小异，都有萎凋、揉捻、发酵、干燥 4 个工序。各种红茶的品质特点都是红汤红叶，色香味的形成都有类似的化学变化过程，只是变化的条件、程度上存在差异而已。

功夫红茶制造分初制和精制两个阶段，初制分鲜叶验收和管理、萎凋、揉捻、发酵及干燥。制成红条茶后，送售精制厂，经筛分、风选、拣剔、复火、拼装等工序制成功夫茶成品。工艺复杂，费时费工，技术性强，功夫红茶也因此得名。

永顺县功夫红茶多以碧香早、福鼎大白、楮叶齐、群体种等品种制作而成，目前以初制产品为主，主要工艺流程如下。

1. 鲜叶验收与管理

嫩度是衡量鲜叶品质的重要因子，是评定鲜叶等级的主要指标，它将决定毛茶的等级。一般细嫩的鲜叶，叶质肥厚柔软，制成毛茶条，索紧细锋苗好，色泽纯润、汤色较亮，香味浓爽醇厚，叶底红匀艳亮。

从茶树上采摘的离体鲜叶，要及时送至初制厂，以保持鲜叶的新鲜，在运输及贮藏过程中不能紧压，不能造成机械损伤。鲜叶存放过久，运输中踩压，会使鲜叶发生红变，将严重损害品质。

2. 萎凋

萎凋是红茶初制的第一道工序，也是形成红茶品质的基础工序。萎凋的目的，其一是蒸发部分水分，使叶梗变软，便于揉捻成条；其二是促进茶梢中的内含物质的一系列化学变化，为形成茶色香味的特定品质，奠定物质变化的基础。

功夫红茶的萎凋程度，一般以萎凋叶的含水量为指标，在大生产中，萎凋分重萎凋、中度萎凋、轻萎凋 3 种。其中以中度萎凋最佳，其鲜叶含水量为 60%~62%，此时叶片柔软，摩擦叶片无响声，手握成团，松手不易弹散，嫩茎折不断，叶色由鲜绿变为暗绿，叶面失去光泽，无焦边焦尖现象，并且有清香。

萎凋方法有自然萎凋、萎凋槽萎凋、连续式自动萎凋机 3 种。目前 3 种方法都有使用，其中永顺县茶叶企业多采用萎凋槽加温萎凋，萎凋时间相对较短，设备造价低（图 6-11、图 6-12）。

图 6-11　自然萎凋　　　　　　图 6-12　萎凋槽萎凋

3. 揉捻

揉捻是形成功夫红茶品质的第二道工序。揉捻的目的有 3：其一，破坏叶细胞组织，使茶汁揉出，便于在酶的作用下进行必要的氧化作用；其二，茶汁溢出，沾于条表增进色香味浓度；其三，使芽叶紧卷成条，增进外形美观（图 6-13）。

图 6-13　揉捻

揉捻方法一般视萎凋叶的老嫩度而异，一般来说嫩叶揉时宜短，加压宜轻；老叶揉时宜长，加压宜重；轻萎叶适当轻压；重萎叶适当重压；气温高揉时宜短，气温低揉时宜长。加压应掌握轻、重、轻原则，先空揉 5min 再加轻压；待揉叶完全软再适当加以重压，促使条索紧结，揉出茶汁，待揉盘中有茶汁溢出，茶条紧卷，再松压。

揉捻时间一般控制在 60~90min。揉捻适度的标志为茶叶紧卷成条无松散折叠现象；为以手紧握茶坯，有茶汁向外溢出，松手后茶团不松散，茶坯局部发红，有较浓的青草气味。

4. 发酵

红茶的发酵是指将揉捻叶按一定厚度摊放于特定的发酵盘中，茶坯中化学成分在有氧的情况下继续氧化变色的过程。揉捻叶经过发酵，从而形成红茶红叶的品质特点。

红茶发酵设备主要是发酵室或发酵机（图 6-14、图 6-15）。发酵温度一般由低至高，然后再降低。发酵时间以春茶 3~5h，夏茶 5~8h 为宜。当叶温平稳上升并开始下降时即为发酵适度。叶色由绿变黄绿尔后呈绿黄，待叶色开始变黄红色，即为发酵适度的色泽标志。

图 6-14　红茶发酵室

图 6-15　红茶发酵机

从香气来鉴别，发酵适度应具有熟苹果味，使青草气味消失。若带馊酸则表示发酵已经过度。

5. 干燥

干燥的工序，是将发酵好的茶坯，采用高温烘焙，迅速蒸发水分到保质干度的过程。干燥的目的有 3：其一，利用高温迅速地钝化各种酶的活性，停止发酵，稳定茶叶品质。其二，蒸发茶叶中的水分，保证足干。其三，获得红茶特定的甜香。

干燥一般分为两次：第一次称为毛火，第二次称足火。一般进烘温度为 105℃，摊叶厚度为 1.5~2cm，时间为 12~16min，茶坯含水量为18%~25%，下机后摊凉30min左右。足火温度较低，一般90~95℃，摊叶厚度为2~2.5cm，时间为12~16min，茶坯含水量为5%~6%足火后立即摊凉，使茶坯温度降至略高于室温时，装袋装箱（图6-16、图6-17）。

图6-16　红茶两次烘干　　　　图6-17　功夫红茶成品

编写：梁金波　戴居会　罗　鸿　田　青

高山蔬菜产业

第一章 概 述

第一节 高山蔬菜的定义及布局

一、高山蔬菜的定义

高山蔬菜，是指利用高山区域夏季自然凉爽、昼夜温差大等优越的气候资源和丰富的山地土壤资源所生产的夏秋季上市、具有一定规模的反季节商品蔬菜。其特点是：技术简单、资源丰富、设施简易、投资少、见效快、产量高、品质好。高山蔬菜主要利用自然有利条件，解决蔬菜供应"秋淡"与"伏缺"的问题，获取蔬菜产品的"季节差价"。

二、高山蔬菜栽培的适宜区域

（一）高山蔬菜栽培的适宜区域

高山区域海拔不同，地形地貌变化大，以及植被、坡向都不相同，这将引起高山区域内温度、光照、水分等环境条件的差异，形成特有的高山气候特征。从蔬菜栽培的适宜环境来看，海拔 500 ~ 1 200m地段为高山蔬菜栽培最适宜区域。300~500m 海拔地区的气候特征虽然比不上 500~1 200m 区域高山气候优势，但远远优于平原地区，而且这一区域多为丘陵山地，光照充足，地势较平坦，土质较好，也可发展高山蔬菜栽培。海拔 1 200m 以上地区气候冷凉，仅仅适宜少数喜冷凉蔬菜品种。总而言之，海拔 300~1 200m 高山地区均可发展高山蔬菜栽培，海拔 1 200m 以上地区选择适宜品种栽培。

（二）高山蔬菜的区域划分与品种布局

发展高山蔬菜，在品种布局上，应根据高山气候特点和蔬菜品种对环境条件的要求，因地制宜，科学布局，追求栽培效益的最大化。

1. 海拔<300m 区域

品种安排与平地相同。

2. 海拔 300~500m 区域

温度、光照条件较好，应安排喜温及耐热的蔬菜品种，如茄果类、瓜类、菜豆、豇豆、甘蓝、结球白菜等。

3. 海拔 500~800 米区域

是高山蔬菜栽培的重要区域，适宜各类蔬菜品种的生长。可根据气候变化和市场需求，采取提前或推迟播种的方法，错期栽培。如喜温的蔬菜可以春夏播种，秋延采收；喜凉的蔬菜可以春夏提前播种，提前采收；还可借助设施栽培，延长蔬菜供应期，提高产量品质。

4. 海拔 800~1 200m 区域

昼夜温差大，适宜秋延后栽培，填补蔬菜产品的秋淡空白。可栽培品种有茄果类、瓜类、豆类、甘蓝、白菜、芹菜、马铃薯、根菜等。

5. 海拔 >1 200m 区域

气候凉爽，应安排栽培喜冷凉的蔬菜品种，如菜豆、豌豆、花椰菜、大白菜、萝卜、胡萝卜、甘蓝、芹菜等。

第二节　高山蔬菜栽培概况

一、永顺县发展高山蔬菜栽培的意义

（一）有利于山地资源的开发利用

永顺县位于湖南省西部，地处云贵高原、鄂西山地黄壤岩溶山原的东缘，呈山地、山原、丘陵、岗地及向斜谷地等多种类型。在垂直方向上，随地势增高，由现代河床、溪谷平原到岗地、丘陵再到山地山原，具有多层性和成层分布的规律。境内山峦叠嶂，溪谷纵横，最高羊峰山海拔为 1 437.9m，最低小溪鲤鱼坪的明溪海拔为 162.6m，高低相差 1 275.3m，气候属中亚热带山地湿润气候，四季分明，热量较足，雨量充沛，水热同步，温暖湿润，夏无酷暑，冬少严寒，垂直差异悬殊，立体气候特征明显，小气候效应显著。适宜栽培蔬菜品种众多，根据不同的海拔高度和小气候特点，充分利用山区资源优势，以市场需求为导向，发展生态蔬菜，合理安排品种布局，因地制宜发展高山蔬菜栽培，能大大提高自然资源利用率，提高土地单位面积产出效率，有利于山地资源的开发利用。

（二）有利于山区农民增产增收

因地制宜发展高山蔬菜栽培，改变过去种植零星、品种老化、管理粗放、设施落后、效益低下和自给自足栽培模式，向规模化、集约化、高效化、产业化方向发展，优化品种布局，推广优质高产栽培技术，高山蔬菜栽培的种植效益，远远大于种植水稻等其他作物，通过发展高山生态蔬菜，引导和支持贫困户实现就地脱贫，充分发挥高山蔬菜产业建设在精准脱贫中的示范带动作用，助力山区农民增产增收，促进永顺县农村经济的全面发展。

（三）有利于永顺县蔬菜产品的市场供给

利用永顺县高山夏季冷凉等优越的气候资源，按照优质、高产、高效、生态、安全的要求积极推进种植结构调整；以科技创新为支撑，推动永顺县高山蔬菜产业改造升级，打造一批装备精良、设施完善和技术精湛的高产蔬菜标准化园区，辐射带动永顺县蔬菜产业基地化建设；以质量安全为保障，大力推进永顺县绿色、有机蔬菜标准化生产。发展高山蔬菜生产，并通过错季栽培，使产品上市期恰好处在 7—10 月，可填补县内蔬菜产品供应的空缺。同时，高山蔬菜栽培品种布局的多样性和茬口安排的灵活性，提供了丰富的蔬菜产品。因此，发展高山蔬菜栽培，不仅可以提供丰富的蔬菜产品，而且可以解决"秋淡"供求矛盾，丰富人们物质生活，具有较好的社会效益。

二、永顺县高山蔬菜栽培现状

永顺县山地资源丰富，山地小气候特点明显，蔬菜种植历史悠久，栽培品种丰富是湘西州蔬菜种植大县。到 2016 年年底，全年蔬菜年播种面积 14.75 万亩，其中商品蔬菜 8 万亩，形成了以羊峰山为主的海拔 800~1 200m 的反季节蔬菜基地和以芙蓉镇、石堤镇为主的海拔 300~500m 城镇蔬菜基地。羊峰山为主的海拔 800~1 200m 的反季节蔬菜面积 8 000亩，品种以娃娃菜、甘蓝为主，白菜、萝卜、菜心、冬瓜、南瓜等有适量发展。城镇蔬菜基地面积 5 830亩，品种以辣椒、大头菜、西红柿为主，黄瓜、豇豆、莴笋等其他蔬菜也初具规模。永顺县蔬菜专业合作社已达 47 家，蔬菜加工企业两家，逐渐走向规模化经营，蔬菜产品远销吉首、常德、长沙、恩施、黔江等地，取得较好经济效益（图1-1）。

图1-1　永顺羊峰山高山蔬菜种植基地

三、永顺县高山蔬菜栽培存在的主要问题

（一）基础设施落后，规模较小

永顺县高山蔬菜种植，主要集中在山区，土地比较分散，种植面积处于分散状态，大面积成片基地较少，规模上不去；交通不发达，生产资料运进和产品运出不方便，除去城镇附近，基地设施化率不高。以上这些严重制约了高山蔬菜的发展。

（二）管理粗放，技术措施有待提高

高山蔬菜栽培应根据海拔高度和季节变化，选择适宜品种，合理安排品种布局，科学施肥，有效防治病虫害，精细化管理。但部分菜农品种更新较慢，重种轻管，广种薄收，管理措施不到位，使得蔬菜产量和品质下降，效益较低。

（三）后期处理跟不上，产品附加值低

蔬菜产品采收后，应根据品质好坏，分级、包装，按质论价，体现优质优价。但是很多菜农产品不分优劣，采用统货统装方式上市销售，优质贱卖，价格上不去，产品附加值较低。

四、永顺县高山蔬菜栽培发展方向

针对永顺县高山蔬菜栽培中存在的问题，在今后的发展方向上应重点突出以下几个方面。

（一）加强交通、园地道路和灌溉等基础设施建设

适度推广大棚蔬菜，改善种植条件，使永顺县高山蔬菜栽培向规模化、效益化转变。

（二）开展技术培训

大力推广高山蔬菜优质丰产栽培技术，科学施肥，适时防治病虫害；完善水旱轮作设施建设，改良土壤条件；根据高山地区病虫害发生规律，科学防治病虫害；进一步优化品种布局，以市场需求为导向，按照优质、高产、高效、生态、安全的要求积极推进种植结构调整；以科技创新为支撑，全面推进高山蔬菜发展。

（三）扶持企业规模生产

采取公司+基地+农户经营模式，扩大规模化经营，扶持蔬菜专业合作社的建设，扶持壮大专业合作社45家，创建3个蔬菜标准化示范园和一个集约化蔬菜育苗中心，形成高山反季节绿色蔬菜优势产业区。

（四）注重产品采后处理和品牌建设

应进一步提高羊峰山高山蔬菜品牌知名度。加大招商引资力度，创建绿色食品标志品牌1个，新建蔬菜预冷保鲜库10个，全面提升服务质量，提高产品附加值，促进永顺县高山蔬菜产业全面发展。

第二章　高山蔬菜育苗技术

育苗质量的好坏对蔬菜的优质丰产起着决定性的作用，蔬菜的育苗技术，是蔬菜高效栽培的基本功。高山蔬菜育苗应根据高山气候具有的地域性和特殊性，按照不同季节的气候变化，做好增温、保温、避雨、遮阳等工作，为幼苗生长提供一个适宜的小气候环境。

第一节　育苗棚简介

一、塑料薄膜大棚

塑料薄膜大棚可分为竹架（图2-1）、水泥架、钢架等，可用作设施育苗，也可用于春提前或秋延后设施栽培。建棚的地点应选择避风、向阳、地势平坦、开阔和日照充足的地块；田间布局为南北朝向。东西两棚间距1m左右，南北两棚间距1.5m左右。大棚规格为长30~45m，宽6~9m，高3.2~3.5m，大棚四周应开设30~40cm排水沟。选用棚膜应透光率高、保温性能好、张力大、可塑性强、防老

图2-1　竹架大棚蔬菜漂浮育苗

化流滴和防尘等，最好选用多功能棚膜。目前市面上常用的多功能棚

膜有高保温、高透光 EVA 长寿膜、消雾型高保温、高透光 EVA 长寿无滴膜、转光型高保温、高透光 EVA 消雾长寿无滴膜。

二、塑料薄膜中、小棚

塑料薄膜中、小棚是用竹片或小山竹建造的简易棚，中棚长 20~30m，宽 3~5m，高 1.5~2m，主要用于高山蔬菜育苗时的增温保温和避雨。小拱棚长度因地形而定，宽 1.2~2m，高 0.8~1.2m，主要作用是在高山蔬菜前期育苗时起增温保温和避雨，也可用作高山蔬菜提早栽培的保温设施。为了节约成本，塑料薄膜中、小棚所用薄膜多为普通聚乙烯膜或聚氯乙烯膜。

三、防雨棚

防雨棚是将普通塑料薄膜覆盖在大棚骨架上或中、小棚骨架上并固定好，薄膜距地面 0.5~1m，以利于通风降温。防雨棚在多雨季节使用，进行避雨育苗或栽培，可避免雨水冲刷淋袭，改善棚里气候条件，以利于蔬菜生长。

第二节　高山蔬菜设施育苗方式

一、苗床直播育苗

苗床直播育苗是将苗床地耕细、耙平，做成高 15~20cm，宽 1.2~1.5cm 相应长度的畦面，畦面撒上一薄层营养土，然后撒播育苗的方式。此方式的优点是用工用时少，播种量大；缺点是幼苗长势偏弱。白菜、莴笋等可用此方式，辣椒、西红柿、甘蓝等也可先用此方式播种，然后假植（图 2-2）。

二、营养钵育苗

营养钵育苗是用营养钵盛装适量营养土或育苗专用基质，有序摆放于整平的畦面，将种子点播于营养钵内，或将先期播种的小苗假植于营养钵内的育苗方式。此方式的优点是苗健壮，定植方便，栽后恢复快，缺点是用工用时多。

三、穴盘育苗

穴盘育苗是用穴盘盛装适量营养土或育苗专用基质，有序摆放于

图 2-2　保护地直播育苗

整平的畦面，将种子点播于营养钵内，或将先期播种的小苗假植于营养钵内的育苗方式。此方式的优缺点与营养钵育苗相似（图 2-3）。

图 2-3　穴盘育苗及成苗

四、营养块育苗

营养块是一种压缩型基质营养钵，它以作物秸秆、泥炭为主要材料，配以其他营养成分，用机器压制而成的具有蔬菜生长所需营养成分的营养钵。用营养块点播育苗，操作简单，育苗质量好，定植后无缓苗期，育苗效果好；不足是增加育苗成本。

五、育苗基质的配制

（一）营养土的配制

在蔬菜育苗中，幼苗的生长发育与营养土的好坏有很大关系。配制营养土时应选用 50%~60% 没有种过作物的新土或稻田表层的耕作土，35%~40% 充分腐熟的农家肥，5%~10% 的草木灰，然后按每 500kg 营养土加 3~4kg 复合肥、3~4kg 磷肥、1kg 石灰和 0.5kg 多菌灵，充分混合，用薄膜覆盖堆沤 15~20d 即可使用。

（二）自制基质的配制

为减少育苗成本，可选用棉籽壳、酒糟、河沙等自配基质。经多年试验证明，按以下配比的基质应用在育苗上有很好的效果。草炭：棉籽壳：河沙＝2：1：2；草炭：酒糟：河沙＝2：1：2；棉籽壳：酒糟：河沙＝1：1：2；棉籽壳：牛粪：河沙＝2：1：2；另外，在基质中还可加入适量的无机肥，一般每立方米基质中加入 2.5~3.0 kg 45% 复合肥，基质 pH 值为 5.8~7.0。

第三节　种子处理与播种

一、播种期的确定

高山蔬菜播种期的确定应根据品种特性、海拔高度、市场需求等要素综合考虑，科学布局，安排适宜播种期。具体原则是：春提早设施栽培和采收期较长可分批上市的品种，可适当早播，以提早产品上市，延长产品采收期和供应期，提高产量和效益；前期对低温敏感的品种应适当迟播；生育期短采收期集中的品种，应根据海拔高度不同，分期分批播种，形成不同上市期，达到均衡供应。

二、种子处理

（一）晒种

播种前一星期内，选择晴天，将种子摊开，去掉劣质种子，晒种 1~2d。晒种有一定消毒作用，并可提高种子发芽势和发芽率。

（二）浸种

1. 温水浸种

浸种是把种子浸泡在水中，使种子在较短时间内吸足种子发芽所需的水分。温水浸种水的温度为 30℃左右，时间因品种不同而异。茄果类蔬菜需 6~7h，瓜果类蔬菜需 3~4h，豆类蔬菜需 4~6h，叶菜类蔬菜需 8~10h。

2. 热水浸种

把种子用布袋装好，在清水中常温浸泡 15~20min，再转入 55℃热水中浸泡 15min，不断搅动，然后再转入 30℃热水中浸泡到所需时间。热水浸种有一定的消毒杀菌作用，但要严格掌握温度，不能伤害种子。

（三）种子消毒

晒种、热水浸种都有消毒作用，生产上还常常采用化学药剂消毒。常用消毒药剂浓度和时间如下：1% 硫酸铜溶液，浸种 15min；5% 高锰酸钾溶液，浸种 5min；100 倍福尔马林溶液，浸种 20min；10% 磷酸三钠溶液，浸种 20min。将种子浸种、洗净，根据不同品种和针对的病害选择以上相应药剂消毒，洗净后再播种。

（四）催芽

1. 春季育苗催芽方法

（1）恒温箱催芽：将浸泡好的种子沥干水，用湿布包好，放恒温箱中，把恒温箱温度调到相应适宜的温度即可，催芽过程中注意保持箱内湿度，种子破嘴露白便可播种。

（2）热水袋催芽：用棉衣将装有热水的热水袋包好，放一层隔热物，把种子用布包好放在隔热物上，用棉被盖好，每天换 1~2 次热水，并冲洗种子一次，种子破嘴露白便可播种。

（3）体温催芽：将种子用布包好后再用薄膜包好，放入内衣口袋利用体温催芽，每天冲洗种子一次，种子破嘴露白便可播种。

2. 夏季育苗催芽方法

（1）冰箱催芽：将经过浸种消毒的种子用纱布包好并用塑料袋套住，放在冰箱保鲜层内，在 5~10℃条件下放 2~3d，待 80% 以上种子发芽后即可播种。

（2）保温桶催芽：在保温桶内装满 2/3 左右的凉水，放入适量小冰块，把种子用布包好后用绳子固定挂在保温桶内，种子不能浸在水中，3d 即可出芽。

三、播种

播种分为点播、撒播和直播，土苗床育苗用撒播，营养钵育苗、穴盘育苗、营养块育苗用点播，每穴 1~2 粒。萝卜、白菜、胡萝卜、小白菜、豆类等蔬菜品种可以大田直播。

四、苗期管理

（一）苗床管理

幼苗出土前，保持苗床充分湿润，并加强保温，尽量少揭或不揭小拱棚。如果发现营养土表层发白，应在日落前 1h 洒足水。如果种子被冲出来，应随时补土覆盖。幼苗破心后：将盖在床面上的薄膜揭起，逐步降低温度和湿度，加强通风。

（二）间苗、假植

幼苗子叶展开后，播种过密的要及时间苗；2~3 片真叶时及时分苗、假植，假植床营养土同苗床营养土。假植后浇足水，然后密闭 2~3d 保温保湿，加快缓苗期。

（三）幼苗管理

搞好苗期肥水管理和苗床保温及通风工作，搞好病虫害防治工作；定植前 7~15d，加强炼苗，逐渐揭去苗床覆盖物，在移栽前 2~3d，晚上不覆盖，使幼苗适应自然环境。

（四）壮苗标准

根色白色，须根多，茎短粗，10~12 片真叶的幼苗，从子叶到茎基部约 2cm，植株高 18~20cm，子叶部茎粗 0.3~0.4cm，子叶保留，茎有韧性。

第三章 高山蔬菜栽培技术

第一节 高山娃娃菜栽培技术

一、娃娃菜的形态特征及生长环境

（一）娃娃菜的形态特征

娃娃菜属于小型白菜，是十字花科芸薹属白菜亚种。株型较小，个体紧凑，外叶翠绿，叶球紧实、匀称，心也鲜黄，叶肉致密、柔软、甜嫩味道鲜美，品质好，营养价值丰富。

（二）娃娃菜的生长环境

1. 温度

娃娃菜生长适温5~25℃，低于5℃易受冻害，抱球松散或无法抱球；叶片和叶球生长适宜温度为15~20℃，高于25℃则易感染病毒病。长江流域平原地区每年的6—9月由于气温高、湿度大、病虫害多，不适宜娃娃菜的种植，而山区可利用其得天独厚的夏季冷凉气候的有利条件，发展娃娃菜的种植。

2. 光照

娃娃菜属长日照作物，喜光照。

3. 水分

在营养生长期喜湿润的环境，水分不足会导致生长不良，组织硬化，纤维增多，品质差。水分过多，根系生长差，养分吸收不充分，生长不良。

4. 土壤

耕作层深厚，土壤肥力好，排灌方便，pH值为6.5~7.5的土壤较为适宜。

二、栽培要点

（一）品种选择

目前市场上主要以进口日韩品种为主，综合表现比较好。生产上可选择个小、株型好、早熟、抗热、耐湿、耐抽薹、适宜密植、较强抗病力、冬性强耐抽薹品种。

1. 红孩儿

早熟，定植后 50d 左右采收，外叶绿色，叶球叠抱紧实，呈炮弹形，内叶鲜亮，为橘黄色，柔嫩，品质优良。较抗抽薹，结球速度快，宜密植，适应性广。

2. 高丽贝贝

韩国品种，为小株袖珍白菜，全生育期 55d 左右，开展度小，外叶少，株型直立，结球紧密，球高 20cm 左右，耐抽薹，抗逆性强，宜密植，适应性广。

3. 高山娃娃

为韩国一代杂交种，极早熟，育苗移栽 45d 可采收，直播 60d 采收，外叶少，内叶金黄，极美观。结球紧实，球高 16~18cm，单球重 350~400g。

（二）土地选择，整地施肥

应选择海拔 600m 以上且地势平坦、土层深厚、排灌方便、保水保肥的地块。结合土地深翻施生石灰 50~100kg，复合肥 50 kg。要求土壤细碎，厢面平整，畦宽（包沟）1.5m。

（三）适时播种，合理密植

1. 育苗时间

播种一般在 4 月下旬至 9 月上旬进行。

2. 播种量

直播每亩需种子 120g 左右，苗床育苗亩需种子 50~60g，苗床面积 65~70m^2。

3. 育苗方式

（1）露地苗床育苗：苗床宽 1.2~1.5m，按 8~10cm 的行距划行播种。

（2）穴盘育苗：72 孔、108 孔、128 孔、150 孔穴盘。

（3）漂浮式育苗：200 孔泡沫盘。

4. 定植密度

株行距以 25cm×25cm 为宜，每厢 5 行。每亩栽 10 000 株左右。

（四）田间管理

1. 补苗、间苗（直播）

播种后两周要及时间苗、补苗、拔除杂草。长到 3~4 片叶时进行第一次间苗，每穴留两株；长到 5~6 片叶时，结合中耕除草作第二次间苗，每穴留 1 株苗。

2. 肥水管理

娃娃菜整个生育期不宜大肥大水，以防止植株徒长，但需保持土壤湿润。一般在幼苗长出 3 片真叶时即可施适量速效氮肥作为提苗肥，之后视生长情况结合中耕锄草进行追肥，莲座期追施尿素 10kg/亩，撒施或开沟穴施；结球期是需要肥水最多的时期，结球初期追施尿素和稀粪水，中期施尿素 10kg/亩，后期以稀粪水为主，避免亚硝酸盐在植株体内积累，影响品质。

3. 适时采收

高山娃娃菜达八分成熟时便可收获，叶球过大或过紧都会降低商品价值。供应市场前需去除多余外叶，每袋 3~4 个小包装，以获得较好的经济效益。"娃娃菜"是以精品投放市场，故一定要严格把握质量标准。具体质量标准如下：叶球纵径约 15cm，最大横径 7cm，全株长 30~35cm，中部稍粗，单球重量 100~150g 时应及时采收，叶球过大或过于紧实易降低商品价值。采收时，一般将整裸菜连同外叶运回冷库预冷（图 3-1），包装前再按娃娃菜商品标准大小剥去外叶，每包装 3 个小叶球，娃娃菜的包装和运输应在冷藏条件下进行，预冷保鲜后上市销售。

（五）病虫害防治

1. 主要病害

（1）软腐病：在高温高湿度条件下发病，主要在生长中后期。发病时叶片呈萎蔫状，叶基部或茎部组织软腐，有臭味。软腐病是娃娃菜主要病害之一，它是一种细菌性病害。白菜感病后有的茎基部腐烂，外叶萎垂脱落，包心暴露，稍动摇即全株倒地；有的发生心腐，从顶部向下或从茎部向上发生腐烂；有的外叶叶缘焦枯，同时感病部位有细菌黏液，并放出一种恶臭味。

防治方法：采用深沟高畦栽培。发病初期可用石灰粉消毒。药剂

图3-1　高山娃娃菜预冷处理

防治：用7.2%硫酸链霉素可湿性粉剂3 000~4 000倍液，或用14%络氨铜水剂350倍液，或用新植霉素4 000倍液，全株喷施或灌根。每隔7~10d一次，连续2~3次。娃娃菜连座期用72%农用硫酸链霉素可溶性粉剂4 000倍液或77%可杀得可湿性粉剂500~600倍液喷雾2~3次预防软腐病、黑腐病；在霜霉病、软腐病、黑腐病发病初期，用64%杀毒矾可湿性粉剂600倍液+77%可杀得可湿性粉剂600倍液喷雾或72%杜邦可露可湿性粉剂600倍液+72%农用硫酸链霉素可溶性粉剂4 000倍液喷雾，隔5~7d喷1次，连喷3~4次，同时可兼治霜霉病、软腐病、黑腐病等，但必须在收获前15d使用，以免影响人体健康。

（2）霜霉病：苗期和成株期均可受害。幼苗受害，子叶正面产生黄绿色斑点，叶背面有白色霜状霉层，遇高温呈近圆形枯斑，受害严重时，子叶和嫩茎变黄枯死。成株期发病，主要为害叶片，最初叶正面出现淡黄色或黄绿色周缘不明显的病斑，后扩大变为黄褐色病斑，病斑因受叶脉限制而呈多角形或不规则形，叶背密生白色霜状霉。病斑多时相互连接，使病叶局部或整叶枯死。病株往往由外向内层层干枯，严重时仅剩小小的心叶球。

药剂防治：可用 500 倍液 70%代森锰锌，600 倍液 75%百菌清或1 000倍液烯酰吗啉进行防治，每 7d 喷一次。其他可选择药剂：40%乙膦铝锰锌可湿性粉剂 500~600 倍液喷雾防治。

（3）病毒病：幼苗期心叶透明，沿叶脉失绿，继而出现花叶，产生浅绿与浓绿相间的斑驳或叶片皱缩不平，有的叶脉上生褐色坏死斑。成株发病，叶片皱缩成团，叶硬而脆，叶正、背面有褐色斑点及坏死条斑，并出现裂痕，病株矮化、畸形、不结球。成株染病植株矮缩，叶色呈花叶状，有时在叶部形成密集的黑色小环斑。

药剂防治：该病害的防治在苗期防蚜至关重要，苗期要用 10%吡虫啉可湿性粉剂 1 500倍液将传毒蚜虫消灭。在病毒病发病初期喷洒抗毒剂 I 号 300 倍液或 1.5%植病灵 II 号乳剂 1 000倍液或 20%病毒 A可湿性粉剂 500 倍液，隔 5~7d 一次，连续防治 2~3 次。

2. 主要虫害

主要有菜螟、跳甲、菜青虫、小菜蛾，其次为夜蛾、蚜虫等。可用 1 000倍液苦参碱、800 倍液氯氰菊酯、800 倍液蚍虫啉进行防治，每隔 7d 喷一次。喷药的最佳时间是下午 4 时以后。使用药剂：1.8%阿维菌素乳油 2 500~3 000倍液；2.5%菜喜悬浮剂 1 500~2 000倍液；5%除虫菊素乳油 1 000~1 500倍液；2.5%天王星乳油 1 000~1 500倍液；10%除尽乳油 1 200~1 500倍液。

第二节　秋冬甘蓝栽培技术

一、甘蓝的形态特征及生长环境

（一）甘蓝的形态特征

甘蓝为十字花科芸薹属的一年生或两年生草本植物，又名卷心菜、包菜、洋白菜等。主根不发达，须根多，易发不定根，根系主要分布在 30~80cm 的土层范围，吸收肥水能力强，具有一定的耐涝抗旱能力。叶片在不同时期的形态有不同的变化，基生叶的幼苗叶有明显的叶柄，肉质而厚，层层包裹成球状体，扁球形。莲座期开始到结球，叶柄逐渐变短至无叶柄。根据这一特性，可判断品种特性、生长时间和预期结球的时间，作为栽培管理的指标。叶色有黄绿、深绿、和蓝绿色。叶面光滑，肥厚，有不同程度的灰白色蜡粉，能减少植株的水分蒸发，故能抗旱耐热。初生叶较小，倒卵圆形，中晚熟品种有叶柄的缺刻。早熟品种外叶有 11～13 片，中晚熟品种 17～31 片。花轴从包围的基生叶中抽出，总状花序，花淡黄色。种子球形，棕色。

（二）甘蓝的生长环境

1. 温度

甘蓝起源于温暖湿润地区、喜凉爽，较耐寒。不同生长发育阶段，对温度的适应能力不同，种子发芽适温为 18～20℃；幼苗一般能忍受较长期−2～−1℃低温及较短期−5～−3℃的低温；叶球生长适温为 17～20℃；结球期气温应控制在 25℃以下。

2. 湿度

结球甘蓝的根系浅而叶片大，故适宜在比较湿润的环境下生长。一般在 80%～90% 的空气相对湿度和 70%～80% 的土壤湿度条件下生长良好。甘蓝对土壤湿度的要求比较严格，如能保证土壤湿度的要求，即使空气湿度较低也能生长良好。土壤水分不足，空气又很干燥，则结球期延后，叶球松散，叶球小，茎部叶片脱落，严重时不能结球。

3. 光照

结球甘蓝属于长日照蔬菜，品种间对日照长短的要求有差异，适宜强光照，喜晴朗天气，但在自然环境中，往往因过强光照而伴随高温的影响，造成生长不良。生产上牛心尖球型、扁圆型品种完成阶段发育对光照要求不严格，而圆球型品种必须经过较长的光周期，才能顺利完成阶段发育、抽薹、开花。

4. 土壤及矿质营养

结球甘蓝对土壤的适应性较强，以中性或微酸性土壤为好，且可耐一定的盐碱性，在含盐量达 0.75%～1.2% 的盐碱地上仍能正常生长。喜肥且耐肥力强，对土壤营养元素的吸收量比一般蔬菜高，应选择肥沃、保肥、保水力良好的土壤栽培，生长期还应施大量肥料。结球甘蓝生长早期消耗氮素较多，到莲座期对氮素的需要量达到高峰，叶球形成期则消耗磷、钾较多。施肥时要在施足氮肥的基础上，配合磷、钾肥的施用效果好，净菜率高。

二、品种选择

1. 润玉甘蓝

最新一代春秋两用甘蓝优秀品种（图3-2），特别推荐作为长江流域以南地区露地越冬甘蓝栽培。该品种春秋种植球形、球色稍有不同，春季馒头形或高扁圆，秋季则为高扁圆形。植株紧凑，开展度小，适合密植，单球重1.5~2kg。春季在地时间长，迟裂球、耐雨水、耐裂性强，耐寒、耐抽薹性表现突出。

图3-2　春甘蓝新品种——润玉甘蓝

2. 冬升甘蓝

晚熟，定植到采收150d左右，株型紧凑，株高40cm，开展度52cm，外叶灰绿色，叶面蜡粉厚，叶球绿色，较紧，扁圆形，单球重2kg，质地脆，耐寒、耐裂性强，抗性较好适于长江中下游地区作越冬栽培。

三、栽培要点

（一）播种育苗

适期播种

适期播种是越冬甘蓝栽培的重要一环，播种过早，冬前苗龄偏大，春季易抽薹。播种晚，苗体小，越冬时易受冻害而死苗，形成缺苗断垄，即使暖冬年份不受冻，但春季上市也晚，效益下降。永顺地区的适宜播种期通常年份为10月上中旬，中高海拔地区可适当提前到9月下旬到10月上旬播种。

（二）培育壮苗

1. 整地施肥

苗床应选地势较高，排水良好的地块，低洼黏湿地一定要做成高畦。播前苗床进行深翻，结合翻地亩施有机肥（土杂肥）1 000~2 000kg。开沟做畦，畦宽 2m，高 20~25cm。播种量一般按 25~30g/亩来计算，苗床与大田面积比为 1：（15~20）。

2. 播种

一般采用湿播法。播前耙细整平畦面，将畦面浇湿、浇透，待水渗下后，将混有稀土的种子均匀撒在畦面上。后覆细土，厚度 0.5cm（以不见种子为宜）。

3. 苗期管理

出苗前后防止大雨冲淋，根据天气预报雨前在苗床上临时覆盖农膜、稻草等，及时进行间苗定苗。第一片真叶展开时定苗，苗间距3~5cm，及时防病治虫。可用 1%甲基阿维乳油 1 500 倍液或者万喜可湿行粉剂 800 倍液+75%达可宁（百菌清）可湿行粉剂 800 倍液防治菜青虫、斜纹夜蛾等及苗期病害。

4. 适宜苗龄

适宜的苗龄为 40~45d，具有 3 叶 1 心时即可移栽。定植时要带水、带肥、带药进行移栽。

（三）定植

1. 定植前的准备

栽植越冬甘蓝的地块最好做到能排能灌。栽前及时腾地，进行深翻。结合翻地要施足基肥，一般亩施有机肥 2 000~3 000kg、磷肥50kg、尿素 10~15kg，或亩施磷酸二铵 15~20kg。也可用菜枯 100~200kg，复合肥 75~100kg。如地势高、排水好的沙性土可做成平畦，便于浇水；地势低洼，黏湿的地块可做成高畦，防涝降渍。做畦时，可按 110cm 放线做畦。

2. 盖黑地膜

畦做好后等雨水淋透，畦面喷高效氯氰菊酯 1 500 倍液+50%多菌灵可湿性粉剂 500 倍液，及时盖黑地膜封紧压实。

3. 定植密度

每畦两行，行距 55～60cm，株距 40cm，每亩栽植 2 800～3 000 株。

4. 定植方法

按照要求的株行距打孔定植，定植后浇透定根水，定植苗周边覆土封实，防苗倒伏在地膜上造成烧苗。

（四）田间管理

田间管理的总体原则是年前控，年后促。年前控主要是防止越冬苗龄过大，提前抽薹；年后促主要是促返青加快生长，提前上市。具体管理措施如下。

1. 查苗补苗

定植后一周内要及时查看苗情，及时补苗，保证全苗。

2. 保护安全越冬

越冬期间一般管理，但为防止个别小苗受冻，有条件的越冬时可浇一次冬水或在 12 月下旬田间按苗情撒施一些有机肥。

3. 促进冬后生长

2 月中旬，天气逐渐转暖，甘蓝开始返青。要及时抓住机会施返青肥一次，一般亩施尿素 10kg，配合施肥可浇水一次，如此时土壤墒情好，可不浇水。

4. 结球期管理

3 月中旬待内部叶片弯曲抱合，开始结球时，要重施肥一次，一般亩施尿素 15kg。叶球成熟期注意控水，防止因采收不及时而裂球。

（五）适时采收

4—5 月上旬，根据市场行情和甘蓝生长状况可适时采收上市，采收过迟、水分过多易裂球。

（六）病虫害防治

1. 主要病害

（1）霜霉病：病叶上病斑初为淡绿色，以后病斑逐渐变为黑色至紫黑色，稍凹陷，因受叶脉限制而呈多角形或不规则形。空气潮湿时，叶背病斑上产生白色霜状霉层。发病严重时病斑连片，叶片变黄枯死。当气温在 15~24℃ 上下波动而湿度又较高、天气阴晴交替时，最有利于病害的发生。

药剂防治：发病初期喷药防治，可选用 64% 杀毒矾可湿性粉剂 500 倍液，或用 75% 百菌清可湿性粉剂 600 倍液，或用 65.5% 普力克水剂 600 倍液，或用 72% 克露可湿性粉剂 600~800 倍液，或用 58% 瑞毒霉可湿性粉剂 600 倍液交替喷施 2~3 次，间隔 7~10d 喷一次，采收前 10~15d 停止用药。

（2）黑斑病：也称黑霉病，多为害外叶或外层叶，叶斑近圆形，褐色，病斑上有同心轮纹，斑外常围有黄色晕圈，斑面现黑色霉状物，病斑常互相连合为大斑块，致使叶片变黄变枯。叶柄和茎受害，病斑呈长梭形凹陷，有明显的轮斑和黑霉（图 3-3）。温暖多湿季节，有利于病害的发生。

图 3-3　黑斑病

药剂防治：发病初期（下部叶片有 3~5 个病斑时）喷药防治，可选用 75% 百菌清可湿性粉剂+70% 托布津可湿性粉剂（1：1）1 500 倍液，68.75% 的噁酮·锰锌水分散粒剂 1 000~1 500 倍液，或用 43% 戊唑醇悬浮剂 2 000~2 500 倍液，或用 10% 苯醚甲环唑水分散粒剂 1 000~1 500 倍液，或用戊唑醇悬浮剂 2 500~3 000 倍液，每 7d 轮换药剂喷施一次，连续防治 2~3 次。交替喷施 2~3 次，间隔 7~10d 喷一次，采收前 10~15d 停止用药。

（3）菌核病：主要为害茎基部、叶片、叶球（图 3-4）。受害部位呈湿腐状，紫褐色。在潮湿环境下，病部迅速腐烂，并产生白色棉絮状菌丝体和黑色鼠粪状菌核。高湿环境有利发病，偏施过施氮肥加重发病。

药剂防治：发病初期喷药防治，可选用25%咪鲜胺乳油1 500倍液，或用40%异菌·氟啶胺悬浮剂2 500倍液，或用45%腖鲜胺水乳剂1 000倍液+80%全络合代森锰锌可湿性粉剂800倍液，或用40%菌核净可湿性粉剂700～1 000倍液，或用50%乙烯菌核利可湿性粉剂1 000～1 500倍液，交替喷施2～3次，间隔7～10d喷一次，喷药时，重点喷射植株中下部，采收前10～15d停止用药。

图3-4　菌核病

（4）黑腐病：主要为害茎基叶部，但叶球及球茎也可受害。叶片受害，常从叶缘开始向内形成"V"字形、黄褐色病斑，病斑边缘具有黄色晕环。根茎部受害时维管束变黑，植株腐烂无臭味，高温多雨的气候条件或菜地连作、低洼高湿，有利于本病的发生和流行。

药剂防治：发病初期喷药防治，可选用72%农用硫酸链霉素可湿性粉剂4 000～5 000倍液，或用77%可杀得2 000倍液，或用50%福美双可湿性粉剂500倍液，或用45%代森铵900倍液，或用50%乙烯菌核利可湿性粉剂1 000～1 500倍液，交替喷施2～3次，间隔7～10d喷一次，采收前10～15d停止用药。

（5）软腐病：田间主要症状有茎基部先腐烂，外叶萎蔫，叶球外露；也有外叶边缘枯焦，心叶顶部或外叶全部腐烂，发生恶臭。当天气转晴干燥时，腐烂的叶片失水呈薄纸状。高温多雨，地势低洼，排水不良，或偏施、过施氮肥，有利于该病的发生和流行。

药剂防治：发病初期喷药防治，可选用72%农用硫酸链霉素可湿性粉剂3 500倍液，或用菜丰宁B1 300~1 500倍液，或用37%中生菌素（农抗751）600倍液，或用新植霉素4 000倍液，或用50%代森铵剂800~1 000倍液，或用抗菌剂1 000倍液，交替喷施2~3次，间隔7~10d喷一次，采收前10~15d停止用药。

2. 主要虫害

（1）甘蓝夜蛾：十字花科蔬菜常遭受甘蓝夜蛾幼虫为害，严重时能将整个田块的蔬菜吃光。甘蓝夜蛾成虫黑色，属中型蛾类，夜间活动，卵产于叶背呈块状。卵块上黑色的是将要孵化的卵，白色的是卵壳。初孵幼虫有群集生活习性，随后钻入结球甘蓝等作物的叶球内为害。老龄幼虫为害严重，抗药性强，难防治，应在初孵期进行药剂防治。甘蓝夜蛾春、秋季发生量多，一年发生3代，以蛹在土中越冬，幼虫期约1个月。

药剂防治：掌握在卵块孵化到3龄幼虫前喷洒药剂防治，此期幼虫正群集叶背面为害，且要注意轮换或交替用药，避免害虫产生抗药性。药剂可选用3.2%高效氯氰菊酯·甲氨基阿维菌素苯甲酸盐微乳剂、1.8%阿维菌素乳油2 000倍液，或用5%氟啶脲乳油2 000倍液、10%吡虫啉可湿性粉剂1 500倍液、20%虫酰肼悬浮剂2 000倍液、10%康宽（氯虫苯甲酰胺）3 000倍液、25%灭幼脲悬浮剂3 500~4 500倍液、15%安打胶悬剂3 500~4 000倍液、24%米满悬浮剂3 000倍液、5%抑太保乳油1 500倍液、5%卡死克乳油1 500倍液、10%高效灭百可（顺式氯氰菊酯）乳油1 500~2 000倍液、24%美满悬剂2 500~3 000倍液、奥绿一号悬浮剂1 000~1 500倍液，安全间隔期7~10d。

（2）菜粉蝶：菜粉蝶又名菜白蝶，幼虫称菜青虫。菜青虫主要为害青花菜、绿花菜、紫甘蓝、榨菜等甘蓝型名特优十字花科蔬菜，也为害白菜型蔬菜。尤其偏嗜含芥子油糖苷、叶表光滑无毛的甘蓝和花椰菜。以幼虫啃食叶肉，重者仅残留叶脉，虫粪污染花菜球茎，降低商品价值。

药剂防治：可选用 2%阿维菌素乳油 2 000 倍液、5%甲氨基阿维菌素乳油 3 000 倍液、2.5%敌杀死乳油 1 500 倍液、20%氰戊菊酯乳油 2 000 倍液、48%毒死蜱乳油 1 000 倍液、5%高效氯氰菊酯乳油 1 000 倍液、50%马拉硫磷等喷杀，隔 5~7d 一次，连续喷 3~4 次。0.36%百草一号植物源农药 600~800 倍液，安全间隔期 7d；15%安打 3 500~4 000 倍液，间隔期 14d；1%阿维菌素系列灭虫清、灭虫灵、虫螨光、螨虫清；5%锐劲特胶悬剂 2 000~2 500 倍液；5%抑太保乳油 1 500~2 000 倍液；5%卡死克乳油 2 000 倍液；除尽 3 000 倍液（可兼治夜蛾）；苏阿维 1 000~1 500 倍液；捕快 1 000 倍液；5%菜喜胶悬剂 1 000 倍液；50%宝路可湿性粉剂 1 500 倍液。

（3）甘蓝蚜：甘蓝蚜又名菜蚜。主要为害紫甘蓝、青花菜、花椰菜、卷心菜、白菜、萝卜、芜菁等十字花科蔬菜。甘蓝蚜喜在叶面光滑、蜡质较多的十字花科蔬菜上刺吸植物汁液，造成叶片卷缩变形，植株生长不良，影响包心，并因大量排泄蜜露，引起煤污病。此外，还传播病毒病。

药剂防治：①用黄皿或黄板诱杀有翅蚜，可起到防蚜治病的效果。②药剂防治：用 50%抗蚜威或进口的 50%辟蚜雾可湿性粉剂 2 000 倍液、10%吡虫啉可湿性粉剂 3 000 倍液、4.5%高效顺反氯氰菊酯乳油 3 000 倍液喷雾。③田间用银灰膜驱蚜，间隔铺设。

第三节 "凤尾"大头菜栽培技术

一、"凤尾"大头菜的特征特性

晚熟品种，有轻度辣味，全生育期 100~110d，株高 35~50cm，无毛，茎直立，叶片深绿，全部多裂，缺刻深，叶片长 53cm，宽 25cm，开展度 72cm。肉质根圆柱状、块根直径 7.23cm 左右，长 11.4cm 左右，表皮白色，平均单块根重 343g 左右，最大单重 1 070g。此品种肉质细嫩，叶、根食用口感俱佳，在本地腌制历史久远，制品色泽金黄，肉质脆嫩，香气馥郁，味美爽口，清光绪年间，腌制大头菜被列为贡品。病毒病、霜霉病和软腐病发病较轻。

图 3-5 为"凤尾"的田间长势情况。

图 3-5　永顺"凤尾"田间长势情况

二、"凤尾"大头菜对环境条件的要求

(一) 温度

大头菜喜冷凉湿润，忌炎热、干旱，稍耐霜冻，在我国南方多数地区都能安全越冬。适于种子萌发的旬平均温度为 25℃。最适于叶片生长的旬平均温度为 15℃，肉质根膨大的最适温度为 8~15℃，在高温下，肉质根膨大缓慢，甚至不膨大并有可能发生未熟抽薹现象。但温度过低，肉质根膨大也很缓慢。叶遇霜后易受冻害。因此，在播种期的安排上，应注意使肉质根的膨大生长在霜期之前完成。

(二) 土壤

大头菜对土壤的要求不严格，但以土层深厚、疏松、保水保肥力强富含有机质的壤土为好。只要有一定灌溉条件，山坡地也可种植。土壤的酸碱度以 pH 值 6~7 为宜。大头菜对肥料的要求以氮肥最多，钾肥次之，磷肥再次之。在肉质根生长盛期，对钾肥的吸收量较大，此时应及时追施钾肥，或在前期施入草木灰作基肥。

(三) 光照

大头菜要求充足的光照，在光照不足的地方栽培，或者种植过密营养面积过小，植株得不到充足的光照，会影响肉质根的充分膨大，影响产量和品质；但日照长短对根用芥菜的生长发育没有明显的影响。

（四）水分

大头菜的根系较发达，在生长前期要求较高的土壤湿度和空气湿度，在生长后期肉质根开始膨大后，仍需保持一定的土壤湿度，尤其是肉质根膨大至拳头大时，植株生长速度加快，需水量较多，应适当灌溉。

三、栽培要点

（一）播种育苗

1. 适期播种

大头菜幼苗生长适温为 20~26℃，叶片生长适温为 15℃左右，直根膨大对温度条件的要求最为严格。秋季播种后气温逐渐下降，当旬平均气温降至 15℃左右时，具有一定营养体的植株茎部才开始膨大，平均气温 13~16℃为直根膨大的最适温度。8—9 月上旬是最适宜的播种期，播种过早易发生先期抽薹，病害较严重；过迟生长不充分或受寒害，从而影响产量。

2. 培育壮苗

（1）苗床选择与准备：宜选择土壤耕层深厚、疏松肥沃、排灌良好、有机质含量丰富、四周开阔、中性或微酸性的砂壤土或壤土为苗床。播种前 5~7d 整地作苗床，先改土翻地晒地，清理苗床地面杂物，并用近 3 年未种过十字花科蔬菜的肥沃园土 2 份与充分腐熟的过筛圈肥 1 份作床土，每 1m 床土加 1kg 复合肥，均匀混合铺入苗床，厚度约 10cm，同时浇足底水备用。

（2）播种：大头菜每亩播种量 80~100g，播种前用 55℃温水浸种 15min。播种时浇足底水，水渗后覆一层药土（每 1m 用 50%多菌灵可湿性粉剂 8~10g 与过筛细土 4~5kg 混合，播种时 2/3 铺于床面，1/3 覆盖在种子上），将种子均匀撒播于床面，覆药土 0.6~0.8cm厚，以看不见种子为宜。然后搭上小拱棚或平棚，覆盖遮阳网或旧农膜，遮阳防雨。

（3）苗期管理：当苗长到 1~2 片真叶时揭去遮阳网，并及时间苗，去劣去杂，去病株，做到苗间距 2~3cm，每周一次，一般 3 次。每次间苗后视秧苗长势施薄肥 1~2 次，并覆盖遮阳网防雨或防烈日。

床土不旱不浇水,浇水宜浇小水或喷水,宜早晚进行,定植前 1d 浇透水。苗期主要防蚜虫 1~2 次,可选用 2% 吡虫啉可湿性粉剂 1 000~1 500 倍液防治。

(二)定植

1. 整地施肥

大头菜忌连作,宜选择疏松、肥沃的土壤种植。施足底肥是大头菜取得高产的关键,结合整地每亩施腐熟农家肥 2 000~2 500kg,高效复合肥 50kg,硼肥 2kg。采用高畦宽厢栽培,2m 宽带沟开厢,畦高 15~20cm,沟宽 40cm。

2. 定植方法

苗龄 30d 左右,幼苗有 4~5 片真叶时为定植适期。株行距(30~40)cm×(40~50)cm。每厢按 4~5 行定植,每亩栽 4 000~5 000株,移植前 1~2d 喷 50% 多菌灵 600 倍液,带药下田,减少缓苗期的病害缺株。起苗前,苗床要浇足水,带土移栽,选阴天或在晴天傍晚进行移栽,栽植时注意使秧苗的直根直埋于穴中,先放入一些细泥,将苗稍向上提,使根伸直,以免影响根的伸长,肥大,覆土然后稍压实,栽后浇足定根水。

(三)田间管理

1. 肥水管理

(1)基肥:在种植大头菜时,每亩施腐熟农家肥 2 000~2 500kg,高效复合肥 50kg,硼肥 2kg,80~100kg 普钙或钙镁磷肥作基肥,将磷肥均匀撒施在种植大头菜的土地上,再犁耙翻耕整理成畦,使磷肥与土壤充分接触,再种植。

(2)追肥:大头菜苗期每亩用充分腐熟的稀粪肥浇施 1 次提苗;幼苗定植成活后,需立即浇活棵肥。在大头菜生长发育期间,要勤施薄施优质有机肥和氮、磷、钾完全肥。一般每 15~20d 施一次,连施 3~5 次,每次每亩用氮、磷、钾复合肥 5~10kg,配施薄人粪尿带水施肥。磷酸二铵 5~6kg,对清水或沼液或沤制腐熟的人畜粪水 60~80 倍后淋施。肉质根膨大期,根据土壤情况,每亩结合浇水追施两次高效复合肥,每次 15kg,亩施磷酸二氢钾 3~5kg。

(3)叶面追肥:在地下根迅速膨大期,也可同时结合喷药进行每7~10d 喷施一次800 倍液的蔬菜专用型高美施有机腐殖酸活性液肥等连喷3~5 次；或用磷酸二氢钾150g 对水15kg 增产效果显著。另外，在生长前期，还要叶面喷2~3 次 0.2%尿素、500 倍微生物活性磷混合液，每7~10d 喷一次。在生长中后期，每7~10d 叶面喷洒一次 0.2%尿素、500 倍聚合活性钾混合液，连续喷洒5~6 次。

（4）水分管理：大头菜在幼苗期常年降水量基本可以满足水分需求，但气温高天太旱也应在早晚时间浇水，水量不宜太大，以浇小水为主。种植时必须浇透定根水，保证顺利定苗。中期即白露节以前应蹲苗为主，浇水不宜勤，坚持不旱不浇水。防止幼苗徒长，以利培育壮苗。后期即白露至霜降节期间是根基迅速膨大期，要保持土壤水分，浇水以见湿见干为宜。雨水较多时，要及时清沟排水，降低地下水位。冬前如遇长期干旱，可沟灌水一次，并及时排干，不能漫过畦面。

2. 中耕与锄草

生长季节应中耕培土除草，以防根部外露，同时可使土壤疏松，增强土壤透气性，保持水分，利于生长和根茎的快速膨大。间完苗后，进行第一次浅中耕除草。再过10~15d，约在寒露尾至霜降期间进行定苗，每穴选留苗1 株，定苗时可利用间拔出来的秧苗进行补缺，此时进行第二次中耕除草。在开盘和肉质根膨大期进行第三次深中耕除草，结合中耕除草可培土1~2 次，培土可使肉质根柔嫩，不致露出土面，变绿变老。

3. 适时采收

正常气候年份，一般12 月至翌年1 月初，抢晴天采收，采收过迟，外皮老、纤维多、空心率高；过早则，生长不充分，影响品质和产量。

（四）留种

留种田需单独建立，繁种时应与其他品种空间上保持500m 以上的距离。选择地势高燥、排水良好、肥力适中的田块，9—10 月初播种。2 月中旬株选1 次，拔除弱株、杂株，按株行距约12cm 保留种株，并追肥1 次。3 月下旬抽薹，5 月初种荚由青转黄、八成熟时采收，当从果荚上撮下的种子颜色已发黄时，就应马上收割。质量好的种子呈橘红色，色泽艳丽，老熟过头的种子呈褐色。

收割宜在晴天上午 10 时前进行，就地晒 1h 后，在薄膜或被单上搓出种子，扬净晾干，切忌暴晒。每亩可收种子 50kg 左右。

种子用塑料袋密封保存，严防种子机械混杂。

（五）病虫害防治

1. 主要病害及防治

（1）霜霉病：主要为害叶片，幼苗期发病，子叶背面出现白色霉层，真叶发病与子叶相同，叶正面没有明显症状，发病早且严重的幼苗常常枯萎死亡。成株受害，先从外叶开始，在病叶的正面出现淡绿至淡黄色的小斑点，扩大后呈黄褐色，由于受叶脉限制而成多角形的病斑，天气潮湿时，在病斑的背面产生一层白霉。可用 75%百菌清可湿性粉剂 500 倍液、25%瑞毒霉（甲霜灵）可湿性粉剂 800 倍液或 64%杀毒矾可湿性粉剂 400~500 倍液喷雾，交替防治。

（2）黑斑病：主要为害叶片，叶片染病先在叶片上形成 1mm 大小的水浸状小斑点，初为暗绿色，后变为褐色至浅黑色，有的病斑沿脉发展，病斑中间色深发亮具油光状，数个病斑常融合成不规则坏死大斑，严重的叶脉变褐，叶片变黄或扭曲变形。可用 70%代森锰锌可湿性粉剂 500~600 倍液或 72%农用硫酸链霉素可溶性粉剂 3 000 倍液等喷雾防治。

2. 主要虫害及防治

（1）蚜虫：蚜虫用 10%大功臣 10~15g/亩，乐果 800~1 000 倍液进行防治。距采收前 15d 停止施药，也可用 1.8%阿维菌素（虫螨克）3 000~5 000 倍液，10%吡虫啉可湿性粉剂 2 000 倍液防治，50%抗蚜威可湿性粉剂 1 500~2 000 倍液喷雾，距采收前 15d 停止施药。

（2）菜青虫：在幼虫 1~3 龄时，喷洒 2%天达阿维菌素乳油 2 000 倍液、2%吡虫啉可湿性粉剂 1 000~1 500 倍液、2.5%敌杀死乳油 1 500 倍液、20%氰戊菊酯乳油 2 000 倍液、48%乐斯本乳油或 48%天达毒死蜱 1 000 倍液、5%高效氯氰菊酯乳油 1 000 倍液，距采收前 15d 停止施药。

第四节　辣椒高产栽培技术

一、辣椒的形态特征及生长环境

（一）辣椒的形态特征

辣椒是浅根作物，根系细弱，木栓化程度高，再生能力弱。茎分为有限生长和无限生长，主茎以上分枝一般是两个，少数 3 个。分化第一朵花后便可诱发 2~3 条分枝。叶片深绿色，大小适中无光泽。完全花，单生或簇生 3~5 朵，果实可食用，形状因品种不同而异，有羊角形、牛角形、灯笼形等，果色红色或黄色。

（二）辣椒的生长环境

1. 温度

辣椒喜温，不耐热，耐寒性差，怕霜冻。种子发芽适温 25~30℃，生长发育最适日温 20~30℃，授粉结果温度 20~25℃，低于 15℃或高于 30℃结果率下降。尖椒夜温高于 24℃就坐果不好。

2. 光照

辣椒为喜温喜光作物，弱光易引起落花现象。光补偿点为 1 500lx，光饱和点为 30 000lx，但对光周期影响不敏感。

3. 水分

辣椒成株根木质化程度较高，对水分要求较严格，既不能太干，也不能太湿。湿度以土壤含水量为 60%~70% 为好。渍水 10h 以上减产严重，植株死亡率高。

4. 土壤

辣椒对土壤要求不是很严格，以土层深厚，土质疏松的砂壤土较合适。土壤 pH 值 6.2~7.2 为宜。选地：要求不与茄科（茄子、番茄、马铃薯、烟草）等连作；应选择地势高燥、排灌便利、土层深厚、富含有机质的壤土或砂壤土栽培。

5. 养分

辣椒对 N、P、K 的要求较高（1：0.3：1.2），同时还需要钙、镁、铁、硼、钼、锌等多种微量元素。一般大田 1 亩地用复合肥 50~

75kg，钾肥 25~50kg，磷肥 25~50kg（菜枯 50~75kg）。视土壤肥瘦调节。追肥一般复合肥+尿素。

二、栽培要点

（一）品种选择

1. 春润长旋风

早熟细长螺丝椒，果色深绿有光泽，皱皮，果长 34cm 左右，果 1.8~2.2cm，单果重 40g 左右，果肉薄，辣味浓，口感佳，连续坐果好，膨果速度快（图3-6）。

图 3-6　春润长旋风

2. 辣天下 20 号

早熟，杂交一代，果长 32~43cm，最长可达 45cm，横径 1.8~2cm，青果绿色，红果鲜艳。光亮顺直，椒形美观，味辣香浓，商品性好，抗病、适宜鲜食，加工、做酱、剁椒等，采收期长，产量高，适合各地作春、秋保护地及露地栽培。

3. 兴蔬皱皮辣

早中熟，皱皮羊角椒，青果绿色，果长 24cm，单果重 30g 左右，抗病能力强，连续坐果能力强（图3-7）。

4. 博辣红牛

早熟辛辣型长线组合。青果浅绿色，生物学成熟果鲜红色，果长

图3-7 兴蔬皱皮辣

20~22cm，果宽1.5cm左右，果表光亮有皱，果实皮薄，干物质含量高，干制率20%左右，可鲜食，加工干制，特别适宜酱制。

5. 兴蔬215

中熟，尖椒组合，果实长牛角形，青果绿色，果直光亮，果长20cm左右，果宽2.8cm左右，单果重40g左右，连续坐果能力强，采收期长，抗疫病、炭疽病、病毒病、耐高温干旱。

6. 博辣红丽

中熟，果实长线型，植株生长势强，首花节位12节左右，青熟果绿色偏深，生物学成熟果鲜红色，果表光滑，果长23~25cm，果宽1.5~1.7cm，单果重32~37g，坐果多，抗病能力强。

7. 兴蔬301

生长势中等，株型紧凑，早熟，始花节位9~11节，果实细长羊角，果长19~23cm，果粗1.8~2.1cm，单果重20~25g，果皮绿色，微皱，老熟果深红色，味香辣，鲜实、加工均可，耐热，高产，抗病，适应性广。

此外，还有湘研15号、湘研812博辣红帅、兴蔬绿燕、兴蔬16号、博辣15号、湘辣四号、兴蔬215、湘辣16号、湘辣18号、湘研15号、辛香8号等品种均适宜永顺县栽培。

（二）播种育苗

1. 播种时间

早春大棚栽培：10月播种，1月定植，4月上市，效益较好。秋延栽培：7月播种，10月采收至元旦，价格高，效益最好。露地栽培、露地地膜覆盖栽培播种时期：一般在11月上旬至翌年2月播种，大棚育苗。可根据上市时期确定播种时期。

2. 种子处理

（1）温汤浸种：用55℃温水浸种20min，不断搅动。

（2）干热消毒：70℃48h有助于提高种子的发芽率和发芽势。

（3）药剂浸种：30℃清水浸泡4h，之后用10%磷酸三钠溶液浸种30min，再用水冲洗干净（45min），可防病毒病；用1 000mL/L农用链霉素浸种30min可防疮痂病和青枯病；用1%硫酸铜溶液浸种5min可防炭疽病和疮痂病。还可用5%盐酸溶液浸4h，或1.25%次氯酸钠浸5min，再用水冲洗1h。

3. 播种

（1）苗床营养土准备：将菜园土、土杂肥、腐熟人畜粪水8：5：5质量比混合，每立方米加入2.5kg过磷酸钙，拌匀，用40%甲醛（福尔马林）200~300mL，加水25~30kg均匀喷洒在1 000kg营养土上，或用58%甲霜灵锰锌1kg加土500kg拌匀；或用50%多菌灵1kg加土500kg拌匀，盖薄膜密封5~7d，待土内药气挥发完后使用。

（2）播种：撒播或点播（穴盘、营养砣）均可。播种前1d将苗床打足底水。播后盖营养土、浇水、盖膜：播种完将种子盖好，盖土厚度1~1.5cm；然后洒透水，盖好薄膜和小拱棚，小拱棚的中央高度40~50cm。播种量及播种用地面积：每亩大田用种45~60g，需苗床面积15m^2。

4. 苗期管理

（1）苗床管理：幼苗出土前：保持苗床充分湿润，并加强保温，尽量少揭或不揭小拱棚。如果发现营养土表层发白，应在日落前1h洒足水。如果种子被冲出来，应随时补土覆盖。幼苗破心后：将盖在床面上薄膜揭起，逐步降低温度和湿度，加强通风。

（2）假植：3~4片真叶时假植，假植床营养土同苗床营养土。

假植后浇足水，然后密闭 2~3d。

（3）幼苗管理：搞好苗期肥水管理和苗床保温及通风工作，搞好病虫害防治工作；定植前 7~15d，加强炼苗，逐渐揭去苗床覆盖物，在移栽前 2~3d，晚上不覆盖，使幼苗适应自然环境。

（4）苗期病害防治：主要有猝倒病、立枯病、灰霉病等。此类病害的预防一是通过种子消毒、床土消毒，一是通过搞好发现病情，立即清除中心病株，并喷药防治。此 3 种病害均为真菌病害，可用百菌清、甲基托布津、恶霉·甲霜灵等防治。或撒些草木灰或干细土降湿来控制。

（5）壮苗标准：根色白色，须根多，茎短粗，10~12 片真叶的幼苗，从子叶到茎基部约 2cm，植株高 18~20cm，子叶部茎粗 0.3~0.4cm，子叶保留，茎有韧性。

5. 田间管理

（1）定植前准备：准备种植辣椒的田块应在年前清理前作遗留在田里的农膜、作物秸秆等残留物，冬季深翻 30~40cm 越冬，并开好宽 50cm，深 40cm 的围沟，田块面积大的还要拉"十字沟"。

（2）整地、做畦、施基肥：定植前 20d 每亩撒石灰 100kg 土壤消毒，再用旋耕机打地一次，在定植前 7~10d 且下透雨 2~3d 后，施入基肥，基肥以优质农家肥为主，亩施充分腐熟的优质农家肥 2 500~3 000kg，饼肥 100kg，三元复合肥 100kg，按 1.3m 开厢，畦宽 90cm，畦沟宽 40cm，畦高 20cm。

（3）覆盖黑地膜：厢面喷高效氯氰菊酯 1 500 倍液预防地老虎，覆盖厚 0.008mm、宽 1.2m 的黑色地膜。

（4）定植：定植时栽两行，株距 45cm，每亩种植 2 200 株左右。选择无病虫害的壮苗定植。定植时，栽植深度以根颈部与畦面相平或稍高于畦面为宜。打孔定植，孔径 4~5cm，放苗后用细土将苗坨围实，然后用细土将栽植孔封严，定植后随即浇定植水。

（5）肥水管理：定植后随即浇定植水，缓苗后 7~10d，每亩追 5kg 尿素（或者烟草苗肥更好）提苗，然后进行蹲苗，待门椒坐稳后结束蹲苗，开始浇水、追肥，以后每月追肥 1 次，每次每亩追尿素 10kg，硫酸钾 7.5kg。结合防病喷叶面肥 3~4 次。

（6）中耕与锄草：畦面上没有喷施除草剂和盖膜的，在定植后15d左右进行中耕与锄草，盖膜的当沟间有草时也要进行中耕与锄草，第一遍中耕可适当深些，第二遍中耕宜浅，以免伤根，辣椒封行前结束中耕并培土。

（7）植株调整：调整好枝蔓，使互相不遮光，通风透气为原则。要及时除侧枝，剪除一些内部拥挤和下部重叠的枝条。摘除底部的老叶、病叶。门椒一般尽早摘除，促进植株生长。生长势过旺，为防止倒伏，可在每株辣椒旁边插上一根小竹竿，以支撑植株，也可在畦沟两侧距地面40cm处架一根铁丝或横杆防止辣椒倒伏，并便于田间作业。上述植株调整工作应在晴天进行，不能在雨天进行，也不能在露水尚未干时进行，否则容易诱发病害。在不良环境条件下要采取多种措施保花保果。可适量施用0.4%赤霉A4+7·芸苔素稀释1 200~1 500倍液进行叶面喷施，有利于保花、保果，提高坐果率、产量和抗性，提高果实商品性。

（8）适时采收：及时分批采收，减轻植株负担，以确保商品果品质，促进后期果实膨大。夏秋栽培必须在初霜前采收完毕。

三、辣椒的主要病虫害防治技术

（一）辣椒的主要病害及防治技术

1. 猝倒病

（1）症状识别：幼苗发病时，植株茎部早期像被水淹过，呈暗绿色，时间一长就会引发幼苗成片倒伏（图3-8）。

（2）发病规律：辣椒猝倒病主要是在寒流、低温、潮湿等情况下容易诱发。借雨水、堆肥、农具等媒体传播，苗床土壤带菌或未经消毒，是发病的根源。本病菌属低温病，最适生长温度为15~16℃，最低为8~9℃最高30℃，因此，苗床发病重。

（3）防治方法：用多菌灵、45%五氯·福美双或托布津拌干细土或直接撒干细土或草木灰；每隔5~7d对病苗喷施药剂，可选用72%霜霉疫净可湿性粉剂加3%秀苗水剂800~1 000倍稀释喷雾。

2. 疫病

（1）症状识别：空气湿度大时，植株病部表面出现灰白色粉状

图 3-8　猝倒病

霉点，发病后不久就青枯病倒，根部也会呈褐色腐烂状。辣椒疫病在整个生育期都可发生，且易造成毁灭性损失。发病速度快、蔓延迅速，要特别注意防治（图 3-9）。

图 3-9　疫病

（2）发病规律：该病在高温多湿条件下易发生、流行，特别是在夏秋季大雨或暴雨后病害蔓延快。

（3）防治方法：发病前和初期喷药预防：58%甲霜灵锰锌 700 倍液、50%烯酰吗啉 2 000 倍液、20%氟吗啉 1 000 倍液、72.2%普力克 600 倍液、72%杜邦克露 700 倍液等喷淋茎基部和地表。每隔 5～7d 一次，连喷 2～3 次。

3. 青枯病

（1）症状识别：在开花结果的成株期发生，植株从顶部叶片或个别枝条开始萎蔫，初期早晚可恢复，以后自上而下全部萎蔫，叶片不脱落（图3-10）。

（2）发病规律：病菌主要从根和伤口入侵，在茎部维管束中迅速繁殖，堵塞导管，所以叶片萎蔫。该病在高温多湿条件下易发生、流行，特别是在夏秋季大雨或暴雨后病害蔓延快。

图3-10　青枯病

（3）防治方法：选用抗病品种，实行轮作；深沟高畦栽培；及时拔除病株；发病初期，应用100~200mg/kg农用链霉素或25%络氨铜水剂500倍液、或用20%噻森铜悬浮剂或20%噻菌铜悬浮剂（新植霉素）灌根。每株灌药液0.25~0.5kg，每10~15d灌一次，连续2~3次。灌根同时，喷施上述药液。

4. 炭疽病

（1）症状识别：主要在果实上发病，先产生水渍状黄褐色斑，扩大后呈圆形斑，果实会凹陷，不规则变形；叶片易脱落，甚至在贮运过程中仍能继续为害（图3-11）。

（2）发病规律：炭疽病易在温暖多雨季节流行，雨后或土壤湿度高时易传染，尤其是一些种植密度高、通风不良的地块发病重。

（3）防治方法：在发病初期，可施用70%甲基硫菌灵800倍液，或用50%咪鲜胺可湿性粉剂1 500倍液，或用42.8%氟菌·肟菌酯悬浮剂3 000倍液，或用35%氟菌·戊唑醇悬浮剂2 000倍液进行喷雾防治。

图 3-11 炭疽病

5. 病毒病

（1）症状识别：受害病株一般表现为花叶、黄化、坏死和畸形等 4 种症状。有时几种症状在同一植株上出现，引起落叶、落花、落果，严重影响辣椒的产量和品质（图 3-12）。

图 3-12 病毒病

（2）发病规律：病毒可借助汁液传毒和介体昆虫传毒，高温干旱的天气有利于蚜虫的繁殖、有翅蚜的产生与迁飞，从而有利于发病；2~4 叶的幼苗期和从定植至结果初期为两个易感病毒病的生育期。

（3）防治方法：可选用以下药剂，在苗期应进行预防，或田间病毒病零星发生时进行防治：0.5%香菇多糖水剂、0.5%氨基寡糖素水剂、20%盐酸吗啉胍可湿性粉剂、6%烯·羟·硫酸铜可湿性粉剂、20%吗胍·乙酸铜可湿性粉剂、8%宁南霉素水剂、7.5%菌毒清·吗啉、3.85%三氮唑核苷·铜·锌、40%吗啉呱·羟烯腺·烯腺可溶性液、31%吗啉呱·三氮唑核苷可湿性粉剂和1.8%辛菌胺醋酸盐水剂。

（二）辣椒的主要虫害及防治技术

1. 蚜虫

该虫在植株上吸食汁液，使叶片卷曲变黄，影响生长，最主要的为害是传播病毒病，可选用10%氟啶虫酰胺水分散粒剂、25%噻虫嗪、36%啶虫脒、50%吡蚜酮、40%噻虫啉悬浮剂、10%吡虫啉可湿性粉剂、4%阿维啶虫脒乳油和1.5%苦参碱可溶液剂交替施用（图3-13）。

图3-13　蚜虫

2. 烟青虫

以幼虫蛀食辣椒的花蕾、花和果实，也食害嫩茎叶片和芽，果实被蛀后引起烂果和大量落果。可于下午至傍晚用药于幼嫩部位，以初龄幼虫蛀果前喷药效果好。药剂有1%甲氨基阿维菌素苯甲盐乳油、2.5%溴氰菊酯乳油、2.5%高效氯氟氰菊酯乳油、4.5%高效氯氰菊酯乳油或10%溴氰虫酰胺悬浮剂等（图3-14）。

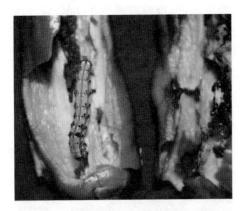

图 3-14　烟青虫

3. 小地老虎

幼虫 3 龄前昼夜取食嫩叶，4 龄以后白天潜伏在浅土中，夜间出来为害，将近地面茎咬断，使植株死亡。防治方法：在 1~3 龄前用药效果好，可用灭杀毙 8 000 倍液，2.5% 溴氰菊酯 3 000 倍液，2.5% 功夫水乳剂 1 500 倍液（图 3-15）。

图 3-15　小地老虎

4. 斜纹夜蛾

幼虫取食叶片和花，并蛀果，初孵幼虫在卵块附近取食，2 龄后开始分散，4 龄后进入暴食期。幼虫多在傍晚出来取食。防治方法：在 2 龄幼虫前喷洒药剂防治，此期幼虫正群集叶背面为害，尚未分散且抗药性低，药剂可选用 3.2% 高效氯氰菊酯·甲氨基阿维菌素苯甲酸盐微乳剂，或用1.8%阿维菌素乳油2 000倍液，或用5%氟啶脲乳油2 000倍液，或用10%吡虫啉可湿性粉剂1 500倍液，或用20%虫酰肼悬浮剂2 000倍液，或用10%康宽（氯虫苯甲酰胺）3 000倍液，或用25%灭幼脲悬浮剂3 500~4 500倍液，太保或5%卡死克2 000倍液，于下午4时后喷雾防治（图3-16）。

图3-16　斜纹夜蛾

（三）不允许使用的高毒高残留农药

生产上不应使用杀虫脒、氰化物、磷化铅、六六六、滴滴涕、氯丹、甲胺磷、甲拌磷（3911）、对硫磷（1605）、甲基对硫磷（甲基1605）、内吸磷（1059）、苏化203、杀螟磷、磷胺、异丙磷、三硫磷、氧化乐果、磷化锌、克百威、水胺硫磷、久效磷、三氯杀螨醇、涕灭威、氟乙酰胺、有机汞制剂、砷制剂、西力生、赛力散、溃疡净、五氯酚钠等和其他高毒、高残留农药。

参考文献

［1］ 杨建国．湘西蔬菜产业现状及发展对策［J］．湖南农业科学，2014，22：65-67．

［2］ 黄启元．南方高山蔬菜生产技术［M］．北京：金盾出版社，2008.9：1-76．

［3］ 刘明月，尹含清．长沙市常见蔬菜安全高效栽培技术［M］．北京：中国农业科学技术出版社，2016.8：9-25．

编写：吴光辉　王元顺　胡　玲

配图：湖南省植物保护研究所魏林教授

黑猪产业

第一章 概 述

第一节 黑猪的起源

黑猪的起源

黑猪是由野猪驯化而来的。直到今天，有野猪出没的山区，在繁殖季节野猪常与家猪混群交配，并能产生正常后代，这是个明证。但是中国家猪起源于何种野猪，争论不已。

世界上野猪可以分为两大类：亚洲野猪（即印度野猪）和欧洲野猪。亚洲野猪从鼻尖到颊部有白色条纹，其泪骨短而低，呈正方形；欧洲野猪的泪骨呈长方形。而中国四川猪种的泪骨呈狭长形或三角形，恰恰符合欧洲野猪类型。根据更新世洞穴中出土的野猪骨骸化石资料做不完全统计，发现欧洲野猪分布很广，共有15个省（市、自治区），几乎东、西、南、北、中都有。进入到新石器时代出土的野猪骨骸材料，如陕西西安半坡、江西万年仙人洞、安阳殷圩、浙江嘉兴马家滨等遗址，经鉴定均属于欧洲野猪。我国已发现的野猪，就其分布、类型和驯化了的后裔，可归纳如下：华南野猪，台湾野猪，华北野猪，东北白胸野猪，矮野猪，乌苏里野猪，蒙古野猪，新疆野猪，均属于欧洲野猪的不同亚种。

人类驯化野猪的时代——新石器时代，迄今未发现欧洲野猪以外的任何野猪化石；今天所有野猪均系欧洲野猪的不同亚种，古今观点结合起来研究，可以证明中国家猪起源于欧洲野猪。

第二节 我国的主要黑猪品种

一、八眉猪（又称泾川猪、西猪，包括互助猪）

产地（或分布）：中心产区主要分布于甘肃、宁夏回族自治区（以下简称宁夏）、陕西、青海，新疆维吾尔自治区（以下简称新疆）、内蒙古自治区（以下简称内蒙古）等省（区）。

主要特性：头狭长，耳大下垂，额有纵行"八"字皱纹，故名"八眉"，分大八眉、二八眉和小伙猪 3 种类型，二八眉介于大八眉与小伙猪之间的中间型。被毛黑色。生长发育慢。大八眉成年公猪平均体重 104kg，母猪体重 80kg；二八眉公猪体重约 89kg，母猪体重约 61kg；小伙猪公猪体重 81kg，母猪体重 56kg。公猪 10 月龄体重 40kg 配种，母猪 8 月龄体重 45kg 配种。产仔数头胎 6.4 头，3 胎以上 12 头。肥育期日增重为 458g，瘦肉率为 43.2%，肌肉呈大理石条纹，肉嫩，味香。

二、黄淮海黑猪（包括淮猪、莱芜猪、深州猪、马身猪、河套大耳猪）

产地（或分布）：黄河中下游、淮河、海河流域，包括江苏北部、安徽北部、山东、山西、河南、河北、内蒙古等省（区）。

主要特性：包括淮河两岸的淮猪（江苏省的淮北猪、山猪、灶猪，安徽的定远猪、皖北猪，河南的淮南猪等）、河北的深州猪、山西的马身猪、山东的莱芜猪和内蒙古的河套大耳猪。以下介绍以淮猪为例。体型较大，耳大下垂超过鼻端，嘴筒长直，背腰平直狭窄，臀部倾斜，四肢结实有力，被毛黑色，皮厚毛粗密，冬季密生棕红色绒毛。淮猪成年公猪体重 140.6kg，母猪体重 114.9kg，头胎产仔 9~10 头，经产仔 13 头，日增重为 251g。深州猪成年公猪体重为 150~200kg，母猪为 100~150kg，头胎产仔 10.1 头，经产仔 12.8 头，高水平营养日增重为 434g，屠宰率为 72.8%。马身猪成年公猪体重为 121~154kg，母猪为 101~128kg，初产仔 10.5~11.4 头，经产仔 13.6 头，肥育期日增重为 450g，瘦肉率为 40.9%。莱芜猪成年公猪体重为 108.9kg，母猪为 138.3kg，初产仔 10.4 头，经产仔 13.4 头，肥育期日增重为 359g，屠宰率为 70.2%。河套大耳猪：成年公猪体重 149.1kg，母猪为 103kg，初产 8~9 头，经产仔 10 头，肥育期日增重为 325g，屠宰率为 67.3%，瘦肉率为 44.3%。

三、宁乡猪（又称草冲猪或流沙河猪）

产地（或分布）：湖南省宁乡县。

主要特性：体型中等，头中等大小，额部有形状和深浅不一的横行皱纹，耳较小、下垂，颈粗短，有垂肉，背腰宽，背线多凹陷，肋骨拱曲，腹大下垂，四肢粗短，大腿欠丰满，多卧系，撇蹄，群众称"猴子脚板"，被毛为黑白花。按头型分 3 种类型：狮子头、福字头、阉鸡头。平均排卵 17 枚，3 胎以上产仔 10 头。肥育期日增重为 368g，饲料利用率较高，体重 75~80kg 时屠宰为宜，屠宰率为 70%，膘厚 4.6cm，眼肌面积 18.42cm²，瘦肉率为 34.7%。

四、湘西黑猪（包括桃源黑猪、浦市黑猪、大合坪猪）

产地（或分布）：湖南省沅江中下游两岸。

主要特性：体质结实，分长头型和短头型，额部有深浅不一的"介"字形或"八"字形皱纹，耳下垂，中躯稍长，背腰平直而宽，腹大不拖地，臀略倾斜，四肢粗壮，卧系少，被毛黑色。成年公猪体重 113.3kg，母猪为 85.3kg。性成熟较早，公猪 4~6 月龄配种，母猪 3~4 月龄开始发情，初产仔 6~7 头，经产仔 11 头。肥育期日增重为 280~300g，屠宰率为 73.2%，眼肌面积 21.5cm²，腿臀比例 24.2%，瘦肉率为 41.6%。

五、金华猪（又名两头乌猪、金华两头乌猪）

产地（或分布）：原产于浙江省金华市东阳县，分布于浙江省义乌、金华等地。

主要特性：体型中等偏小，耳中等大。下垂不超过嘴，颈粗短，背微凹，腹大微下垂，臀部倾斜，四肢细短，蹄坚实呈玉色，皮薄、毛疏、骨细。毛色中间白两头乌。按头型分大、中、小 3 型。成年公猪体重约 112kg，母猪体重约 97kg。公、母猪一般 5 月龄左右配种，3 胎以上产仔 13~14 头。肥育期日增重约 460g，屠宰率为 71.7%，眼肌面积 19cm²，腿臀比例 30.9%，瘦肉率为 43.4%。有板油较多，皮下脂肪较少的特征，适于淹制火腿。

六、太湖猪（包括二花脸猪、梅山猪、枫泾猪、嘉兴黑猪、横泾猪、米猪、沙乌头猪）

产地（或分布）：主要分布长江下游江苏、浙江和上海交界的太湖流域。

主要特性：体型中等，各类群间有差异，梅山猪较大，骨骼较粗壮；米猪的骨骼较细致；二花脸猪、枫泾猪、横泾猪和嘉兴黑猪则介于二者之间。头大额宽，额部皱褶多，耳特大，软而下垂，被毛黑或青灰。成年公猪体重 128～192kg，母猪体重 102～172kg。繁殖力高，头胎产仔 12 头，3 胎以上 16 头，排卵数 25～29 枚。60d 泌乳量311.5kg。日增重为 430g 以上，屠宰率为 65%～70%，二花脸瘦肉率45.1%。眼肌面积 15.8cm²。

七、荣昌猪

产地（或分布）：主产于重庆市荣昌县和四川省隆昌县。

荣昌猪体型较大，结构匀称，毛稀，鬃毛洁白、粗长、刚韧。头大小适中，面微凹，额面有皱纹，有漩毛，耳中等大小而下垂，体躯较长，发育匀称，背腰微凹，腹大而深，臀部稍倾斜，四肢细致、坚实，乳头 6～7 对。绝大部分全身被毛除两眼四周或头部有大小不等的黑斑外，其余均为白色；少数在尾根及体躯出现黑斑。群众按毛色特征分别称为"金架眼""黑眼膛""黑头""两头黑""飞花"和"洋眼"等。其中"黑眼膛"和"黑头"约占一半以上。荣昌猪具有耐粗饲、适应性强、肉质好、瘦肉率较高、配合力好、鬃质优良、遗传性能稳定等特点。在保种场饲养条件下，荣昌猪成年公猪体重（170.6±22.4）kg、体长（148.4±9.1）cm、体高（76.0±3.1）cm、胸围（130.3±8.5）cm，成年母猪体重（160.7±13.8）kg、体长（148.4±6.6）cm、体高（70.6±4.0）cm、胸围（134.0±8.0）cm。第一胎初产仔数（8.56±2.3）头，3 胎及 3 胎以上窝产仔数（11.7±0.23）头。

第三节　黑猪的发展状况

一、永顺县黑猪产业的发展概况

（一）保种成效明显

为了加强对湘西黑猪资源的保护力度，2012 年 5 月，县畜牧水产局在松柏镇湖坪村建立了湘西黑猪保种场，选派技术力量对永顺县湘西黑猪进行了育种选育，根据黑猪系谱资料、祖先成绩、育肥性状、外形特征等进行评分和排序，选出无血缘关系的两头种公猪和30头种母猪作为保种场的核心群。2013年11月，县委、县人民政府招商引进了北京资源亿家集团，落户于高坪乡那咱村，征收土地82亩，流转土地200亩，总投资6000万元，建立了湘西黑猪原种猪场。通过保种，品种资源濒危的状况得到根本性缓解，进入了产业化开发的新时期。

（二）生产规模逐步壮大

2015年4月，永顺县湘西黑猪原种猪场公猪存栏15头，能繁母猪存栏达130头。2015年10月，新建10个"236"（即一户两个劳动力，养300头黑猪，年收入6万元）湘西黑猪家庭牧场。2016年，永顺县湘西黑猪养殖户突破300户，其中年出栏50头以上的规模养殖户发展到198户。永顺县湘西黑猪年底存栏达到2.2万头，出栏约4.8万头，实现产值约0.6亿元。培育壮大了以湘西黑猪原种猪场、湘西黑猪扩繁厂为核心养殖基地的北京资源亿家集团湘西黑猪生态养殖示范园，具备了厚实的供种能力和生产能力，为湘西黑猪产业的发展打下了坚实的种源基础。

（三）优惠政策相继出台

2016年8月，永顺县人民政府出台了《关于加快湘西黑猪湘西黄牛产业发展促进精准脱贫"三年行动计划"的实施意见》，在优惠政策、资金投入上给予了大力支持，湘西黑猪生产得到恢复，产业化进程加快，逐渐成为我县（永顺县）农村经济发展的重要产业。

（四）养殖模式不断创新

湘西黑猪养殖由分散养殖转向集中养殖的趋势加快，以龙头企业、保种场为核心，逐渐形成了明显的优势产业带。以大型企业集团北京资源亿家集团湘西黑猪原种场和湘西黑猪扩繁场为核心的芙蓉–高坪–石堤养殖带如图1–1，以高坪乡那咱村农业示范园为核心的湘西黑猪"236"家庭牧场养殖优势区，占了全州湘西黑猪饲养量的60%以上。家庭牧场逐步成为湘西黑猪养殖的主要力量，实施养殖+种植（猪+弥猴桃等）农牧结合、生态循环养殖，走出了传统模式的极端，也走出了简单规模化养殖的误区，与生态保护实现了协调统一，生产效益更加明显。

图1-1　北京资源亿家集团湘西黑猪扩繁场

二、面临的问题

（一）疫病风险压力大

永顺县多年来未发生重大动物疫情，但防控压力仍然很大，动物疾病风险仍然在养殖户心头有挥之不去的阴影，防疫成本居高不下。当前动物疾病发病机理更加复杂，疾病诊断和治疗难度增大，现代动物疫病共染性强，变异快，有的病种跨畜种、跨季节发生，甚至多病种混合感染，症状越来越复杂，无典型特征，防控难度加大，养殖户对动物疾病的担心成为发展的重要制约。

（二）资金瓶颈极为突出

永顺县目前还没有完全建立起企业与农户自筹、政府补贴、银行贷款和社会融资相结合的资金来源支持体系，当前湘西黑猪生产仍然主要以群众自发小规模养殖为主，尤其是湘西黑猪养殖由于投资成本高、收益不稳定、投资回报慢，缺乏政策性引导和支持，农户难以扩大养殖规模。永顺县不同于发达地区，农民普遍较为贫困，农户缺乏投资能力，部门缺乏工作经费，地方各级财政相当困难。上级项目资金无法惠及永顺县，有的项目配套资金不能及时到位，加上扶持政策缺乏连续性，产业发展后劲受到严重制约。

（三）产业软肋日趋明显

首先是产业链条粗短，基本上是养殖、屠宰、生鲜肉销售，缺乏产前饲料、兽药等环节，也缺乏产后的精深加工环节，而且现有的环节也没有实现精细化运作，尤其是缺乏品牌意识，各环节产品附加值都很低。其次是养殖环节在产业链中地位低，受到上游饲料、兽药，下游销售、屠宰环节的压制，收益率比较低，发展的积极性受到很大的打击，不能科学地发展生产。再次是永顺县湘西黑猪深加工龙头企业缺乏，产业聚集区龙头企业起步晚，没有充分突出市场取向，在打造核心竞争力方面做得不够，对区域的支撑能力比较弱，带动能力不强。

三、发展黑猪产业的重要意义

湘西黑猪是我国优良的地方家畜品种。1984 年列入《湖南省家畜家禽品种志和品种图谱》，2006 年 6 月列入《国家级畜禽遗传资源保护名录》，2007 年 5 月入选国家种质资源基因库，2010 年 3 月获得《中华人民共和国农产品地理标志登记证书》，2015 年 3 月，"湘西黑猪"成功注册地理标志证明商标。

到 20 世纪 80 年代，随着瘦肉型猪的引进和推广，湘西黑猪数量迅速递减。到 21 世纪初，一度处于濒危边缘。近年来，随着遗传资源保护意识的逐渐提高，地方特色品种优良特性重新得到重视，湘西黑猪产业发展迎来新的机遇，生产得到恢复，随着产业化进程的加快，逐渐成为我县（永顺县）农村经济发展的重要产业。

黑猪产业的发展是保护地方优良黑猪品种，促进黑猪品种的选育提高、保留优质遗传基因、避免品种单一性、充分发挥杂交优势等提供前提和基础。

黑猪产业的发展是利用本地优质黑猪资源，因地制宜，充分发挥地方特色优势，对打造民族品牌，地方特色品牌，为品牌注入历史人文内涵，提高产品附加值的重要途径。

黑猪产业的发展对维持人类食品多样性，提高人体健康有重要作用。黑猪是适应当地环境气候的地方品种，具有耐粗饲，食源性广泛，饲养周期相对较长等特点，所以当地饲养的黑猪肉营养丰富，富含各种矿物元素，对人类健康有益。

第二章 黑猪的形态特征及饲养环境

第一节 黑猪的形态特征

湘西黑猪主要包括浦市黑猪（又称铁骨猪）、桃源黑猪（又称延泉黑猪）和大合坪黑猪三大类群。

一、浦市黑猪

浦市黑猪（图2-1）体形较大，头颈轻秀，体质强壮，结构匀称，后躯较发达。全身被毛全黑而密。浦市黑猪头大小适中，头型分两种：八卦头（又称狮子头）和鲤鱼头。耳中等大，下垂遮眼。八卦头嘴筒较大、稍短而微翘，额面较宽，皱多而深。鲤鱼头嘴筒较

图2-1 浦市黑猪公、母猪

尖、稍长而平直，额面稍窄，皱少且浅。在躯干特征上，八卦头体躯稍短，背微凹而宽，腹稍大，下垂而不拖地；鲤鱼头体躯稍长，背直而稍窄，腹中等大，腹线近于平直。四肢粗壮，前、后肢均较直，无卧系，管围粗，蹄壳为黑色。尾较长，尾端呈扫帚状。据2006年对50头能繁母猪的调查，尾长平均34.17cm，其中40cm以上的有6头，占12%。浦市猪的肋骨数一般为14~15对。据2006年11月12日屠宰5头猪的测定值为（14.4±0.55）对。乳头粗长且排列匀称，乳头一般为12~18个。

2006年10月对50头能繁母猪调查统计，平均乳头数为14.6个，其中乳头为14个有28头，占56%；乳头为16个有17头，占34%；乳头为12个有4头，占8%；乳头为18个有1头，占2%。

二、桃源黑猪

桃源黑猪（图2-2）全身被毛黑色，有部分饲养年限稍长的被毛为黑灰色，偶有在肢端、尾尖出现白色毛的个体；成年种公、母猪被毛稀粗，鬃毛由前向后斜立在鬐甲部；皮肤呈浅灰色或泥灰色。桃源黑猪体型中等大小，体质结实，各部分发育匀称，产区流传着"号筒嘴、螳螂颈、蝴蝶耳、鲫鱼肚、腰直鱼尾"的民谚。桃源黑猪有长嘴型与短嘴型两个类型，长嘴型头较粗长，脸平直或微凹，眼睑及嘴边缘生长着长须，短嘴型头较短而宽，鼻嘴较大。鼻盘黑色，鼻镜中隔间或有白斑，额较狭，有较浅的纵形皱纹，一般呈"介"字形或"Y"字形，耳中等大小，耳根较硬，耳面下垂。母猪腹大不拖地（但少数高产母猪在孕后期拖地），乳房发达，乳头数为14~16个。四肢特征：四肢粗壮结实，强健有力，肢势正常，无卧系，少数猪有半卧系，蹄为灰黑色。尾长过飞节，尾杆圆，尾尖，尾端毛较长而散开，当地群众称之为"鱼尾"。肋骨对数：14~15对。

图2-2　桃源黑猪公、母猪

三、大合坪黑猪

大合坪黑猪（图2-3）体质较结实。个体较小，头较狭长，鼻嘴较长而直，额面皱纹较浅，耳较大且长而宽，有"三嘴落槽"之称，鬃毛较粗长，毛密而色深，外形略显粗糙。据调查及资料记载，具体来说大合坪黑猪有两个头型，"狮子头"与"马脸猪"。"狮子头"

头大嘴短鼻微翘，额面有皱纹 3~4 路，耳大而较宽，体型方正，群众称一块砖。"马脸猪"头中等大，嘴较长而直，额面皱纹浅而不规则，耳长宽，吃潲时三嘴落槽（因耳长吃潲时两耳同嘴都落入槽内），体型长，群众称一根藤。两个头型的共同特点是：全身黑色、黑鼻、黑蹄，鼻孔开阔，鬃毛较长而有弹力，且有吃粗潲的特点，耳根韧，下颌部肌肉丰满，宽平有力，上下嘴唇齐，颈部肌肉发达，背腰较平直，行动活泼，四肢粗壮，后腿欠丰满，尾根不高，乳头 7 对左右均匀分布。

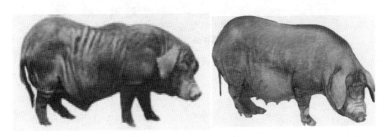

图 2-3　大合坪黑猪公、母猪

第二节　黑猪的饲养环境

永顺县位于湖南省西北部边陲的武陵和雪峰山一带，山势陡峻，岭间为小块盆地与丘陵相间，地势高低悬殊，海拔最高为 1 400m，最低为 82m，有高山、二高山、低山、丘陵之分。气候温和，四季分属亚热带季风气候，光热充足，雨量充沛，境内地形复杂，地势高差较大，形成了多种小气候。在这种生态条件下，亚热带植物发育甚好，森林覆盖率为 34%。产区山多坪少，地广人稀，梯田坡地多，生产条件差，耕作粗放。黑猪养殖多采用半舍饲、半放牧和生熟结合的饲养方法，放牧阶段多称为"吊架子"饲养阶段，以菜叶、青草为主饲喂，少量添加谷糠、玉米、酒糟、豆渣等饲喂。育肥阶段多舍饲，以玉米、甘薯为主饲喂。图 2-4 为放养猪。

图 2-4　放养猪

第三章 黑猪的繁殖技术

第一节 种猪选择

一、符合品种特征

首先选择的种猪应该具备本品种的基本特征，如湘西黑猪的毛色、体型、耳型等。值得注意的是，选择二元母猪应重点考虑生殖器官发育、乳头数量及肢体发育情况，其次才考虑体型。

二、生殖器官发育正常

外生殖器是种猪的主要性征，要求种猪外生殖器发育正常，性征表现良好。公猪睾丸要大小一致、外露、轮廓鲜明且对称地垂于肛门下方。母猪阴户发育良好，颜色微红、柔软，外阴过小预示生殖器发育不好和内分泌功能不强，容易造成繁殖障碍。

三、乳头发育良好

选择乳头发育良好、排列均匀、有效乳头数本地黑猪 6 对以上，二元母猪 7 对以上。正常乳头排列均匀，轮廓明显，有明显的乳头体。异常乳头包括内翻乳头、瞎乳头、发育不全的小赘生乳头、距腹线过远的错位乳头。内翻乳头指乳头无法由乳房表面突出来，乳管向内，形成一个坑而阻止乳汁的正常流动。瞎乳头是指那些没有可见的乳头或乳管。

四、肢蹄无异常、无损伤

选择无肢蹄损伤和无肢蹄异常的种猪，要求如下：四肢要正直、长短适中、左右距离大、无"X""O"形等不正常肢势，行走时前后两肢在一条直线上，不宜左右摆动。蹄的大小适中、形状一致、蹄壁角质坚滑、无裂纹。

五、体躯结构合理

种猪的体躯结构在某种程度上会遗传给下一代猪。种猪颈、头及与躯干结合良好，看不出凹陷。头过小表示体质细弱，头过大则屠宰率低，故头大小适中为宜。颈部是肉质最差的部位之一，但因为颈部与背腰是同源部位，颈部宽时，个体的背腰也就宽，一般应选择颈清瘦的种猪。种公猪的选择除考虑体质健壮，生长发育良好，能充分发挥其品种的性状特征，膘情适中，性机能旺盛等因素外，养殖户如果购买 9 月龄以上的公猪，可要求猪场采精，进行精液品检。

第二节　发情鉴定技术

一、母猪发情的生理周期

性成熟的健康母猪每隔 17~21d 发情一次，每次发情持续 2~3d。青年母猪 7~8 月龄可初配，经产母猪将仔猪哺乳到 1 个月断奶后 7d 开始发情。要想做到适时配种还必须掌握母猪发情后的排卵规律。一般母猪在发情后 19~36h 排卵，卵子在生殖道内存活 8~12h。精子进入母猪生殖道游动至输卵管的受精部位需要 2~3h，因此，给母猪授精配种的适宜时间应在排卵前 2~3h，即在发情后的 17~34h。

二、鉴别母猪发情的方法

主要有以下 5 种。

（一）时间鉴定法

发情持续时间因母猪品种、年龄、体况等不同而有差异。一般发情持续 2~3d，在发情后的 24~48h 配种容易受胎。老龄母猪发情时间较短，排卵时间会提前，应提前配种；青年母猪发情时间长，排卵期相应往后移，宜晚配，中年母猪发情时间适中，应该在发情中期配种。所以母猪配种就年龄讲，应按"老配早，少配晚，不老不少配中间"的原则。

（二）精神状态鉴定法

母猪开始发情对周围环境十分敏感，兴奋不安，食欲下降、嚎叫、拱地、拱门、两前肢跨上栏杆、两耳耸立、东张西望，随后性欲趋向旺盛。在群体饲养的情况下，爬跨其他猪，随着发情高潮的到来，上述表现愈来愈频繁，随后母猪食欲由低谷开始回升，嚎叫频率逐渐减少，呆滞，愿意接受其他猪爬跨，此时配种为宜。

（三）外阴部变化鉴定法

母猪发情时外阴部明显充血，肿胀，而后阴门充血、肿胀更加明显，阴唇内黏膜随着发情盛期的到来，变为淡红或血红，黏液量多而稀薄。随后母猪阴门变为淡红、微皱、稍干，阴唇内黏膜血红开始减退，黏液由稀转稠，时常粘草，吊于阴门外，此时应抓紧配种。

（四）爬跨鉴定法

母猪发情到一定程度，不仅接受公猪爬跨，同时愿意接受其他母猪爬跨，甚至主动爬跨别的母猪（图3-1）。用公猪试情，母猪表现兴奋，头对头地嗅闻，当公猪爬跨其后背时，则静立不动，此时配种适宜。

图3-1　发情母猪

（五）按压鉴定法

用手压母猪腰背后部，如母猪四肢前后活动，不安静，又哼叫，这表明尚在发情初期，或者已到了发情后期，不宜配种；如果按压后母猪不哼不叫，耳张前倾微煽动，四肢叉开，呆立不动，弓腰，尾根摆向一侧，这是母猪发情最旺的阶段，是配种旺期。农民常说的"按压呆立不动，配种百发百中"就是这个道理。

第三节　适时配种技术

做好母猪的适时配种工作，不仅可防止母猪的漏配，而且可以提高母猪的繁殖力，进而提高养猪的经济效益。下面谈谈怎样做好母猪的适时配种工作。

一、发情期判断

母猪到了配种月龄和体重时，应固定专人每天负责观察饲喂，注意观察比较母猪外阴的变化，如果母猪阴户比往常大些并红肿，人进圈时有的猪主动接近人，说明母猪已开始发情。饲养员还可用手摸母猪外阴阴道进行鉴别，如果是干的，说明猪未发情；如有液体但无滑腻感，说明是尿液；如有滑腻感还能牵起细丝、才是阴道黏液，说明母猪发情了，要及时组织配种。

二、配种时机的掌握

发情一天后，阴户开始皱缩，呈深红色，外阴黏液由稀薄变黏稠，由乳白色变为微黄色，当出现压背呆立、摸后躯举尾的现象时就可以配种。上述现象一般出现在发情的第二天。

三、选择适宜的配种方法

只要发情鉴定准确，使用人工授精或自然交配均可使母猪怀孕。由于初配母猪的发情和适时配种技术不易掌握，最好用试情公猪进行自然交配。初配以后再进行人工授精，可大大提高母猪的配种率。一般一个情期可进行两次配种，以间隔 8~12h 为宜。

第四节　人工授精技术

猪人工授精技术是养猪生产中经济有效的技术措施之一，其最大的优点是减少猪群种公猪的饲养量，增加优良公猪的利用机会。猪人工授精技术主要分采精、检验、稀释、分装、保存、运输及输精等过程。

一、采精

（一）准备好采精所需的器物

包括采精台、集精杯、分装瓶、纱布、胶手套、玻棒、显微镜、量杯、温度计、稀释液等，并对相关的器物进行消毒以备用。

（二）采精应在室内进行

采精室应清洁无尘，安静无干扰，地面平坦防滑。将公猪赶进采精预备室后，应用 40℃ 温水洗净包皮及其周围，再用 0.1%

高锰酸钾溶液擦洗、抹干。采精员穿戴洁净的工作衣帽、长胶鞋、胶手套。

（三）采精方法

主要用手握采精法。采精时，采精员站于采精台的右（左）后侧，当公猪爬上采精台后，采精员随即蹲下，待公猪阴茎伸出时，用手握住其阴茎龟头，用力不易过猛，以防公猪不适，但要抓住螺旋部分，防止阴茎滑脱和缩回，抓握阴茎的手要有节奏地前后滑动，以刺激射精。当公猪充分兴奋，龟头频频弹动时，表示将要射精。公猪开始射精时多为精清，不宜收集，待射出较浓稠的乳白色精液时，应立即以右（左）手持集精杯，放在稍离开阴茎龟头处将射出的精液收集于集精杯内。集精杯可以稍微倾斜，当射完第一次精后，刺激公猪射第二次，继续接收，但最后射出的稀薄精液，可以放弃收集，待公猪退下采精台时，采精员应顺势用左（右）手将阴茎送入包皮中。不得粗暴推下或抽打公猪。

二、精液检查

公猪的射精量，一般为 150~250mL，正常精液的色泽为乳白色或灰白色，云雾状，略有腥味，显微镜下检查，精子密集均匀分布，死精和畸形精子少，且呈直线前进运动者为佳。

三、精液稀释

葡萄糖稀释液（葡萄糖 5g，蒸馏水 100mL）。葡萄糖-柠檬酸钠-卵黄稀释液（葡萄糖 5g、柠檬酸钠 0.5g，蒸馏水 100mL、卵黄 5mL）。上述稀释液按配方先将糖类、柠檬酸钠等溶于蒸馏水中，过滤后蒸气消毒 20min，取出凉至 30~35℃ 时，加入卵黄，然后以每 100mL 加入青霉素、链霉毒各 5 万 U，搅拌均匀备用。稀释精液时，稀释液温度应与精液温度相等，温度应在 18~25℃。精液稀释应在无菌室内进行，将稀释液缓慢沿杯壁倒入精液中慢慢摇匀。稀释后，每毫升精液应含有效精子 1 亿尾。一般稀释 1.5~2 倍。

四、精液的分装、贮存、运输

（一）分装

精液稀释后，取样检查活力，合格者才能分装。分装时，将精液倒入有刻度值的分装瓶中，一般每头份20mL。分装完后，即将容器密封，贴上标签（包括品种、等级、密度、采精日期等）。

（二）贮存

精液分装后，避光贮存，在温度10~15℃条件下贮存。一般保存有效时间为2~3d。

（三）运输

贮精瓶用毛巾、棉花等包裹，装入10~15℃冷藏箱中运输，注意填满空隙，防止受热、震动和碰撞。

五、输精

首先将精液从冷藏箱取出至恢复常温，冬天适度加温至与体温相近，并用生理盐水将外阴洗净，用玻璃注射器吸取精液，再将它连接胶管，并排出胶管内的空气，然后把输精胶管从母猪阴户缓慢插入，动作要轻，一般以插入30~35cm为宜，并慢慢按压注射器柄，精液便流入子宫，如图3-2人工授精。

图3-2　人工授精

注射时，最好将输精管左右轻微旋转，用右手食指按摸阴部，增加母猪快感，刺激阴道和子宫的收缩，避免精液外流，若精液外流严重，应将胶管适当回拉再输精，输完精后，把输精管向前或左右轻轻转动停留5min，然后轻轻拉出输精管。

第五节　杂交优势的利用

生猪杂交产生的杂种猪，往往在生活力、生长势和生产性能等方面一定程度上优于纯繁群体，这就是生猪的杂交优势现象。杂种优势的利用已日益成为发展现代生猪生产的重要途径，我国在杂交优势利用方面正由"母猪本地化，公猪良种化，肉猪一代杂种化"的二元杂交向"母猪一代杂种化，公猪高产品系化，商品猪三元杂交化"的三元杂交方向发展。这是一个适合猪的生产特点，广泛利用杂种优势，充分发挥增产潜力的方法。

杂交优势主要取决于杂交用的亲本群体及其相互配合情况。如果亲本群体缺乏优良基因，或亲本纯度很差，或两亲本群体在主要经济性状上基因频率无多大差异，或在主要性状上两亲本群体所具有的基因其显性与上位效应都很小，或杂种缺乏充分发挥杂种优势的饲养管理条件，都不能表现出理想的杂种优势。由此可见，生猪杂种优势利用需要有一系列配套措施，其中主要包括以下 3 项关键技术。

一、杂交亲本种群的选优与提纯

这是杂交优势利用的一个最基本环节，杂种必须能从亲本获得优良的、高产的、显性和上位效应大的基因，才能产生显著的杂种优势。"选优"就是通过选择使亲本种群原有的优良、高产基因的频率尽可能增大。"提纯"就是通过选择和近交，使得亲本种群在主要性状上纯合子的基因型频率尽可能增加，个体间差异尽可能减小。提纯的重要性并不亚于选优，因为亲本种群愈纯，杂交双方基因频率之差才能愈大。纯繁和杂交是整个杂交优势利用过程中两个相互促进、相互补充、互为基础、互相不可替代的过程。

选优提纯的较好方法是品系繁育。其优点是品系比品种小，容易选优提纯，有利于缩短选育时间，有利于提高亲本群体的一致性。更能适应现代化生猪生产的要求。如我国的新淮猪、关中黑猪、小梅山猪等都是可利用的优良生猪品系。

二、杂交亲本的选择

杂交亲本应按照父本和母本分别选择，两者选择标准不同，要求也不同。

（一）母本的选择

应选择在本地区数量多、适应性强的品种或品系作为母本，因为母本需要的数量大，应选择繁殖力高、母性好、泌乳力强的本地主要饲养品种或品系作母本，根据当地实际主要以本地优质湘西黑母猪为母本。

（二）父本的选择

应选择生长速度快、饲料利用率高、胴体品质好、与杂交要求类型相同的品种或品系作为父本。具有这些特性的一般都是经过高度培育的品种，如长白猪、大约克夏、杜洛克猪等。

三、杂交组合选择

杂交的目的是使各亲本的基因配合在一起，组成新的更为有利的基因型，猪的杂交方式有多种，下面介绍我国目前常用的两种杂交方式。

（一）二元杂交

又称简单杂交，是利用两个品种或品系的公、母猪进行杂交，杂种后代全部作为商品育肥猪。优点：简单易行，后代适应性较强，因此，这是我国应用广泛的一种杂交方式。缺点：母系、父系均无杂种优势可以利用。因为双亲均为纯种，而杂种一代又全部用作育肥。图3-3为二元杂交仔猪。

图3-3　二元杂交仔猪

（二）三元杂交

是从二元杂交所得的杂种一代中，选留优良的个体作母本，再与另一品种的公猪进行杂交。第一次杂交所用的公猪品种称为第一父本，第二次杂交所用的公猪称为第二父本。优点：能获得全部的后代杂种优势和母系杂种优势，既能使杂种母猪在繁殖性能方面的优势得到充分发挥，又能利用第一和第二父本生长性能和胴体品质方面的优势。

第四章 黑猪的饲养管理

第一节 饲养技术

一、母猪饲养技术

母猪的饲养管理在生猪的养殖中至关重要，它关系到仔猪的健康状况，养殖规模大小，出栏量和猪场效益等多个方面。母猪的管理大致可分为：后备母猪的管理、妊娠母猪的管理、哺乳母猪的管理3个阶段。

（一）后备母猪的饲养管理

选择高产、母性好母猪产的后代，同胎至少有10头以上，仔猪初生重1kg以上；乳头达6对以上，发育良好且分布均匀；体型匀称、体格健全；无特定病原病，如无萎缩性鼻炎、气喘病、猪繁殖呼吸综合征等的优质仔猪作为后备母猪培养。

外购后备母猪，要在无疫区的种猪场选购，先隔离饲养至少45d，购入后第一周要限饲，待适应后转入正常饲喂，并按进猪日龄，分批次做好免疫注射、驱虫等。

做好后备母猪发情鉴定并记录，将该记录移交配种舍人员。母猪发情记录从6月龄时开始。仔细观察初次发情期，以便在第二至三次发情时及时配种。图4-1为后备母猪。

为保证后备母猪适时发情，可采用调圈、合圈、成年公猪混养的方法刺激后备母猪发情；对于接近或接触公猪3~4周后，仍未发情的后备猪，要采取强刺激，如将3~5头难配母猪集中到一个留有明显气味的公猪栏内，饥饿24h、互相打架或每天赶进一头公猪与之追逐爬跨（有人看护）刺激母猪发情，必要时可用中药或激素刺激；若连续3个情期都不发情则淘汰。

小群饲养，每圈3~5头（最多不超过10头），每头占圈面积至少1.5m²，以保证其肢体正常发育。

图4-1　后备母猪

配种前一段时期按摩乳房，刷拭体躯，建立人猪感情，使母猪性情温顺，好配种，产子后好带仔，便于日常管理。

（二）妊娠母猪的饲养管理

母猪配种后，从精卵结合到胎儿出生，这一过程称为妊娠阶段。母猪的妊娠期一般为112~116d，平均114d（一般计算预产期方法为月份加4、日期减6、再减去大月数、过2月加2）。在饲养管理上，一般分为妊娠初期（20d前）、妊娠中期（20~80d）和妊娠后期（80d以上）。掌握妊娠母猪饲养管理技术，才能保证胎儿正常发育、母猪产仔多、体况好、胎儿少流产，青年母猪还要维持自身生长发育的需要。图4-2为妊娠母猪。

图4-2　妊娠母猪

对于断乳后膘情较差的经产母猪和精料条件较差的地区，采取

"抓两头、顾中间"的管理方式。一头是在母猪妊娠初期和配种前后，加强营养；另一头是抓妊娠后期营养，保证胎儿正常发育；顾中间就是妊娠中期，可适当降低精饲料供给，增加优质青饲料。

步步高的饲养方式。此方式适用于初产母猪和哺乳期间发情配种的母猪，适用于精料条件供应充足的地区和规模化生产的猪场。在初产母猪的妊娠中，后期营养必须高于前期，产前1个月达到高峰。对于哺乳期配种的母猪，在泌乳后期不但不应降低饲料供给，还应加强，以保证母猪双重负担的需要。

前粗后精的饲养方式。此种方式适用于配种前体况好的经产母猪。在妊娠前期可以适当降低营养水平。近年来，普遍推行母猪妊娠期按饲养标准限量饲喂、哺乳期充分饲喂的办法。

妊娠母猪每天的饲喂量，在有母猪饲养标准的情况下，可按标准的规定饲喂。在无饲养标准时，可根据妊娠母猪的体重大小，按百分比计算。一般来说，在妊娠前期喂给母猪体重的 1.5%～2.0%，妊娠后期可喂给母猪体重的 2.5%。妊娠母猪饲喂青绿饲料，一定要切碎，然后与精料掺拌一起饲喂。精料与粗料的比例，可根据母猪妊娠时间递减。饲喂妊娠母猪的饲料，应含有较多的干物质，不能喂得过稀。

妊娠母猪的管理除让母猪吃好、睡好外，在第一个月和分娩前10d，要减少运动，圈内保持环境安静，清洁卫生。经常接近母猪，给母猪刷拭，不追赶、不鞭打、不挤压、不惊吓、冬季防寒，夏季防暑，猪舍内通风干燥。

妊娠母猪饲料不要喂带有毒性的棉籽饼、酸性过大的青贮料、酒糟以及冰冷的饲料和饮水，注意给妊娠母猪补充足够的钙、磷，最好在日粮中加 1%～2% 的骨粉或磷酸氢钙。群养母猪的猪场，在分娩前分圈饲养，以防互相争食或爬跨造成流产。

(三) 哺乳母猪的饲养管理

哺乳母猪每天喂 2～3 次，产前 3d 开始减料，渐减至日常量的 1/3～1/2，产后 3d 恢复正常饲喂，自由采食直至断奶前 3d。喂料时若母猪不愿站立吃料，应赶起。产前产后日粮中加 0.75%～1.5% 的电解质、轻泻剂（维力康、小苏打或芒硝）、可适当增加优质麸皮的喂量，以预防产后便秘、消化不良、食欲不振，夏季日粮中添加1.2%的碳酸氢钠可提高采食量。

产前7d母猪进入分娩舍，保持产房干燥、清洁卫生，并逐渐减少饲喂量，对膘情较差的可少减料或不减料；临产前将母猪乳房、阴部清洗，再用0.1%的高锰酸钾水溶液擦洗消毒；产后注射一针青霉素400万U、链霉素300万U，防治产期疾病。

母猪在分娩过程中，要有专人细心照顾，接产时保持环境安静、清洁、干燥、冬暖夏凉，严防产房高温，若有难产，通常用催产素肌肉注射，若30min后还未产出，则要进行人工助产；母猪产后最好做子宫清洗及注射前列腺素（在最后产仔36～48h一次性肌肉注射PGF2α 2mL），以帮助恶露排出和子宫复位，也有利于母猪断奶后再发情。

母猪产仔当天不喂饲料，仅喂麸皮食盐水或麸皮电解质水，一周内喂量逐渐增加，待喂量正常时要最大限度增加母猪采食量；饲喂遵循"少给勤添"的原则，严禁饲喂霉变饲料；在泌乳期还要供给充足的清洁饮水，防止母猪便秘，影响采食量。

要及时检查母猪的乳房，对发生乳房炎的母猪应及时采取措施治疗。

母猪断奶前2～3d减少饲喂量，断奶当天少喂或不喂，并适当减少饮水量，待断奶后2～3d乳房出现皱纹，方能增大饲料喂量，这样可避免断奶后母猪发生乳房炎。

二、公猪饲养技术

种公猪的好坏对整个猪群影响很大，俗话讲"母猪好，好一窝；公猪好，好一坡"，因此，公猪的饲养对猪场至关重要。一般情况下，采用本交，每头公猪可负担50～60头母猪配种任务，一年可繁殖仔猪1 000头；采用人工授精，每头公猪一年可配500头母猪。

根据品种特性选择具有优良性状的种公猪个体。一般要求公猪品种纯，睾丸大、两侧对称，乳头7对以上，体躯健壮而灵活，膘情中等，后躯发达，腹线平直而不下垂。

外购种公猪，要在无规定疫病和有《动物防疫条件合格证》的猪场选购，公猪调回后，先隔离饲养，5~7日内不能过量采食，待完全适应环境后，转入正常饲喂，并做好防疫注射和寄生虫的驱除工作。

加强公猪运动，每天定时驱赶和自由运动1~2h；每天擦拭一次，有利于促进血液循环，减少皮肤病，促进人猪亲和，切勿粗暴哄打，以免造成公猪反咬等抗性恶癖；利用公猪躺卧休息机会，从抚摸擦拭着手，利用刀具修整其各种不正蹄壳，减少蹄病发生。

公猪配种前要先驱虫，注射乙脑、细小病毒、猪瘟三联、链球菌、圆环等疫苗。

后备公猪要进行配种训练，后备公猪达8月龄，体重达90kg，膘情良好即可开始调教。将后备公猪放在配种能力较强的老公猪附近隔栏观摩、学习配种方法；第一次配种时，公母大小比例要合理，防止公猪跌倒或者母猪体况差、体重小被公猪压伤；正在交配时不能推公猪，更不能打公猪。

青年公猪两天配种1次，成年公猪每天配种1次，采精一般2~3d采1次，5~7d休息1d；配种时间，夏季在一早一晚，冬季在温暖的时候，配种前后1h不能喂饮，严禁配种后用凉水冲洗躯体；公猪发烧后，1个月内禁止使用。

防止公猪热应激，做好防暑降温工作，天气炎热时应选择在早晚较凉爽时配种，并适当减少使用次数，经常刷拭冲洗猪体，及时驱除体内外寄生虫，注意保护公猪肢蹄。

公猪在配种季节要加大蛋白质饲料的饲喂量，如优质的豆粕、鱼粉、蚕蛹等，并保证青绿饲料、钙磷、维生素E的供给量，以保证精液品质和公猪体况。

三、仔猪饲养技术

饲养管理好仔猪是搞好养猪的生产基础。仔猪培育工作的成败，既关系着养猪生产水平的高低，又对提高养猪经济效益，加速猪群周转，起着十分重要的作用。哺乳仔猪饲养得好，仔猪成活头数就多，母猪的平均年生产率就高。

（一）仔猪的生长和生理特点

仔猪生长发育快，产后7~10d内体重可增加1倍，30d内，体重可增加 5 倍以上，由于生长发育快，体内物质沉积多，对营养物质在数量和质量上的需求很高；又因为仔猪初生缺乏先天免疫力，要尽快让其吃到初乳增强抵抗力，还可以在出生 4~10d 分两次注射牲血素；仔猪对外界环境和气候变化适应性低，自体调节能力弱，要注意防寒保暖；仔猪消化器官功能尚不健全，胃液、胆汁分泌不足，消化酶的分泌还不平衡，对乳汁中的营养吸收尚可，对来自外界补充的营养物质消化吸收能力极差。因而在饲养过程中，要尽快让其适应外来营养，仔猪在出生后 7d，刚好长出牙齿，喜欢啃东西，此时补充一些高蛋白质的全价颗粒饲料，锻炼胃肠消化功能有重要作用。

（二）要养好仔猪必须抓好四食、过好四关

1. 抓乳食，过好初生关

哺食初乳，固定乳头，仔猪出生后一般都能自由活动，依靠自身的嗅觉寻找乳头，个别体弱的仔猪必须借助于人工辅助，最迟应该在产后两小时内让乳猪吃上初乳，最好母猪边分娩边让乳猪吮乳，在操作中我们通常有意识地把强壮的仔猪放在后面乳头，体弱的放在前面乳头，这样有利于仔猪发育均匀，大小整齐。母猪整个分娩过程应有专人在场，避免母猪压死小猪，和小猪包衣引起窒息死亡。

2. 抓开食、过好补料关

仔猪在出生第七天，用全价的颗粒饲料诱食，实在不吃的猪只，把颗粒料强制塞入小猪嘴内，反复几次，让其觉得有味道，下次才会主动去舔食。仔猪出生第三天，最好补充电解质水，可以买现成的口服补液盐，也可以自配：葡萄糖 45g，盐 8.5g，柠檬酸 0.5g，甘氨酸 6g，柠檬酸钠 120mL，磷酸二氢钾 400mL，加入 2kg 清水中，连饮 10~15d。此方法很关键，有利于仔猪早开食，更健康地成长。

3. 抓旺食，过好断奶关

30 日龄左右仔猪将进入旺食阶段，抓好此阶段，增加采食量，每天饲喂次数以 4~5 次为宜，不更换饲料，保证饲料质量的稳定性，建议补饲量如表 4-1，供参考。

表4-1　3~7周饲喂量

出生周期（周）	3	4	5	6	7
饲喂量（g）	30	65	80~150	180~250	450~500

4. 抓防病，过好活命关

仔猪一生中可能出现的3次死亡高峰。第一次在出生后7d内，第二次在20~30d奶量不足时，饲料量增加的时候，第三次在断奶时出现应激的时候，这3个死亡高峰与饲养管理的科学性与否有直接关系，合理细致的管护和饲养可以使仔猪少死亡，快增长，应特别重视仔猪饲养中的腹泻问题，由其导致的死亡可以占到仔猪总死亡的30%，甚至更高，所以哺乳仔猪的防病要点要落实好正常的免疫接种和消毒措施，仔猪栏舍内经常用消毒药喷洒，增强断奶仔猪的抵抗力，减少病原微生物的感染。

四、肥育猪饲养技术

生长肥育猪对外界的适应能力逐渐增强，所以饲养起来相对容易些。一般来说，只要没有大的意外，成活率都很高，但要饲养好生长肥育猪，还应加强以下几个方面的工作。

（一）饲料调制

科学地调制饲料和饲喂对提高生长肥育猪的增重速度和饲料利用率，降低生产成本有重大意义。饲料调制的原则是缩小饲料体积，增强适口性，提高饲料转换率。可以用颗粒料，也可以用粉料；既可以购买商品全价料，也可以用市售浓缩料或预混料自行加工配制，建议散养户根据自家实际利用农副产品合理配制饲料，可以充分利用农村剩余资源，降低饲养成本。

（二）饲喂方法

自由采食与限量饲喂均可，自由采食日增重高，背膘较厚。限量饲喂饲料转换率较高，背膘较薄。追求日增重，以自由采食为好，为得到较瘦的胴体，则限量饲喂优于自由采食，限量饲喂应始于育肥后期。在日饲喂次数上，如果大量利用青粗饲料，可日喂3~4次，如果以精饲料为主，可日喂2~3次，在育成猪阶段日喂次数可适当增多，以后逐渐减少。

（三）供给充足清洁的饮水

冬季饮水量为采食量的 2~3 倍或体重的 10%左右，春秋季饮水量为采食量的 4 倍或体重的 16%左右，夏季饮水量约为采食量的 5 倍或体重的 23%，水槽与饲槽分开，有条件的可安装自动饮水器。

（四）驱虫

当前为害严重的寄生虫有蛔虫、疥螨和虱子等体内外寄生虫，通常在 35d 左右进行第一次驱虫，必要时可在 70d 时进行第二次驱虫，以后每隔一个季度驱虫一次。

第二节　猪场管理制度

一、防疫制度

为了保障规模化猪场生产的安全，依据规模化猪场当前实际生产条件，必须贯彻"预防为主，防重于治"的原则，杜绝疫病的发生。现拟定以下《猪场卫生防疫制度》，仅供广大养殖户参考。

（1）猪场可分为生产区和生活区，生产区包括饲养场、兽医室、饲料库、污水处理区等。生活区主要包括办公室、食堂、宿舍等。生活区应建在生产区上风方向并保持一定距离。

（2）猪场实行封闭式饲养和管理。所有人员、车辆、物资仅能由大门和生产区大门经严格消毒后方可出入，不得由其他任何途径出入生产区。

（3）非生产区工作人员及车辆严禁进入生产区，确有需要进入生产区者必须经有关领导批准，按本场规定程序消毒、更换衣鞋后，由专人陪同在指定区域内活动。

（4）生活区大门应设消毒门岗，全场员工及外来人员入场时，均应通过消毒门岗，按照规定的方式实施消毒后方可进入。

（5）场区内禁止饲养其他动物，严禁携带其他动物和动物肉类及其副产品入场，猪场工作人员不得在家中饲养或者经营猪及其他动物肉类和动物产品。

（6）场内各大、中、小型消毒池由专人管理，责任人应定期进行清扫，更换消毒药液。场内专职消毒员应每日按规定对猪群、猪舍、各类通道及其他须消毒区域轮替使用规定的各种消毒剂实施消毒。工作服要在场内清洗并定期消毒。

（7）饲养员要在场内宿舍居住，不得随便外出；场内技术人员不得到场外出诊；不得去屠宰场、其他猪场或屠宰户、养猪场户等处逗留。

（8）饲养员应每日上、下午各清扫一次猪舍、清洗食槽、水槽，并将收集的粪便、垃圾运送到指定的蓄粪池内，同时应定期疏通猪舍排污道，保证其畅通。粪便、垃圾及污水均需按规定实行无害化处理后方可向外排放。

（9）生产区内猪群调动应按生产流程规定有序进行。出售生猪应由装猪台装车。严禁运猪车进场装卸生猪，凡已出场生猪严禁运返场内。

（10）坚持自繁自养的原则，新购进种猪应按规定的时间在隔离猪舍进行隔离观察，必要时还应进行实验室检验，经检验确认健康后方可进场混群。

（11）各生产车间之间不得共用或者互相借用饲养工具，更不允许将其外借和携带出场，不得将场外饲养用具带入场内使用。

（12）各猪舍在产前、断奶或空栏后以及必要时按照终末消毒的程序按清扫、冲洗、消毒、干燥、熏蒸等方法进行彻底消毒后方可转入生猪。

（13）疫苗由专人管理，疫苗冷藏设备到指定厂家采购，疫苗运回场后由专人按规定方法贮藏保管，并应登记所购疫苗的批号和生产日期，采购日期及失效期等，使用的疫苗废品和相关废弃物要集中无害化处理。

（14）应根据国家和地方防疫机构的规定及本地区疫情，决定猪厂使用疫苗品种，依据所使用疫苗的免疫特性制定适合本场的免疫程序。免疫注射前应逐一检查登记须注射疫苗生猪的栋号、栏号、耳号及健康状况，患病猪及妊娠母猪应暂缓注射，待其痊愈或产后再进行补注，确保免疫全覆盖。

二、消毒制度

为了控制传染源，切断传播途径，确保猪群的安全，必须严格做好日常的消毒工作。特拟定《规模化猪场日常消毒程序》，仅供参考。

1. 非生产区消毒

（1）凡一切进入养殖场人员（来宾、工作人员等）必须经大门消毒室，并按规定对体表、鞋底和人手进行消毒。

（2）大门消毒池长度为进出车辆车轮的两个周长以上，消毒池上方最好建顶棚，防止日晒雨淋；并且应该设置喷雾消毒装置。消毒池水和药要定期更换，保持消毒药的有效浓度。

（3）所有进入养殖场的车辆（包括客车、饲料运输车、装猪车等）必须严格消毒，特别是车辆的挡泥板和底盘必须充分喷透、驾驶室等必须严格消毒。

2. 生产区消毒

（1）生产人员（包括进入生产区的来访人员）必须更衣消毒沐浴，或更换一次性的工作服，换胶鞋后通过脚踏消毒池（消毒桶）才能进入生产区。

（2）生产区入口消毒池每周至少更换池水、池药两次，保持有效浓度。生产区内道路及 5m 范围以内和猪舍间空地每月至少消毒两次。售猪周转区、赶猪通道、装猪台及磅秤等每售一批猪都必须大消毒一次。

（3）分娩保育舍每周至少消毒两次，配种妊娠舍每周至少消毒一次。肥育猪舍每两周至少消毒一次。

（4）猪舍内所使用的各种器具、运载工具等必须每两周消毒一次。

（5）病死猪要在专用焚化炉中焚烧处理，或用生石灰和烧碱拌撒深埋。活疫苗使用后的空瓶应集中放入有盖塑料桶中灭菌处理，防止病毒扩散。

3. 消毒过程中应注意事项

（1）在进行消毒前，必须保证所消毒物品或地面清洁。否则，起不到消毒的效果。

（2）消毒剂的选择要具有针对性，要根据本场经常出现或存在的病原菌来选择消毒剂。消毒剂要根据厂家说明的方法操作进行，要保证新鲜，要现用现配。

（3）消毒作用时间一定要达到使用说明上要求的时间，否则会影响效果或起不到消毒作用。比如在鞋底消毒时仅蘸一下消毒液，达不到消毒作用。

三、无害化处理制度

（1）饲料应采用合理配方，提供理想蛋白质体系，以提高蛋白质及其他营养的吸收效率，减少氮的排放量和粪的生产量。

（2）养殖场的排泄物要实行干湿分离，干粪运至堆粪棚堆积发酵处理，水粪排入三级过滤池进行沉淀过滤处理。

（3）各猪场的排水系统应分雨水和污水两套排水系统，以减少排污的压力。

（4）具备焚烧条件的猪场，病残和死猪的尸体必须采取焚烧炉焚烧。不具备焚烧条件的猪场，必须设置两个以上混凝土结构的安全填埋井，且井口要加盖封严。每次投入猪尸体后，应覆一层厚度大于10cm的熟石灰，井填满后，须用土填埋压实并封口。

（5）废弃物包括过期的兽药、疫苗、注射后的疫苗瓶、药瓶及生产过程中产生的其他弃物。各种废弃物一律不得随意丢弃，应根据各自的性质不同采取煮沸、焚烧、深埋等无害化处理措施，并按要求填写相应的无害化处理记录表。

四、隔离制度

（1）商品猪实行全进全出或实行分单元全进全出饲养管理，每批猪出栏后，圈舍应空置两周以上，并进行彻底清洗、消毒，杀灭病原，防止连续感染和交叉感染。

（2）引种时应从非疫区，取得《动物防疫条件合格证》的种猪场或繁育场引进经检疫合格的种猪。种猪引进后应在隔离舍隔离观察6周以上，健康者方可进入猪舍饲养。

（3）患病猪和疑似患病猪应及时送隔离舍，进行隔离诊治或处理。

第三节　猪场规模与建设

一、栏圈建设

(一) 场址的选择

主要考虑地势要高燥；防疫条件要好；交通方便；水源充足；供电方便等条件。规模越大，这些条件越要严格。如果养猪数量少，则视其情况而定。同时也要考虑猪场要远离饮用水源地、学校、医院、无害化处理厂、种猪场等。

(二) 猪舍建筑形式

专业户养猪场建筑形式较多，可分为3类：开放式猪舍、封闭式猪舍、大棚式猪舍。

1. 开放式猪舍

建筑简单，节省材料，通风、采光好，舍内有害气体易排出。但由于猪舍不封闭，猪舍内的气温随着自然界变化而变化，不能人为控制，这样影响了猪的繁殖与生长，另外，相对占用面积较大。

2. 大棚式猪舍

即用塑料扣成大棚式的猪舍。利用太阳辐射增高猪舍内温度。北方冬季养猪多采用这种形式。这是一种投资少、效果好的猪舍。根据建筑上塑料布层数，猪舍可分为单层和双层塑料棚舍。根据猪舍排列，可分为单列和双列塑料棚舍。另外，还有半地下塑料棚舍和种养结合塑料棚舍。单层塑料棚舍比无棚舍的平均温度可提高13.5℃，由于舍温的提高，使猪的增重也有很大提高。据试验，有棚舍比无棚舍日增重可增加238g，每增重1kg可节省饲料0.55kg。因此说塑料大棚养猪是在高海拔地区投资少、效果好的一种方法。双层塑料棚舍比单层塑料棚舍温度高，保温性能好。双层塑料棚舍比单层塑料棚舍温度提高3℃以上，肉猪的日增重可提高50g以上，每增重1kg节省饲料0.3kg。

(1) 单列和双列塑料棚舍：单列塑料棚舍指单列猪舍扣塑料布。双列塑料棚舍，由两列对面猪舍连在一起扣上塑料布。此类猪舍多为南北走向，争取上、下午及午间都能充分利用阳光，以提高舍内温度。

（2）半地下塑料棚舍：半地下塑料棚舍宜建在地势高燥、地下水位低或半山坡等地方。一般在地下部分为80～100cm。这类猪舍内壁要砌成墙，防止猪拱或塌方。底面整平，修筑混凝土地面。这类猪舍冬季温度高于其他类型猪舍。

（3）种养结合塑料棚舍：这种猪舍是既养猪又种菜。建筑方式同单列塑料棚舍。一般在一列舍内有一半养猪，一半种菜，中间设隔断墙。隔断墙留洞口不封闭，猪舍内污浊空气可流动到种菜室那边，种菜那边新鲜空气可流动到猪舍。在菜要打药时要将洞口封闭严密，以防猪中毒。最好在猪床位置下面修建沼气池，利用猪粪尿生产沼气，供照明、煮饭、取暖等用。

（4）塑料大棚猪舍，冬季湿度较大，塑料膜滴水，猪密度较大时，相对湿度很高，空气氨气浓度也大，这样会影响猪的生长发育。因此，需适当设排气孔，适当通风，以降低舍内湿度、排出污浊气体。

（5）为了保持棚舍内温度，冬季在夜晚于大棚的上面盖一层防寒草帘子，帘子内面最好用牛皮纸、外面用稻草做成。这样减少棚舍内温度的散失。夏季可除去塑料膜，但必须设有遮阳物。这样能达到冬暖夏凉。

3. 封闭式猪舍

通常有单列式、双列式和多列式。

单列式封闭猪舍：猪栏排成一列，靠北墙可设或不设走道。构造简单，采光、通风、防潮好，冬季不是很冷的地区适用。

双列式封闭猪舍：猪栏排成两列，中间设走道，管理方便，利用率高，保温较好，采光、防潮不如单列式。冬季寒冷地区适用。养肥猪适宜，如图4-3。

多列式封闭猪舍：猪栏排成3列或4列，中间设2～3条走道，保温好，利用率高，但构造复杂，造价高，通风降温较困难。

二、饲养规模

饲养规模的大小与资源的高效合理利用，与猪场的收益密切相关，在精细饲养管理的条件下，往往规模越大养殖成本越低，养殖效

图4-3　双列式封闭猪舍

益也越好。但由于我们地处山区，发展相对较慢，各种资源的整合难度较大，资金大量融合困难，所以发展规模必须在各方面条件允许的情况下稳步发展。不能盲目跟风扩场扩建，大量引种，要切记资金链断裂带来的廉价抛售风险。建议猪场根据自己的实力，首先建立稳定的繁殖群，满足饲养所需的种苗供应，也可防止外地引种的疫病风险和价格波动风险，并在此基础上稳步滚雪球式的逐步壮大。

第五章　疾病的临床诊断及疫病防治

第一节　临床诊断简介

一、望诊

望诊就是用肉眼和借助器械直接及间接对畜禽整体和局部进行观察的一种方法。望诊的方法：使待诊动物尽量处于自然状态，一般距离动物1~1.5m，从动物的前方看向后方，先观察静态再观察动态，位于动物正前方和后方时要注意观察两侧胸腹的对称性，动物若处于静止状态要进行适当的驱赶以观察其运动姿态。观察猪群，从中发现精神沉郁、离群呆立、步态异样、饮食饮水异常、生理体腔是否有污秽的分泌物和排泄物、被毛粗乱无光的消瘦衰弱病畜，从整体上了解猪群的健康状况，提出及时的诊疗预防措施，并为进一步诊断提供依据。

二、听诊

听诊是利用耳朵和听诊设备听取动物的内脏器官在运动时发出的各种声响，以音响的性质判断其病理变化的一种诊断方法。临床上主要用于听诊心血管系统、呼吸系统、消化系统的各种声响，例如，心区听诊正常的为两个有规律的咚-嗒音，两个音间隔大致相等。当生猪患热性病时心音明显加强，能听到急促的心跳咚-嗒声，患衰竭、休克、中毒性疾病时，心音一般减弱或者先加强后减弱。正常的支气管呼吸音类似于"赫"的音，肺泡呼吸音声音很低类似于"夫"的音。发热时肺泡呼吸音增强，喘息声明显，多见于肺炎和支气管肺炎，肺气肿、胸膜炎、胸水时呼吸音减弱。正常的肠蠕动音似流水声、含漱声，在发生肠胃炎时出现雷鸣音，便秘、肠阻塞时肠音减弱。

三、问诊

问诊是通过询问的方式向畜主或者饲养员了解病畜或者畜群发病前后的状况和经过，主要询问饲料的种类、质量和配制的方法，饲料的贮藏、饲喂方法，了解病畜和畜群的既往病史、特别是有畜群发病时要详细调查当地疫病流行情况、防疫检疫情况，还要询问现病史，掌握发病的时间、地点、发病数量和病程以及治疗措施等。对上述询问的结果进行综合客观的分析，为诊断提供依据。

四、触诊

触诊是用手对要检查的组织器官进行触压和感觉，同时观察病畜的表现，从而判断其病变部位的大小、硬度、温度、敏感性等。触诊一般分为按压触诊、冲击触诊、切入触诊3种，临床多用于检查体表的温度、肿胀物的大小性状、以刺激为目的检查动物的敏感度、深部触诊用于检查内部器官的位置、形态、内容物状态以及与周边组织的关系等。

五、嗅诊

嗅诊主要是通过鼻腔嗅闻病畜的呼出气体、口腔气味、分泌物、排泄物（粪、尿）和病理产物的气味来判断机体的病变，例如，鼻腔呼出气有腐败味，提示为肺脏坏疽，阴道分泌物有腐败臭味提示为子宫蓄脓和胎衣滞留，尿液有浓氨臭味提示有膀胱炎、泻下物有浓腥臭味、提示有肠炎、有酸臭味提示有胃炎。

第二节　黑猪疫病防治

一、疫病预防

常见传染病主要指对养殖业危害大，而且多发的几种传染病，例如，猪瘟、口蹄疫、蓝耳病、伪狂犬病、传染性胃肠炎、链球菌病、仔猪水肿病、猪丹毒、猪肺疫等，由于这些疾病多有发病急、病程短、诊疗效果差、死亡率高等特点，所以在养殖过程中多以预防为主。参见猪场疫病免疫程序（表5-1）。

疫苗使用前后应注意猪场所用药物对疫苗免疫效果的影响。

表5-1 猪场免疫程序

商品猪		
免疫时间	使用疫苗	剂量
1日龄（初乳前）	猪瘟弱毒疫苗	1头份
3日龄	猪伪狂犬基因缺失弱毒苗	滴鼻1头份
7日龄	猪喘气病灭活疫苗	按疫苗说明书
18日龄	猪水肿病灭活疫苗	肌注2头份
21日龄	猪喘气病灭活疫苗	按疫苗说明书
28日龄	猪高致病性蓝耳病灭活疫苗	按疫苗说明书
35日龄	猪链球菌Ⅱ灭活苗	按疫苗说明书
40日龄	猪水肿病疫苗	按疫苗说明书
50日龄	猪伪狂犬基因缺失弱毒苗	肌注1头份
60日龄	猪瘟、丹毒、肺疫三联疫苗	肌注2头份
种母猪		
免疫时间	使用疫苗	剂量
初产母猪配种前	猪瘟弱毒疫苗	肌注4头份
	猪高致病性蓝耳病灭活疫苗	按疫苗说明书
	猪细小病毒疫苗	按疫苗说明书
	猪伪狂犬基因缺失弱毒苗	按疫苗说明书
经产母猪配种前	猪瘟弱毒疫苗	肌注4头份
	猪高致病性蓝耳病灭活疫苗	按疫苗说明
经产母猪产前30日	猪伪狂犬基因缺失弱毒苗	按疫苗说明书
产前15日	大肠杆菌双价基因工程苗	按疫苗说明书
种公猪		
免疫时间	使用疫苗	剂量
每隔6个月	猪瘟弱毒疫苗	肌注4~6头份
	猪高致病性蓝耳病灭活疫苗	按疫苗说明
	猪伪狂犬基因缺失弱毒苗	按疫苗说明
备注	①每年3—4月接种乙型脑炎疫苗 ②每年3—9月接种口蹄疫疫苗 ③每年3—10月接种猪传染性胃肠炎、流行性腹泻二联疫苗 ④根据本地疫病情况看选择进行免疫	

出现过敏情况时，皮下或肌内注射 0.2~1mL 肾上腺素/头，如静脉注射需稀释 10 倍或者肌内注射地塞米松注射液 5mL。

疫苗免疫通常应在猪只健康状态下进行，免疫程序常受到猪群健康状况等多种因素的影响而调整。调整免疫程序请在兽医指导下进行。猪瘟和口蹄疫是国家强制免疫的疫病，疫苗可直接到兽防站领取。

二、常见疾病防治

常见疾病是指临床上多发，危害较大，通过积极的预防、诊疗可以得到控制和达到预期效果。

（一）仔猪腹泻病

仔猪腹泻病临床上主要分为以下几种类型：消化不良性腹泻、细菌感染性腹泻和病毒性腹泻。由于细菌性和病毒性腹泻多以预防为主，此处不讲。消化不良性腹泻是各种致病因素单一和综合作用（例如，寒湿，久卧寒湿水泥地、饮水冰冷、圈舍阴冷等；湿热，圈舍不通风闷热、日光直接照射、圈舍潮湿、饲养密度过高等；毒物误食，误食如蓖麻、巴豆、马铃薯芽、马铃薯黄茎叶、幼嫩的高粱玉米苗等；寄生虫机械损伤、吸附、移行等；粗饲料损伤畜体的消化道等）导致消化器官损伤和机能紊乱而至泄泻。

1. 主要症状

症状多与病因不同而有所变化，寒湿型多畏寒肢冷、抖擞毛立、泄泻物清稀如水。湿热型表现为分散呆立、体倦乏力、喜饮、里急后重，泄泻物多黄色黏稠。中毒型多表现为站卧不安、疼痛呻吟，泄泻物多为黑色。消化道损伤型多表现为采食减少，时好时坏，肠胃胀满，泄泻物多为未消化的食物且酸臭。

2. 治疗

寒湿型腹泻多采用温脾暖胃的方剂温脾散和桂心散（温脾散：青皮、陈皮、白术、厚朴、当归、甘草、细辛、益智、葱白、食醋。桂心散：桂心、厚朴、青皮、陈皮、白术、益智仁、干姜、砂仁、当归、甘草、五味子、肉豆蔻、大葱）用上述方剂煎汤灌服。湿热型痢疾治疗用白头翁汤和郁金散（早期白头翁汤：白头翁、黄连、黄柏、秦皮，后期郁金散：黄柏、黄芩、黄连、炒大黄、栀子、白芍、诃子）。误食毒物腹泻首先应停喂有毒物、洗胃，解毒用绿豆汤加淀粉、活性炭灌服，止泻用理中汤加味（理中汤：甘草、党参、白术、干姜加味炒大黄、炒麦芽、山楂煎汤灌服）。寄生虫引起的腹泻西药用左旋咪唑和伊维菌素注射驱虫，然后用平胃散（平胃散：厚朴、陈皮、苍术、甘草、大枣、干姜）行气健脾，伤食腹泻用保和丸（保和丸：六曲、山楂、茯苓、半夏、陈皮、连翘、麦芽）煎汤灌服。在仔猪腹泻病治疗过程中可以结合西药抑菌剂，常用土霉素、磺胺粉、庆大霉素等拌料喂服和注射，消炎和减少渗出可用地塞米松注射液和维生素 C 注射液。

3. 预防

仔猪饲养中要注意圈舍的防寒保暖、干燥、通风、清洁，及时清除排泄物，选择优质易消化的饲料定时定量饲喂、供给清洁饮水、定期驱虫，不轻易转圈分群，改变饲料和饲喂方式，尽量减少仔猪应急等。

（二）仔猪水肿病

仔猪水肿病是由大肠杆菌引起的仔猪肠毒血症性传染病。多为散发，一年四季均有病例发生，多以断奶后营养丰富，生长迅速的仔猪首先发病，往往不出现症状突然死亡或者突然发病，常在 1~2d 内死亡。

主要症状：发病猪表现为四肢无力跪地爬行、声音嘶哑、共济失调、眼睑、面部水肿、结膜潮红充血，触摸敏感尖叫，急性不见症状突然死亡，病程一般 1~2d，死亡率约 95%。

1. 病理变化

以胃贲门、胃大弯和肠系膜呈胶冻样水肿为特征。胃肠黏膜呈弥漫性出血，心包腔、胸腔和腹腔有大量积液。淋巴结水肿充血和出血。

2. 治疗

发病早期用磺胺间甲氧嘧啶钠、大剂量地塞米松治疗，辅以安钠咖、速尿、维生素 C、氯化钙等注射液对症治疗，中兽药配合黄连解毒汤和五苓散（黄连解毒汤：黄连、黄柏、黄芩、栀子，五苓散：

猪苓、茯苓、泽泻、白术、桂枝）煎汤灌服，后期多没有治疗效果。

3. 预防

注意圈舍卫生，定期消毒，发生过此病的栏圈要彻底消毒，有条件的可以空栏 3~4 个月再补栏饲养。注意仔猪的饲料营养，避免蛋白质饲料的过量添加，饲料中注意添加矿物元素硒和维生素 E、维生素 B_1、维生素 B_2、尽量减少饲料更换、转圈、断奶、气候变化等对仔猪的应激反应。

疫苗预防用仔猪水肿病灭活疫苗在仔猪 18 日龄时首免，30 日龄时强化免疫一次。

（三）猪喘气病

猪喘气病是由肺炎支原体引起猪的慢性呼吸道传染病。乳猪和仔猪的发病率和死亡率较高，多散发，四季均可发生，但以寒冷潮湿的季节多发。新疫区多呈急性暴发，死亡率较高。老疫区多表现为慢性和隐性，死亡率较低，导致猪群抵抗力下降，饲养经济效益降低。

1. 主要症状

不愿走动、呆立一隅、动则气喘，严重者呈犬坐呼吸，张口喘气，发出喘鸣声，轻微咳嗽，采食和剧烈运动后咳嗽加剧，体温一般正常，合并感染后体温升高可致 40℃。

2. 病理变化

急性死亡病例可见肺脏有不同程度的水肿和气肿，早期病变发生在心叶，呈淡红色和灰红色，半透明状，病变部位界限明显，像鲜嫩的肌肉样，俗称"肉变"。随着病程的延长和加重，病变部位转为浅红色、灰白色或灰红色，半透明状态减轻，俗称"虾肉样变"。继发细菌感染时出现纤维素性、化脓性和坏死性病变。

3. 治疗

猪喘气病治疗抗菌用壮观霉素、卡那霉素、泰乐霉素交替肌注治疗，并用土霉素拌料喂服，平喘用氨茶碱。中药治疗用麻杏石甘汤加味（麻黄、杏仁、石膏、甘草、黄芩、百部、板蓝根、桑叶、枇杷叶、马兜铃、麦冬、桔梗、贝母）煎汤灌服。

4. 猪肺炎支原体的防治措施

（1）加强饲养管理。尽可能自繁自养及全进全出；保持舍内空气新鲜，增强通风减少尘埃，及时清除干稀粪降低舍内氨气浓度；断奶后 10~15d 内仔猪环境温度应为 28~30℃，保育阶段温度应在 20℃以上，最少不低于 16℃。保育舍、产房还要注意减少温差，同时注意防止猪群过度拥挤，对猪群进行定期驱虫；尽量减少迁移，降低混群应激；避免饲料突然更换，定期消毒，彻底消毒空舍等。

（2）药物控制。使用抗生素可减缓疾病的临床症状和避免继发感染的发生。常用的抗生素有四环素类、泰乐菌素、林肯霉素、氯甲砜霉素、泰妙灵、螺旋霉素、奎诺酮类（恩诺沙星、诺氟沙星等），但总的来说，使用抗生素不会阻止感染发生，且一旦停止用药，疾病很快就会复发。另外，由于是防御性措施，通常使用的抗生素浓度较低，这易导致病原体产生耐药性，以后再用类似药物效果就不好。值得注意的是猪肺炎支原体对青霉素，阿莫西林，羟氨苄青霉素，头孢菌素Ⅱ，磺胺二甲氧嘧啶，红霉素，竹桃霉素和多粘菌素都有抗药性。

（3）综合防治措施。应针对该病考虑使用综合防治措施：对于未感染猪肺炎支原体的猪群来说，感染猪肺炎支原体的可能性很大，如距离感染猪群较近、猪群过大、离生猪贩运的主干道太近，这些都极易导致支原体传播与感染。由于猪肺炎支原体是靠空气传播的，这也给保护未感染猪群带来难度。在猪饲养密度过高的地区，问题犹为棘手，未感染猪群很可能会出现持续反复的感染。以上几种措施，无论是加强饲养环境管理、使用抗生素、还是采取根除措施，都不是防治喘气病的理想方案，它们都无法给猪整个生长周期提供全程保护，使猪免受猪肺炎支原体的感染。有条件的猪场应尽可能实施多点隔离式生产技术，也可考虑利用康复母猪基本不带菌，不排菌的原理，使用各种抗生素治疗使病猪康复，然后将康复母猪单个隔离饲养、人工授精，培育健康繁殖群。严重危害地区也可全程药物控制。方法如下。

①怀孕母猪分娩前 14~20d 以支原净、利高霉素或林可霉素、克林霉素、氟甲砜霉素等投药 7d。②仔猪 1 日龄口服 0.5mL 庆大霉素，5~7 日龄、21 日龄两次免疫喘气病灭活苗。仔猪 15 日龄、25 日龄注射恩诺沙星 1 次，有腹泻严重的猪场断奶前后定期用药，可选用支原

净、利高霉素、泰乐菌素、土霉素、氟甲砜霉素复方等。③保育猪、育肥猪、怀孕母猪脉冲用药，可选用 20~40mg/kg 土霉素肌注，首次量加倍，也可对群体猪使用土霉素纯粉及复方新诺明原粉拌料，剂量为前 5d 用 500g 复方新诺明加 250kg 饲料，5d 后以每 250g 土霉素配 250kg 饲料再用 5d。④根据猪群背景要求加强对猪瘟、猪繁殖与呼吸综合征、猪萎缩性鼻炎、链球菌病、弓形体病的免疫与控制。

总之，在搞好全进全出，加强管理与卫生消毒工作，提高生物安全标准的基础上，加强对怀孕母猪尤其是初产母猪隐性感染和潜伏性感染的药物控制，加强仔猪特别是初产母猪所产仔猪的早期免疫，及时检疫，立即隔离发病猪，并根据猪群具体健康状况采取定期用药，预防用药等措施是控制场内支原体危害的关键。

（四）猪萎缩性鼻炎

猪萎缩性鼻炎是由波氏杆菌和多杀性巴氏杆菌联合感染引起猪的慢性呼吸道传染病。其中仔猪最易感，6~8 周龄发病较多，发病率一般随猪年龄的增加而下降，多呈现散发和地方流行。

1. 主要症状

患病猪鼻炎、鼻梁变形和鼻甲骨萎缩，呼吸困难、吸气时鼻孔张开和明显的张口呼吸，发出鼾声和喘鸣声，响如拉锯声或口哨声，鼻炎时鼻泪管阻塞泪液流出眼外，形成明显的月牙痕，严重的面部变形，甚至引起脑炎和肺炎，发病猪生长停止。

2. 病理变化

特征性病理变化是鼻腔软骨和鼻甲骨软化及萎缩，最常见的是鼻甲骨下卷曲，重者鼻甲骨消失。

3. 治疗

猪萎缩性鼻炎的治疗用磺胺嘧啶钠和长效土霉素、卡拉霉素等交替给药治疗，连续 1 周。中兽药治疗可用辛夷散加味（酒黄柏、酒知母、沙参、木香、郁金、明矾、细辛、辛夷、黄芩、贝母、白芷、苍耳子、百部、麦冬）煎汤灌服，并用药液冲洗鼻腔。

4. 预防

加强饲养管理，保持猪舍的清洁、干燥、卫生、定期消毒、避免阴冷、潮湿、寒凉的圈舍环境。饲喂时尽量减少饲料的粉尘，防止异物刺激诱发此病。对有明显症状的猪进行隔离或淘汰。妊娠母猪于产前 2 个月和 1 个月分别接种波氏杆菌和巴氏杆菌灭活油剂二联苗，以提高母源抗体滴度，保护初生仔猪免受感染。对于仔猪可于 21 日龄免疫接种波氏杆菌和巴氏杆菌二联苗，并于 1 周后加强免疫 1 次。公猪每年注射 1 次。预防性给药母猪妊娠最后 1 个月饲料中添加磺胺嘧啶钠粉 0.1g/kg 或土霉素粉 0.4g/kg。乳猪出生 3 周内可用庆大小诺霉素注射液预防性注射 3~4 次，并结合鼻腔喷雾 3~4 次直到断奶。育成猪预防也可添加磺胺粉，但宰前 1 个月应停药。

（五）猪链球菌病

猪链球菌病是由多种血清型的链球菌引起多种传染病的总称，主要特征为急性败血症和脑炎，慢性关节炎和心内膜炎。患病猪、隐性感染猪和康复带菌猪是主要的传染源。经呼吸道、消化道和受损的皮肤黏膜均可感染，以哺乳和断奶仔猪最易感。疾病一年四季均可发生，但以 5—10 月气候炎热时多发。

1. 主要症状

猪链球菌病临床上主要分为急性败血病型、脑膜炎型和淋巴结脓肿型 3 个类型。

猪败血型链球菌病最急性突然发病，多不见异常突然死亡，或者食欲废绝、卧地不起、体温 41~42℃、呼吸迫促常在 1d 内死亡。急性型体温 42~43℃、高热稽留，眼结膜潮红、流泪，呼吸急促、间或咳嗽，常在耳、颈、腹下、四肢下端皮肤出现紫红色和出血点，多于 3~5d 死亡。慢性多由急性转化而来，表现为关节炎，关节肿大、高度跛行、有疼痛感、严重者瘫痪，多预后不良。

猪链球菌病脑膜炎型多发于哺乳和断奶仔猪，体温升高，绝食、便秘、流浆液和黏液性鼻液，盲目走动、步态不稳、转圈运动、触动时敏感并尖叫和抽搐，口吐白沫、倒地时四肢游动，多在 1~2d 内死亡。

猪淋巴结脓肿型链球菌病主要表现为颌下、咽部、颈部等处的淋巴结化脓和脓肿为特征，病猪体温升高，食欲减退，常由于脓肿压迫导致咀嚼、吞咽困难、甚至呼吸障碍、脓肿破溃、浓汁排尽后逐渐康复，但长期带毒，成为传染源。

2. 病理变化

败血型病猪血凝不良，皮肤有紫斑，黏膜浆膜和皮下出血。胸腔积液，全身淋巴结水肿充血，肺充血水肿，心包积液，心肌柔软，色淡呈煮肉样。脾脏肿大呈暗红或紫蓝色，柔软易碎，包膜下有出血点，边缘有出血梗塞区。肾脏肿大，皮质髓质界限不清有出血点。胃肠黏膜浆膜有小出血点。脑膜和脊髓软膜充血、出血。关节炎病变是关节囊膜面充血、粗糙，关节周围组织有化脓灶。

3. 治疗

发病早期抗菌可选用青霉素、阿莫西林、庆大霉素、磺胺嘧啶钠1天2次，连续1个星期进行治疗，直到症状消失，解热可用安乃近，消炎用地塞米松，化脓疮首先排尽脓汁，然后用3%双氧水或0.3%高锰酸钾进行清洗，再涂撒磺胺粉。中兽药治疗用清瘟败毒饮（生地、黄连、黄芩、丹皮、石膏、知母、甘草、竹叶、犀角、玄参、连翘、栀子、白芍、桔梗）。

4. 预防

免疫是预防本病的主要措施，可用猪链球菌病灭活疫苗每头皮下注射3~5mL，或者用猪败血性链球菌病弱毒疫苗，每头皮下注射1mL或口服4mL，免疫期一般6个月。

药物预防：常在流行季节添加土霉素、四环素、金霉素，每吨饲料添加600~800g，连续饲喂1周。有病例发生时每吨饲料添加阿莫西林300g、磺胺二甲氧嘧啶钠400g连续饲喂1周。也可以每吨饲料添加11%林可霉素500~700g、磺胺嘧啶200~300g、抗菌增效剂50~90g连续饲喂1周。

保持圈舍清洁、干燥和通风，建立严格的消毒制度，外地引种实行隔离观察45d后方可混群，发现病例及时隔离，对圈舍彻底消毒，对可疑猪药物预防或紧急接种。病死猪严禁宰杀和出售，一律按要求进行深埋（一般不低于2m）和化制等无害化处理。

（六）猪伪狂犬病

猪伪狂犬病是由伪狂犬病毒引起猪的一种急性传染病。一般散发，呈地方流行性，常以冬春季多发。仔猪年龄越小发病率和死亡率越高，随着年龄的增加而下降。带毒猪、鼠是主要的传染源，主要经消化道传播，也可经损伤的皮肤以及呼吸道和生殖道传播。

1. 主要症状

仔猪体温升高，精神委顿、厌食、呕吐、有的呼吸困难、呈腹式呼吸，然后出现神经症状全身抖动，运动失调，状如酒醉，做前进和后退运动，阵发性痉挛，倒地后四肢划动，最后昏迷死亡，部分耐过猪出现偏瘫，发育受阻。怀孕母猪表现为发热、咳嗽、常发生流产、死胎、木乃伊胎和产弱仔，弱仔表现为尖叫、痉挛、不吸吮乳汁、运动失调，常于 1~2d 内死亡。

2. 病理变化

一般无特征性病理变化，有神经症状的仔猪脑膜充血、出血和水肿，脑脊液增多。肺水肿，有小叶间质性肺炎病变。扁桃体、肝、脾均有灰白色小坏死灶。全身淋巴结肿胀出血。肾布满针点样出血点，胃底黏膜出血，流产胎儿的脑和臀部皮肤有出血点，肾和心肌出血。

3. 治疗

一般施以对症治疗，尚无特效药物。中兽药用镇心散加味（朱砂、栀子、麻黄、茯神、远志、郁金、防风、党参、黄芩、黄连、女贞子、白芍、柴胡、金银花、板蓝根、连翘）煎汤灌服。

4. 预防

猪舍灭鼠对预防伪狂犬病有重要意义。引进猪要实行严格的隔离观察，严禁引入带病猪。流行地区可进行免疫接种，用伪狂犬病弱毒疫苗、野毒灭活苗和基因缺失苗，但在同一头猪只能用一种基因缺失苗，避免疫苗毒株间的重组。疫苗接种不能消灭本病，只能缓解发病后的症状，所以无病猪场一般禁用疫苗。发病时要立即隔离和扑杀病猪，尸体销毁和深埋，疫区内的未感染动物实行紧急免疫接种，圈舍用具及污染的环境，用2%氢氧化钠、20%漂白粉彻底消毒，粪便发酵处理。

（七）猪魏氏梭菌病

魏氏梭菌病，是由产气荚膜梭菌引起的传染病，各年龄段猪不分性别，一年四季均可发病。发病率不高，但死亡率极高，是严重危害养猪业的重要疾病。

1. 临床症状

最急性型发病猪病程极短，临床上几乎见不到症状，突然死亡。急性型表现体温升高到 40.5℃，腹部明显膨胀，耳尖、蹄部、鼻唇部发绀，精神不振，食欲减少。有的出现神经症状，跳圈，怪叫，接着倒地不起，口吐白沫或红色泡沫。

2. 病理变化

解剖病死猪，胸腹腔有黄色积液，肠系膜和腹股沟淋巴结出血，心包积液，肝肿大，质地脆，易碎，脾肿大，有出血点，气管及支气管中有白色或红色泡沫，胃出现膨胀，胃黏膜完全脱落，有出血斑。其他无明显病变。

3. 防治措施

对猪魏氏梭菌病的防治一般采取综合性治疗措施。

①用支梅素+维生素 C+5% 葡萄糖静脉滴注，2 次/d，连续 3d 治疗，未有发病症状的猪可用痢菌净拌食吃，一天两次连续 3d 治疗。②隔离发病猪，栏舍消毒，每天 1 次，连续 1 周，消毒药用 10% 生石灰，20% 绿卫等交替使用，饲槽、饮水用具用 0.01% 高锰酸钾水溶液清洗。病死猪无害化处理，然后深埋。

(八) 猪肺疫

猪肺疫是由多杀性巴氏杆菌所引起的一种急性传染病（猪巴氏杆菌病），俗称"锁喉风""肿脖瘟"。各种年龄的猪都可感染发病。发病一般无明显的季节性，但以冷热交替、气候多变，高温季节多发，一般呈散发性。急性或慢性经过，急性呈败血症变化，咽喉部肿胀，高度呼吸困难。

1. 临床症状

根据病程长短和临床表现分为最急性、急性和慢性型。

最急性型：未出现任何症状，突然发病，迅速死亡。病程稍长者表现体温升高到 41~42℃，食欲废绝，呼吸困难，心跳急速，可视黏膜发绀，皮肤出现紫红斑。咽喉部和颈部发热、红肿、坚硬，严重者延至耳根、胸前。病猪呼吸极度困难，常呈犬坐姿势，伸长头颈，有时可发出喘鸣声，口鼻流出白色泡沫，有时带有血色。一旦出现严重的呼吸困难，病情往往迅速恶化，很快死亡。死亡率常高达 100%。

急性型：本型最常见。体温升高至 40~41℃，初期为痉挛性干咳，呼吸困难，口鼻流出白沫，有时混有血液，后变为湿咳。随病程发展，呼吸更加困难，常作犬坐姿势，精神不振，食欲不振或废绝，皮肤出现红斑，后期衰弱无力，卧地不起，多因窒息死亡。病程 5~8d，不死者转为慢性。

慢性型：主要表现为肺炎和慢性胃肠炎。时有持续性咳嗽和呼吸困难，关节肿胀，常有腹泻，食欲不振，营养不良，有痂样湿疹，极度消瘦，病程 2 周以上，多数发生死亡。

2. 病理变化

最急性型：全身黏膜、浆膜和皮下组织有出血点，尤以喉头及其周围组织的出血性水肿为特征。切开颈部皮肤，有大量胶胨样淡黄或灰青色纤维素性浆液。全身淋巴结肿胀、出血。

急性型：除了全身黏膜、实质器官、淋巴结的出血性病变外，特征性的病变是纤维素性肺炎，胸膜与肺粘连，肺切面呈大理石纹，胸腔、心包积液，气管、支气管黏膜发炎有泡沫状黏液。

慢性型：肺肝变区扩大，有灰黄色或灰色坏死，内有干酪样物质，有的形成空洞，高度消瘦，贫血，皮下组织见有坏死灶。

3. 防治措施

最急性病例由于发病急，常来不及治疗，病猪已死亡。青霉素、链霉素和四环素类抗生素对猪肺疫都有一定疗效。也可与磺胺类药物配合用，在治疗上特别要强调的是，本菌极易产生抗药性，因此，有条件的应做药敏试验，选择敏感性药物治疗。

每年春秋两季定期注射猪肺疫弱毒菌苗；对常发病猪场，要在饲料中添加抗菌药进行预防。

发生本病时，应将病猪隔离、严格消毒。对新购入猪隔离观察一个月后无异常变化再合群饲养。

（九）猪传染性胃肠炎

猪传染性胃肠炎又称幼猪的胃肠炎，冬泻，是一种高度接触传染病，以呕吐、严重腹泻、脱水，致 2 周龄内仔猪高死亡率为特征的病毒性传染病。各种年龄的猪都可感染，多以冬季寒冷季节多发，特别寒冷季节潮湿猪场容易流行。

1. 临床症状

一般 2 周龄以内的仔猪感染后 12~24h 会出现呕吐，继而出现严重的水样或糊状腹泻，粪便呈黄色，常夹有未消化的凝乳块，恶臭，体重迅速下降，仔猪明显脱水，发病 2~7d 死亡，死亡率达 100%；在 2~3 周龄的仔猪，死亡率在 10%。断乳猪感染后 2~4d 发病，表现水泻，呈喷射状，粪便呈灰色或褐色，个别猪呕吐，在 5~8d 后腹泻停止，极少死亡，但体重下降，常表现发育不良，成为僵猪。冬季育肥猪发病表现水泻，呈喷射状，呕吐，在 7d 后腹泻停止，极少死亡，表现良性病程。

2. 防治措施

治疗药物可用痢菌净，土霉素类拌料饲喂，注射恩诺沙星类注射液以及中药白头翁汤加味（白头翁、黄连、黄柏、秦皮、金银花、陈皮、苍术、茯苓）煎汤灌服，1 日 2 次。同时保持圈舍干燥，注意防寒保暖，及时清除粪污，及时隔离病畜，彻底消毒圈舍。预防用传染性胃肠炎和流行性腹泻二联弱毒疫苗，春秋两次免疫。

（十）猪瘟

猪瘟是由猪瘟病毒引起的急性、热性、高度接触性传染病。主要特征是高热稽留，细小血管壁变性，组织器官广泛性出血，脾脏梗死。强毒株感染呈流行性，中等毒力株感染呈地方流行性，低毒力株感染呈散发性。病猪和带毒猪（特别是迟发性病猪）是主要的传染源。各个年龄段的猪均易感。直接接触感染为主要传播方式，一般经呼吸道、消化道、结膜和生殖道黏膜感染，也可经胎盘垂直传播。发病无明显的季节性，一般以春秋多发。

1. 主要症状

根据猪瘟病猪的临床症状，可分为急性、慢性、迟发性和温和性 4 种类型。

（1）急性型：病猪精神萎靡、呈弓背弯腰或皮紧毛乍的怕冷状，垂尾低头，食欲减少或停食，体温 42℃ 以上。病初便秘、腹泻交替、后期便秘，粪如算珠呈串或单粒散落，有的伴有呕吐。眼结膜炎，两眼有黏液性和脓性分泌物，严重时糊住眼睑。随着病程发展出现步态不稳，后躯麻痹。腹下、耳和四肢内侧等皮肤充血，后期变为紫绀区，密布全身（除前背部）。大多数在发病后 10~20d 内死亡。

（2）慢性型：病程分为 3 期，早期食欲不振，精神沉郁，体温升高 41~42℃，白细胞减少。随后转入中期，食欲和一般症状改善，体温正常或略高，白细胞仍偏低，后期又出现食欲减退和体温升高，病猪病情的好转与恶化交替反复出现，生长迟缓，常持续 3 个月以上，最终死亡。

（3）迟发型：是由低毒力猪瘟病毒持续感染，引起怀孕母猪繁殖障碍。病毒通过胎盘感染胎儿，可引起流产、产木乃伊、畸形胎和死胎，以及有颤抖、嘶叫、抵墙症状的弱仔和外表健康的感染仔猪。胎盘内感染的外表健康仔猪终生有高浓度的病毒血症，而不产生对猪瘟病毒的中和抗体，是一种免疫耐受现象。子宫内感染的外表健康仔猪在出生后几个月表现正常，随后出现食欲不振，结膜炎，皮炎，下痢和运动失调，体温不高，大多数存活 6 月龄以上，但最终死亡。

（4）温和型猪瘟：又称"非典型猪瘟"。体温一般 40~41℃，皮肤一般无出血点，腹下多见瘀血和坏死，耳部和尾巴皮肤发生坏死，常因合并感染和继发感染而死亡。

2. 病理变化

急性亚急性病例是以多发性出血为主的败血症变化。呼吸道、消化道、泌尿生殖道有卡他性、纤维素性和出血性炎症反应。具有诊断意义的特征性病变是脾脏边缘有针尖大小的出血点并有出血性梗死，突出于脾脏表面呈紫黑色。肾脏皮质有针尖大小的出血点和出血斑。全身淋巴结水肿，周边出血，呈大理石样外观。全身黏膜、浆膜、会厌软骨、心脏、胃肠、膀胱及胆囊均有大小不一的出血点或出血斑。胆囊和扁桃体有溃疡。

慢性病例特征性病变是在回盲瓣口和结肠黏膜，出现坏死性、固膜性和溃疡性炎症，溃疡突出于黏膜似纽扣状。肋骨突然钙化，从肋骨、肋软骨联合到肋骨近端，出现明显的横切线。黏膜、浆膜出血和脾脏出血性梗死病变不明显。

迟发性：特征性病变是胸腺萎缩，外周淋巴器官严重缺乏淋巴细胞和发生滤泡，胎儿木乃伊化，死产和畸形，死产和出生后不久死亡的胎儿全身性皮下水肿。胸腔和腹腔积液，皮肤和内脏器官有出血点。

3. 诊断要点

临床上通过流行病学、临床症状、病理变化，可以作出初步诊断。必要时可以进行实验室诊断利用荧光抗体病毒中和试验，方法是采取可疑病猪的扁桃体、淋巴结、肝、肾等制作冰冻切片，组织切片或组织压片，用猪瘟荧光抗体处理，然后在荧光显微镜下观察，如见细胞中有亮绿色荧光斑块为阳性，呈现清灰和橙色为阴性，2～3h即可作出诊断。也可用兔体交互免疫试验，即将病料乳剂接种家兔，经7d后再用兔化猪瘟病毒给家兔静脉注射，每隔6h测温1次，连续3d，如发生定型热反应则不是猪瘟，如无发热和其他反应则是猪瘟（原理是猪瘟病毒可使家兔产生免疫但不发病，而兔化猪瘟病毒能使家兔产生发热反应）。

4. 防治措施

平时的预防原则是杜绝传染源的传入和传染媒介的传播，提高猪群的抵抗力。严格执行自繁自养，从非疫区引进生猪要及时免疫接种，隔离观察45d以上。保持圈舍清洁卫生，定期消毒，凡进场工作人员、车辆和饲养用具都必须经过严格的消毒方可入场，严禁非工作人员、车辆和其他动物进入猪场，加强饲养管理，采用残羹饲喂要充分煮沸，对患病和疑似感染动物要紧急隔离，病死动物实行严格的无害化处理深埋或焚烧。加强对生猪出栏、屠宰、运输和进出口的检疫。

预防接种是预防猪瘟的主要措施，用猪瘟兔化弱毒苗，免疫后4d产生免疫力，免疫期1年以上。建议28日龄首免，60日龄2次免疫接种。另外，也可以在仔猪出生后立即接种猪瘟疫苗，2h后再哺乳，对发生猪瘟时的假定健康猪群，每头的剂量可加至2～5头份。

（十一）猪繁殖与呼吸综合征（蓝耳病）

猪繁殖与呼吸综合征又称猪蓝耳病，是由猪繁殖与呼吸综合征病毒引起的高度接触性传染病。主要特征为发热，繁殖障碍和呼吸困难。病猪和带毒猪是主要的传染源，主要经呼吸道感染，也可垂直传播，亦可经自然交配和人工授精传播。感染无年龄差异，主要感染能繁母猪和仔猪，育肥猪发病温和。饲养卫生环境差、密度大、调运频繁等因素可促使本病的发生。

1. 主要症状

不同年龄和性别的猪感染后差异很大，常为亚临床型。

母猪感染后精神沉郁，食欲下降或废绝，发热，呼吸急促，一般可耐过。妊娠后期流产、早产、产死胎、木乃伊胎、弱仔或超过妊娠期不产仔。有的 6 周后可正常发情，但屡配不孕和假妊娠。少数耳部发紫或黑紫色，皮下出现一过性血斑。

仔猪发病表现毛焦体弱，呼吸困难，肌肉震颤，后肢不稳或麻痹，共济失调，昏睡，有时还发生结膜炎和眼周水肿。有的耳紫或黑紫色以及躯体末端皮肤紫绀，死亡率高。较大日龄的仔猪死亡率低，但育成期生长发育不良。

肥育猪双眼肿胀，结膜发炎，腹泻，并伴有呼吸加快，喘粗，一般可耐过。但严重病例出现后驱摇摆、拖曳，常于 1~2d 内死亡。

公猪食欲不振，精神倦怠，咳嗽、喷嚏，呼吸急促，运动障碍，性欲减弱，精液品质下降，有时伴有一侧或两侧睾丸炎，红肿和两侧睾丸严重不对称。

2. 病理变化

母猪、公猪和肥猪可见弥漫性间质性肺炎，并伴有细胞浸润和卡他性炎。流产胎儿可见胸腔积有多量清亮液体，偶见肺实变。

3. 治疗

尚无特效治疗药物，多采用对症治疗和注射抗菌素防治继发感染，降低死亡率。抗菌素可选用氟苯尼考，强力霉素，泰妙菌素，氧氟沙星等。中药用理肺散加味（理肺散：知母、栀子、蛤蚧、升麻、天门冬、麦冬、秦艽、薄荷、马兜铃、防己、枇杷叶、白药子、天花粉、苏子、山药、贝母、加味党参、白术、五味子、生地）煎汤喂服和拌料饲喂。

4. 防治措施

实行自繁自养，严禁从疫区引进猪只，若确需引种，应从非疫区引进，并实行严格的隔离观察，一般隔离饲养45d 以上，并进行两次以上的血清学检查，阴性者方可混群饲养。改善饲养卫生条件，定期消毒，注意防寒保暖和祛暑降温，减少猪群应激和饲养密度。增强防疫意识，严格执行免疫程序，每年春秋用猪蓝耳病弱毒疫苗进行两次免疫接种，最好在首免后 14d 加强免疫一次以增强猪群的抵抗力。

三、中毒病防治

（一）黄曲霉毒素中毒

黄曲霉毒素中毒是生猪采食了经黄曲霉和寄生曲霉污染的玉米、麦类、豆类、花生、大米及其副产品酒糟、菜籽粕后，由黄曲霉和寄生曲霉产生的有毒代谢产物黄曲霉毒素损伤机体肝脏，并导致全身出血，消化功能紊乱和神经症状的一种霉败饲料中毒病。一年四季均可发生，但以潮湿的梅雨季节多发。多为散发，仔猪中毒严重，死亡率高。

1. 主要症状

中毒症状一般分为急性、亚急性、慢性 3 类，急性多见于仔猪，尤以食欲旺盛健壮的仔猪发病率高，多数不表现症状突然死亡。亚急性体温升高，精神沉郁，食欲减退或丧失，可视黏膜苍白，后期黄染，四肢无力，间歇性抽搐，2~4d 内死亡。慢性多见于成年猪，食欲减少，明显厌食，逐渐消瘦，生长停止，可视黏膜黄染，被毛粗乱泛黄，后期出现神经症状，多预后不良。

2. 治疗

目前尚无特效治疗药，排毒可投服硫酸镁、人工盐加速胃肠毒物排出，保肝解毒可用 20%~50% 的葡萄糖注射液、维生素 C，止血用 10% 氯化钙、维生素 K。中兽药用天麻散（党参、茯苓、防风、薄荷、蝉蜕、首乌、荆芥、川芎、甘草）拌料喂服。

3. 预防

不用发霉的饲料饲喂家畜。防止饲料发霉，加强饲料的仓储管理，严格控制饲料的含水量，分别控制在谷粒类 12%、玉米 11%、花生仁 8% 以下，潮湿梅雨季节还可用化学防霉剂丙酸钠、丙酸钙每吨饲料添加 1~2kg 防止饲料霉变。霉变饲料直接抛弃将加重经济损失，可用碱性溶液浸泡饲料，使黄曲霉毒素结构中的内酯环破坏，形成能溶于水的香豆素钠盐，然后用水冲洗去除毒素，再作饲料使用。

（二）菜饼中毒

菜籽饼中毒是由于长期和大量采食油菜籽榨油后的菜饼，由于菜饼含有含硫葡萄糖苷，经降解后可生成有毒物异硫氰酸酯、噁唑烷硫酮和腈，引起肺、肝、肾和甲状腺等器官损伤和功能障碍的一种中毒病。多为慢性散发，全国各地都有发生。

1. 主要症状

患畜精神沉郁，呼吸急促，鼻镜干燥，四肢发凉，腹痛，粪便干燥，食欲减退和废绝，尿频，瞳孔散大，呈现明显的神经症状，呼吸困难，两眼突出，痉挛抽搐，倒地死亡。慢性病例精神萎靡，消化不良，生长停滞，发育不良。

2. 治疗

目前尚无特殊疗法，主要是对症治疗，发现病例立即停喂菜饼，急性大量采食的，可用芒硝、鱼石脂加水灌服排出胃肠毒物，同时静脉注射葡萄糖、安钠咖、氯化钠，以保肝、强心、利尿解毒。中兽药可用甘草、绿豆研末加醋灌服。

3. 预防

（1）限制日粮中菜饼的饲喂量，母猪和仔猪添加量不超过 5%，肥育猪添加量不超过 10%。

（2）菜籽饼去毒处理后饲喂家畜，方法是将菜籽饼用水拌湿后埋入土坑中 30~60d 后再作饲料使用。

（3）与其他饼类搭配使用增加营养互补，减少菜饼用量，防止过量中毒。

（三）亚硝酸盐中毒

亚硝酸盐中毒是动物摄入过量的含有硝酸盐和亚硝酸盐的植物和水，引起高铁血红蛋白症，造成病畜体内缺氧，导致呼吸中枢麻痹而死亡。当生猪采食富含硝酸盐的白菜、甜菜叶、萝卜菜、牛皮菜、油菜叶以及幼嫩的青饲料后引起中毒，特别是青绿多汁饲料经暴晒和雨淋或堆积发黄后饲喂最易中毒。有喂熟食习惯的地区，采用锅灶余温加热饲料和焖煮饲料易使硝酸盐转化为亚硝酸盐而导致家畜中毒。病程短，发病急，一年四季均可发生，常于采食后 15min 到 1~2h 发病，食欲旺盛、精神良好的猪最先发病死亡。

1. 主要症状

主要表现为呕吐、口吐白沫、腹部鼓胀，呼吸困难、张口伸舌，耳尖、可视黏膜呈蓝紫色，皮肤和四肢发凉，体温大多下降到 35～36℃，针刺耳静脉和剪断尾尖流出紫黑色血液，四肢痉挛和全身抽搐，最后窒息死亡。

2. 治疗

发现亚硝酸盐中毒时应紧急抢救，可用特效解毒药亚甲蓝静脉注射和肌内注射，并同时配合维生素 C 和高渗葡萄糖效果好。

3. 预防

严禁用堆积发黄的青绿饲料特别是菜叶饲喂家畜，改熟食饲喂为生食，青饲料加工贮藏过程中要注意迅速干燥，严防饲料长期堆积发黄后再干燥贮藏。加强亚硝酸盐中毒知识的宣传，也是预防此病的关键。

（四）有机磷农药中毒

有机磷农药中毒是家畜采食和吸入某种有机磷制剂的农药，引起体内胆碱酯酶活性受抑制，从而导致神经机能紊乱为特征的中毒性疾病，一年四季均可发生，但以农药使用多的春夏秋季居多。常用的有机磷农药主要有乐果、甲基内吸磷、杀螟松、敌百虫和马拉硫磷等。

1. 主要症状

采食有机磷农药和被农药污染的饲料后，最短的 30min，最长的 8～10h 出现症状，主要表现为大量流涎，口吐白沫，磨牙，烦躁不安，眼结膜高度充血，瞳孔缩小，肠蠕动音亢进，呕吐腹泻，肌肉震颤，全身出汗，四肢软弱，卧地不起，常因肺水肿而窒息死亡。

2. 治疗

停喂有毒饲料，用硫酸铜和食盐水洗胃，清除胃内尚未吸收的有机磷农药，急救用特效解毒药硫酸阿托品、碘解磷定、双复磷等，硫酸阿托品为乙酰胆碱对抗剂，首次给药必须超量给药猪按 0.5～1mg/kg 给药，若给药后 1h 症状未改善，可适量重复用药。碘解磷定为胆碱酯酶复活剂，使用越早效果越好，否则胆碱酯酶老化则难以复活，碘解磷定按 20～50mg/kg 体重给药，溶于葡萄糖或者生理盐水中静脉注射和皮下注射，对内吸磷、对硫磷、甲基内吸磷疗效好。但碘解磷定在碱性溶液中易水解成剧毒的氰化物，故忌与碱性药物配伍。双复磷作用强而持久，能透过血脑屏障对中枢神经症状有缓解作用，猪按 40~60mg/kg 体重给药，肌注和静注，对内吸磷、甲拌磷、敌敌畏、对硫磷中毒疗效好。

3. 预防

（1）加强对农药购销、保管、使用的监管，严防农药泛滥使用，减少毒源。

（2）普及预防农药中毒知识的宣传，减少知识误区而引起的中毒。

（3）加强对饲料采收的管理，严防带毒采收，和带毒饲喂。

四、寄生虫病

（一）猪蛔虫病

猪蛔虫病是蛔虫寄生于猪的小肠，引起猪的生长发育不良，消化机能紊乱，严重者甚至造成死亡的疾病。一年四季均可发病，以 3~6 月龄的猪感染严重，成年猪多为带虫猪，成为重要的传染源。

1. 主要症状

仔猪感染早期，虫体移行引起肺炎，轻度湿咳体温可升至 40℃，较严重者精神沉郁，食欲缺乏，营养不良，被毛粗乱无光，生长发育受阻成为僵猪。严重感染猪，呼吸困难，咳嗽明显，并有呕吐、甚至吐虫、流涎、腹胀、腹痛、腹泻等。寄生数量多时可以引起肠梗阻，表现疝痛，甚至引起死亡。虫体误入胆道管可引起胆道管阻塞出现黄疸，极易死亡。成年猪多表现为食欲不振、磨牙、皮毛枯燥、黄、无光、成索状等。

2. 治疗

用左旋咪唑片按 10mg/kg 混料喂服。连喂 2d。也可用伊维菌素按 0.3mg/kg 皮下注射。

3. 预防

对散养户，仔猪断奶后驱虫一次，2 月龄时再驱虫一次。母猪在怀孕前和产仔前 1~2 周驱虫一次。育肥猪每隔 2 个月驱虫一次。规模养殖场，对全群猪驱虫后，每年对公猪至少驱虫 2 次，母猪产前 1~2 周驱虫一次，仔猪转入新圈和群时驱虫一次，后备母猪在配种前驱虫一次，新引进的猪驱虫后再合群。同时搞好圈舍环境卫生，垫草、粪便要发酵处理，产房和猪舍在进猪前要彻底冲洗、消毒。

（二）猪囊尾蚴病

猪囊尾蚴病是由猪带绦虫的幼虫寄生于猪的横纹肌所引起的疾病，又称"猪囊虫病"。幼虫寄生于肌肉时症状不明显，但寄生于脑组织时出现神经症状，病情严重。猪囊尾蚴成虫寄生于人的小肠，是重要的人畜共患病。寄生有猪囊尾蚴的猪肉切面可看见白色半透明的囊泡，似米粒镶嵌其中故称为米猪肉。人感染取决于饮食卫生习惯，有吃生肉习惯的地区成地方流行，吃了未经煮熟的猪肉也可感染。

1. 主要症状

猪囊尾蚴主要寄生在活动性较大的肌肉中，如咬肌、心肌、舌肌、腰肌、肩外侧肌、股内侧肌、严重时可见于眼球和脑内。轻度感染时症状不明显。严重感染时，体型可能改变，肩胛肌肉出现严重的水肿和增宽，后肢肌肉水中隆起，外观呈现哑铃状和狮子状，走路时四肢僵硬，左右摇摆，发音嘶哑，呼吸困难。重度感染时触摸舌根和舌腹面可发现囊虫引起的结节。寄生于脑内时引起严重的神经扰乱、鼻部触痛、癫痫、视觉扰乱和急性脑炎，有时突然死亡。

2. 治疗

用吡喹酮按 50mg/kg 灌服，硫双二氯酚 30~80mg/kg 拌料喂服。

3. 预防

（1）加强白肉检疫，对病猪肉化制处理。

（2）高发病地区对人群驱虫，排出的虫体和粪便深埋或烧毁。

（3）改善饲养方法，猪圈养，切断传播途径。

（4）加强卫生宣传，提高防范能力，不吃生肉和未煮熟的肉，减少人的感染从而减少虫卵排出再次感染的风险。

（三）猪细颈囊尾蚴病

猪细颈囊尾蚴病是由泡状袋绦虫的幼虫寄生于猪的腹腔器官而引起的疾病。主要特征为幼虫移行时引起出血性肝炎、腹痛和虫体大量寄生时引起机能障碍及器官萎缩损伤等。细颈囊尾蚴又称水铃铛，呈乳白色，囊泡状，囊内有大量液体，囊泡壁上有一个乳白色长颈的头节，外形鸡蛋大小，镶嵌于器官的表面，寄生于肺和肝脏的水铃铛由宿主组织反应产生的厚膜将其包裹，故不透明，应与棘球蚴病区别。

1. 主要症状

轻度感染一般不表现症状，仔猪感染后症状严重，有时突然大叫后倒毙。多数病畜表现为虚弱、不安、流涎、消瘦、腹痛、有急性腹膜炎时，体温升高并伴有腹水，腹部增大，按压有痛感。

2. 治疗

用吡喹酮 50mg/kg 喂服。

3. 预防

（1）发病地区对犬定期驱虫，防止虫卵污染饲料。

（2）禁止将患病动物的内脏，未经处理直接抛弃和喂犬，应深埋和烧毁，防止形成循环感染。

（3）加强饲养管理，猪圈养，减少感染途径。

（四）猪弓形虫病

猪弓形虫病是由龚地弓形虫寄生于猪的有核细胞而引起的疾病，主要引起神经症状、呼吸和消化系统症状，是重要的人畜共患传染病。主要经消化道感染，也可以经呼吸道和损伤的皮肤黏膜感染，一年四季均可感染发病，广泛流行。

1. 主要症状

急性型多见于年幼动物，突然废食，体温升高达 40℃ 呈稽留热，便秘或腹泻，有时粪便带有黏液和血液。呼吸急促，咳嗽。眼内出现浆液性和脓性分泌物。皮肤有紫斑，体表淋巴结肿胀。孕畜流产和产死胎。发病后数日出现神经症状，后肢麻痹。常发生死亡，耐过的转为慢性。

慢性型病程较长，表现为厌食、消瘦、贫血、黄疸。随着病情发展可出现神经症状，后肢麻痹。多数能够耐过，但合并感染其他疾病则可发生死亡。

2. 治疗

尚无特效治疗药。急性病例用磺胺-6-甲氧嘧啶 60～100mg/kg 内服另加甲氧苄胺嘧啶增效剂 14mg/kg 内服，每日 1 次，连用 5 次。也可用磺胺嘧啶 70mg/kg 内服，每日 2 次，连用 4d。

3. 预防

（1）防治猫粪污染饲料、饮水。

（2）消灭鼠类，防治野生动物进入猪场。

（3）发现病患动物及时隔离，病死动物和流产胎儿要深埋和高温处理。

（4）禁止用病死动物的猪肉和内脏饲喂猫。

（5）搞好猪场环境卫生，做好粪污的无害化处理。

（五）猪疥螨病

猪疥螨病是由节肢动物蜘蛛纲、螨目的疥螨所引起的一种接触传染的寄生虫病，疥螨虫在猪皮肤上寄生，使皮肤发痒和发炎为特征的体表寄生虫病。由于病猪体表摩擦，皮肤肥厚粗糙且脱毛，在脸、耳、肩、腹等处形成外伤、出血、血液凝固并形成痂皮。该病为慢性传染病，多发生于秋冬季节由病猪与健康猪的直接接触，或通过被螨及其卵污染的圈舍、垫草和饲养管理用具间接接触等而引起感染。猪疥螨病对猪场的危害很大，尤其是对仔猪，严重影响其生长发育，甚至死亡，给养猪业造成了巨大的经济损失。

本病流行十分广泛，我国各地普遍发生，而且感染率和感染强度均较高，危害也十分严重。阴湿寒冷的冬季，因猪被毛较厚，皮肤表面湿度大，有利于疥螨的生长发育，病情较严重。

经产母猪过度角化（慢性螨病）的耳部是猪场螨虫的主要传染源。由于对公猪的防治强度弱于母猪，因而在种猪群公猪也是一个重要的传染源。大多数猪只疥螨主要集中于猪耳部，仔猪往往在哺乳时受到感染。

猪螨病的传播主要是通过直接接触感染。规模化猪场的猪群密度较大，猪只间密切接触，为螨病的蔓延提供了最佳条件，因此，猪群分群饲养，生长猪流水式管理，以及按个体大小对仔猪进行分圈饲养均有助于螨病的传播。

1. 临床症状

猪疥螨病通常起始于头部、眼下窝、颊部和耳部等，以后蔓延到背部、体侧和后肢内侧。剧痒，病猪到处摩擦或以肢蹄搔擦患部，甚至将患部擦破出血，以致患部脱毛、结痂、皮肤肥厚，形成皱褶和龟裂。病情严重时体毛脱落，皮肤的角化程度增强、干枯、有皱纹或龟裂，食欲减退，生长停滞，逐渐消瘦，甚至死亡。疥螨引起的过敏反应严重影响猪的生长发育和饲料转化率。

2. 治疗方案

（1）0.5%～1%敌百虫洗擦患部，或用喷雾器淋洗猪体。

（2）蝇毒磷乳剂 0.025%～0.05%药液喷洒或药浴。

（3）阿维菌素或伊维菌素，皮下注射 0.3mg/kg。

（4）溴氰菊酯溶液或乳剂喷淋患部。

（5）双甲脒溶液药浴或喷雾。

（6）多拉菌素 0.3mg/kg 皮下或肌肉注射。

3. 预防措施

（1）每年在春夏、秋冬换季过程中，对猪场全场进行至少两次以上体内、体外的彻底驱虫工作，每次驱虫时间必须是连续 5～7d。

（2）加强防控与净化相结合，重视杀灭环境中的螨虫：因为螨病是一种具有高度接触传染性的外寄生虫病，患病公猪通过交配传给母猪，患病母猪又将其传给哺乳仔猪，转群后断奶仔猪之间又互相接触传染。如此，形成恶性循环，永无休止。所以需要加强防控与净化相结合，对全场猪群同时杀虫。但在驱虫过程中，大家往往忽视一个非常重要的环节，那就是环境驱虫以及猪使用驱虫药后 7～10d 内对环境的杀虫与净化，才能达到彻底杀灭螨虫的效果。

（3）在给猪体内、体表驱虫的过程中，螨虫感觉到有药物时，有部分反应敏感的螨虫就快速掉到地上，爬到墙壁上、屋面上和猪场外面的杂草上，此外，被病猪搔痒脱落在地上、墙壁上的疥螨虫体、虫卵和受污染的栏、用具、周围环境等也是重要传染源。如果不对这些环境同时进行杀虫，过几天螨虫就又爬回猪体上。

（4）环境中的疥螨虫和虫卵也是一个十分重要的传染源。很多杀螨药能将猪体的寄生虫杀灭，而不能杀灭虫卵或幼虫，原猪体上的虫卵 3～5d 后又孵化成幼虫，成长为具有致病作用的成虫又回到猪体上和环境中，只有此时再对环境进行一次净化，才能达到较好的驱虫效果。

（5）疥螨病在多数猪场得不到很好控制的主要原因在于对其危害性认识不足。在某种程度上，由于对该病的隐性感染和流行病学缺乏了解，饲养人员又常把过敏性螨病所致瘙痒这一主要症状，当作一种正常现象而不以为然，既忽视治疗，又忽视防控和环境净化，所以难以控制本病的发生和流行。

　　因此，必须重视螨虫的杀灭工作。加强对环境的杀虫，可用1：300的杀灭菊酯溶液或2%液体敌百虫稀释溶液，彻底消毒猪舍、地面、墙壁、屋面、周围环境、栏舍周围杂草和用具，以彻底消灭散落的虫体。同时注意对粪便和排泄物等采用堆积高温发酵杀灭虫体。杀灭环境中的螨虫，这是预防猪疥螨最有效的、最重要的措施之一。

第六章 黑猪产业发展的思路及建议

第一节 发展思路

根据永顺县的资源优势、区域特点和产业基础，按照"政府引导、市场运作、项目扶持、产业化经营"的发展思路，以市场为导向，以转变发展方式为主线，以龙头企业带动为依托，以打造特色优质品牌为突破口，努力构筑现代生猪生产体系。突出抓好猪源生产、家庭牧场建设、专用饲料生产体系、技术服务体系和新型产业发展模式等关键环节，积极破解产业发展的瓶颈。

一、建设湘西黑猪种源基地

一是按国家畜禽品种资源保护的要求，建立和完善湘西黑猪品种资源保护体系，夯实湘西黑猪产业开发的基础。突出抓好湘西黑猪资源场建设，使湘西黑猪核心群保种规模不断扩大，确保湘西黑猪基因稳定，血缘家系不断丰富。二是建设好湘西黑猪种公猪站，提供优质公猪精液，改变湘西黑猪公猪生产和配种"多、乱、杂"的现象。三是建设湘西黑猪原种场，开展优良湘西黑猪的扩群和提纯复壮工作，不断提高湘西黑猪整体质量，为实施猪源工程建设提供足够的优质种源。四是建设湘西黑猪扩繁场，选择良种母猪群体，加快育种速度，迅速扩大母猪群，提高母猪质量，培育产量高、品质好、生长速度快的湘西黑猪新品系。

二、建设湘西黑猪家庭牧场示范场

依托北京资源亿家集团，推广"236"猪庄模式，综合考虑资源禀赋、环境承载能力等因素，科学规划规模养殖结构和布局，因地制宜适度发展"236"家庭牧场养殖模式，实施种养结合，每个猪庄种植结合用地150亩以上，实现养殖生态化、粪污处理无害化。

三、开发湘西黑猪专用饲料体系

根据湘西黑猪的生理机能，依托北京资源集团开发专用特种饲料，根据湘西黑猪不同生理阶段和不同育肥时期的营养需要科学配制饲料，并充分利用湘西黑猪抗逆性强、耐粗饲、农副产品利用率高的特点，与县内酿酒企业达成战略供销关系，充分利用酒糟原料生产生物饲料，以提高湘西黑猪肉质风味，降低饲养成本。

四、完善湘西黑猪养殖服务体系

建设湘西黑猪繁育工程技术研究、湘西黑猪标准体系研发、湘西黑猪产品研发等机构，通过"产、学、研"结合，积极探索适合湘西黑猪养殖的繁育技术、饲养管理技术、育肥技术、疾病防治技术以及"猪-沼-果（菜、农）"、饲料工业加工技术、产品加工技术等。进一步完善湘西黑猪养殖技术推广中心建设，鼓励大型养猪场配套基层技术服务站，负责湘西黑猪养殖技术的推广普及，落实疫病防控，指导开展"三品一标"（无公害食品、绿色食品、有机食品、地理标志产品）认证工作，使湘西黑猪质量安全得到充分保障。

五、探索湘西黑猪产业发展新模式

以北京资源亿家集团为核心，实施"公司+基地+合作社+家庭牧场"的产业运作模式，公司建设生产基地，负责种源、技术、服务和加工，农户主要负责育肥，专业合作社负责开展信息交流、社员技能培训、畜产品质量标准与认证、畜牧业生产基础设施建设、市场营销和技术推广等。提高养殖专业合作社组织化程度，增加合作社对农户的二次返利额度，增强社员的凝聚力，同时鼓励和支持合作社按市场运营办法实行上下游产业链对接，建立公司与农户间利益攸关的紧密联合，增强共同抵御市场风险的能力。

六、探索发展旅游牧业、订单牧业

武陵山区被誉为周边城市的后花园，是旅游观光的好地方，随着人民生活水平的提高，对健康生活的要求也在提升，并对日益繁杂、喧闹的城市生活逐渐厌倦，会有更多的人走出城市到乡村旅游调节身心，我们可以建观光养殖场，让游客在欣赏自然风光之余，亲自体验、饲喂养殖家畜，目睹健康绿色养殖，并在此基础上发展订单牧业（即旅游者可以根据自己的需要选择所需的牲畜和饲料配方，由养殖场负责按个人要求饲养，旅游者也可以通过平时的旅游来观察饲喂，年底可以按旅游者的要求宰杀、熏制并邮寄；另外，特别要重视加大与城市大型肉联企业和生鲜肉连锁超市的结合，发展订单牧业）。

第二节　发展建议

一、加强组织领导

建立政府主导，发改、财政、畜牧、国土、工商、税务、金融等部门密切配合、分工协作的工作机制，构建"一级抓一级、层层抓落实"的责任格局。建议州、县成立相应的工作班子和技术研发团队，共同推进湘西黑猪产业发展。

二、加大政策支持力度

结合永顺县实际，及时出台产业鼓励政策，在土地、资金、人才等方面给予支持。按照整合资源、捆绑资金、集中扶持、抓点带面的要求，多渠道筹集资金，扶持湘西黑猪产业发展。建议对湘西黑猪产业化建设实施"一保四补"的扶持政策。一保：对湘西黑猪开展政策性保险，保险金额为每头2 000元，保险费为：50元/（头·年）。四补：对能繁母猪按照100元/（头·年）标准进行补助；对资源保种场按照50万元/（头·年）标准进行补助；对家庭牧场的标准化栏舍、粪污处理等基础设施建设一次性给予10万元补助；对湘西黑猪家庭牧场建设进行贷款贴息补助。

三、加强项目扶持

建议上级业务主管部门将湘西黑猪保种、提纯复壮、扩群扩繁等项目纳入规划并立项，促推湘西黑猪产业稳步持续健康发展。

四、根据自身定位，适度发展

黑猪产业的发展要根据当地的实际情况，比如地理位置、饲料资源、产品销路、市场需求等因素进行综合考量，适度理性发展，不能盲目跟风扩大生产，不能千篇一律一个思维。只有因地制宜、因人制宜、因时制宜，才能让人民增收而脱贫。

五、良心生产，诚信经营

黑猪肉产品是一个地方特色产品，要保持它的自然、绿色、健康特性，必须用自己的良心去精细饲养、安全生产，不要让利益迷住了心窍、胡乱添加、舍本逐末而毁了产品原始生态的特性，也毁了产业的发展前景。

参考文献

［1］ 张红伟，董永森．动物疫病［M］．北京：中国农业出版社，2009.1，29-56.

［2］ 褚秀玲，吴昌标．动物普通病［M］．北京：化学工业出版社，2009.9，7-10，155-171.

［3］ 规模化猪场免疫程序地址．中国养猪技术网，2012-11-27，2016-12.

［4］ 中国家畜起源论文集．百度文库，1993，2016-12.

［5］ 生猪饲养与繁殖技术．中国百科网，2016-12.

［6］ 袁欣欣．中国黑猪品种介绍．农业之友网，2016-7-6，2012-12.

编写：谭德俊　田　艳　朱　麟　李　杨

草食畜牧产业

第一章 概　述

第一节　基本情况

永顺县位于湖南省西北部，湘西自治州北部，永顺县国土面积 3 810km^2（其中耕地面积 43 万亩），辖 23 个乡镇 303 个行政村（居）委会，总人口 53 万人，属国家扶贫开发工作重点县。永顺县是湘西州农业大县，永顺县有天然草山 224 多万亩，年产草 300 多万 t，发展草食畜牧业有着得天独厚的条件。"十三五"以来，永顺县依托优势资源，抢抓政策机遇，加大扶持力度，永顺县牛羊养殖规模迅速壮大，现已成为主导草食畜牧业发展的一大优势产业。

第二节　草食动物发展概况

一、规模养殖迅速发展

随着农业产业结构调整和养殖业产业化进程的推进，永顺县立足资源优势，强化市场导向，突出示范带动，扶持发展了一批草食动物养殖基地和规模养殖示范场，初步形成了草食畜牧业的区域化布局、规模化养殖、标准化生产的基地建设新格局。据统计，2015 年年末，永顺县牛存栏 8.16 万头，出栏 1.98 万头，分别比 2010 年增长 15.2% 和 12.5%；羊存栏 11.6 万只，出栏 8.25 万只，分别比 2010 年增长 18.1% 和 16%，永顺县存栏 10 头以上养牛户 352 户，存栏 50 只以上的养羊大户 785 户。

二、牛羊品质稳步提升

永顺县自 20 世纪 80 年代开始牛羊品种改良推广工作，通过多年的发展，形成了较为完备的良种繁育体系和冷配推广网络，牛羊的良种比例稳步提高。地方品种湘西黄牛、武雪山羊改良步伐明显加快，利用西门塔尔、利木赞、安格斯、夏洛莱、摩拉水牛等冻精实施冷配进行肉牛品种改良，利用波尔山羊、南江黄羊与本地山羊杂交获得杂交优势，成效明显。永顺县设立乡镇牛冷配点 12 个，年冷配牛达 5 500 胎次以上，波尔山羊、南江黄羊等优良品种不断得到推广，目前永顺县牛羊良种比率分别达 55% 和 72%，其中规模养殖户牛、羊良种率分别达 90% 和 80% 以上。

三、标准化建设起步较快

自 2008 年以来，永顺县先后实施了石漠化综合治理项目、巩固退耕还林成果后续产业项目、秸秆养畜联户示范项目，扶持建设了一批标准化羊舍、牛舍、青贮窖和人工牧草基地。近年来由于牛羊产品持续高涨的市场价格刺激，许多养殖户在栏舍建筑、粪污处理及饲养设施等方面加大了投入，修建了一批砖木结构、砖混结构的高标准牛羊栏舍，其中部分专业户配套建设了粪污沉淀池和沼气池，饲草机械、青贮窖和氨化池等牧草加工、贮存设施也逐渐推广，牛羊养殖的生产条件逐步改善。

四、养殖方式不断改进

一是饲养模式不断改进。放牧与舍饲相结合的饲养模式不断得到推广，效果良好，达到了合理有效利用草场草地资源，提高肉牛、山羊养殖效益的双重目的。二是饲草日粮搭配科学化。农户由单一草料向精料及配合饲料逐步转变，饲粮供给趋向多样化，营养供给趋向全面均衡化，生产性能得到显著提高。三是种草养畜逐渐兴起。由于牛羊产业的发展前景看好，种草养畜的农户越来越多，已逐渐成为牛羊产业的新热点。2016 年永顺县人工种草面积达 2.2 万亩，仅当年就新增人工种草 1 500 多亩，种草养牛、养羊户增加了近百户。

五、组织化程度明显提高

近年来，累计发展牛、羊养殖专业合作社和协会 30 余个，部分合作组织在畜牧产业化建设中作用明显。如吊井乡自生桥山羊养殖专业合作社，现有入社养羊大户 65 户，牧草基地 800 亩，标准化羊舍 9 580m²，仓库 2 000m²，青贮窖 1 000m³，存栏羊 8 500 只，去年已出栏 2 500 只，总收入 200 多万元，已成为永顺县山羊良种扩繁、种草养畜的示范典型。

六、产业效益比较突出

近年来，牛羊肉的价格一路高涨，其养殖效益较粮食型动物明显。目前，湘西黄牛肉价格保持在 80~100 元/kg 高位运行，活牛价格从去年底平均 32 元/kg，增长到 40 元/kg。杂交小牛一般 7~8 月龄体重 150kg 左右，销售价 6 000 元左右；农户每出栏一头肉牛可收入 1 万~1.5 万元，纯利润达到 5 000~6 000 元；羊肉价格保持在 56~66 元/kg，活羊价格达到 24~30 元/kg，农户养一只羊可收入 1 000 元以上，平均利润达到 500 元，产业效益比较优势十分明显。

第二章 牛羊品种

第一节 牛的品种

一、湘西黄牛

湘西黄牛主产于湖南省湘西北地区，肉、役兼用品种。2006年，湘西黄牛被列入国家级畜禽资源保护名录，2007年入选国家种质资源基因库，2012年，"湘西黄牛"成功注册地理标志商标。受湘西自然环境和饲养管理影响，湘西黄牛具有性情温驯、耐粗饲、抵抗力强、善于登山爬坡、行动灵敏、役用突击力强和持久力好等特征。

图2-1 湘西黄牛

外貌特征（图2-1）：全身毛色多为黄色，少数为粟色、黑色，腹部及四肢内侧毛色较浅，俗称"白漂档"；体型中等，眼大有神，少数的牛上眼睑和嘴四周有黄白色毛，俗称"粉嘴画眉"，耳薄且灵活，角型多为龙门角、倒八字；母牛头较秀长，公牛头短额宽，颈部垂皮较发达，肩峰明显；前肢正直，后肢弯曲，"前肢一支箭，后腿一张弓"。

生产性能：役用挽力可达体重的 3.37 倍重量；初配年龄公牛 3 岁，母牛 2 岁，母牛生育期 16~24 年；犊牛初生重 15kg 左右，24 月龄体重可达 220kg；平均屠宰率 49.58%；成年公牛平均体重 348kg 左右，母牛 288kg 左右。

二、西门塔尔牛

西门塔尔牛原产于瑞士阿尔卑斯山区，乳肉兼用品种。引进我国后，对黄牛品种改良效果非常明显，是永顺县使用牛冻精技术用于改良本地黄牛的主要品种之一。中国西门塔尔由于培育地点的生态环境不同，分为平原、草原、山区 3 个类群。具有体格大、早期生长快、适应性强、耐粗放管理、肉质好等特点。

图 2-2　西门塔尔牛

外貌特征（图 2-2）：毛色为黄白花或淡红白花，头、胸、腹下、四肢及尾帚多为白色，皮肤为粉红色；体型大，头较长，面宽，角较细而向外上方弯曲，尖端稍向上；四肢结实，大腿肌肉发达；体躯长，肌肉丰满，呈圆筒状。

生产性能：乳用平均产奶量为 4 070 kg；犊牛初生重平均 41.6kg，日均增重可达 1.35~1.45kg，12 月龄体重可达 324kg，24 月龄可达 592kg；育肥后屠宰率可达 65% 左右；成年公牛体重 800~1 200kg，母牛 650~800kg。

三、利木赞牛

利木赞牛原产于法国中部的利木赞高原，属于专门化的大型肉牛品种。1974 年和 1993 年，我国数次从法国引入利木赞牛，是杂交利用或改良地方品种的优秀父本，也是永顺县使用牛冻精技术用于改良本地黄牛的主要品种之一。具有体格大、生长速度快、产肉性能高、肉品等级高等特点。

外貌特征（图2-3）：利木赞牛毛色为红色或黄色，口、鼻、眼田周围、四肢内侧及尾帚毛色较浅；角为白色，蹄为红褐色。头较短小，额宽，胸部宽深，后躯肌肉丰满，腿部肌肉发达，体躯呈圆筒状。

图2-3　利木赞牛

生产性能：初生牛犊重38kg左右，哺乳期平均日增重为0.86~1.3kg，育肥期平均日增重1.5~2kg，集约饲养条件下，12月龄体重可达480kg；屠宰率一般为60%~70%；成年公牛平均体重1 200kg、母牛600kg。

四、安格斯牛

安格斯牛起源于苏格兰东北部，黑色无角肉用牛，属于较小型肉牛品种。2000年，我国引进该品种，是永顺县使用牛冻精技术用于改良本地黄牛的主要品种之一。具有适应性强、耐寒抗病、生长发育快、出肉率高、胴体品质好、分娩难产率低等特点。

外貌特征（图2-4）：以被毛黑色和无角为其重要特征，被毛光泽而均匀，皮肤松软，富弹性；体躯矮而结实，头小而方，额宽，体躯宽深，四肢短而直，前后档较宽，全身肌肉丰满，呈圆筒形。

图2-4　安格斯牛

生产性能：常在18~20月龄初配，连产性好，平均初生重25~32kg；哺乳期日增重0.9~1kg，育肥期日增重（1.5岁以内）平均0.7~0.9kg，12月龄体重可达295kg；屠宰率一般为60%~65%；成年公牛平均体重800kg，母牛550kg。

五、夏洛莱牛

夏洛莱牛原产于法国中西部到东南部的夏洛莱省和涅夫勒地区，属于大型肉牛品种。我国在1964年和1974年，先后两次直接由法国引进夏洛莱牛，是永顺县使用牛冻精技术用于改良本地黄牛的主要品种之一。具有生长快、肉量多、体型大、耐粗放、食性广、适应性强、抗病力强等特点。

外貌特征（图2-5）：被毛为白色或乳白色，皮肤常有色斑；头小而宽，角圆而较长，并向前方伸展，颈粗短，胸宽深，背宽肉厚，肌肉丰满，四肢强壮，体躯呈圆筒状，后臀肌肉很发达，并向后和侧面突出，常形成"双肌"特征。

生产性能：初生牛犊重43kg左右，育肥期平均日增重1.7~2kg，在良好的饲养条件下，12月龄可达510kg；屠宰率一般为60%~70%；成年公牛平均体重1 150kg，母牛750kg。

六、水牛

中国水牛属沼泽型水牛，主要用作水田地区的役畜，其分布与水

图 2-5　夏洛莱牛

田密切相关，永顺县也有大量分布。具有体格健壮、性情温顺、耐粗饲、食性广、抗病力强、使用年限长等特点。

外貌特征（图 2-6）：全身被毛为深灰或浅灰色，长而稀疏；角向后弯曲成半月状，眼大稍突出，嘴和鼻镜宽阔。鬐甲部和十字部高耸，胸宽阔而深，胸部肌肉发达，体躯粗重矮壮。

图 2-6　水牛

生产性能：可日使役 7~8h，使役年限一般在 17 岁以上；公牛 2.5~3.5 岁、母牛 2.5~3 岁开始配种，妊娠期平均 315d；初生重 27kg 左右，2 岁公牛阉割后肥育，平均日增重 0.64kg，屠宰率 48.5%；成年公牛平均体重 500kg，母牛 470kg。

七、摩拉水牛

原产于印度的雅么纳河西部，是世界上著名的乳牛品种。1957年引进我国，我国南方各省均有饲养，是永顺县使用牛冻精技术用于改良本地水牛的主要品种。具有生长发育快、耐粗饲、抗病能力强、产奶量高等特点。

外貌特征（图2-7）：被毛稀疏黝黑，少数为棕色或褐灰色，皮薄而软，富光泽；头较小，鼻孔大，前额稍微突出，角如绵羊角，呈螺旋型，耳薄下垂，胸深宽发育良好，蹄质坚实，体形高大，四肢粗壮，体型呈楔型；母牛乳房发育良好，乳静脉弯曲明显，乳头粗长。

图2-7　摩拉水牛

生产性能：年平均产奶量2 200~3 000kg，乳脂率7.6%，成年公牛体重450~800kg、母牛体重350~750kg。

第二节　羊的品种

一、波尔山羊

波尔山羊原产于南非，被称为"肉用山羊之王"，是各国进行品种改良的首选，也是永顺县用于地方品种改良进行杂交优势利用的重点推广品种。具有耐粗饲、适应性强、生长速度快、抗病力强、板皮品质佳等特点。

外貌特征（图2-8）：毛色为白色，头颈红褐色，额端到唇端有一条白色毛带；耳大下垂，公羊角基粗大，向后、向外弯曲，母羊角细而直立，有鬃，头部粗壮，眼大、棕色，背腰平直，四肢粗壮，前胸发达，后躯丰满，躯体成圆桶状。

图 2-8　波尔山羊

生产性能：公、母羊 7 个月可配种。母羊一年产 2 胎或两年 3 胎，每胎 2 羔，母性好，产奶量多，性情温顺，生育年限 8~10 年。羔羊初生重 3.5~4kg，3 月龄体重公母分别为 25~30kg 和 20~29kg，9 月龄公母分别为 65kg 和 55kg，成年公羊体重 90~150kg，母羊体重 65~95kg，屠宰率可达 50%左右。

二、川中黑山羊

原产地四川省乐至、金堂县一带，是四川省优良地方山羊品种。在永顺县受到青睐，呈规模产业化发展，具有耐粗放管理、适应性强、前期生长发育快、产肉性能好、繁殖性能突出、遗传性稳定等优良性状。

外貌特征（图 2-9）：全身被毛黑色，具有光泽，额宽微突，鼻梁微拱，耳较大，为垂耳或半垂耳，无角或有角，少数头顶部有"栀子花"样白毛或颈下有肉垂。公羊体态雄壮，角粗大向后弯曲，成年时下颌有髯，母羊角较小，呈镰刀状，体型清秀。

生产性能：公羊初次配种年龄为 8~10 月龄，母羊初配年龄为 5~6 月龄。多胎高产，以一胎双羔为主，2 胎、3 胎 3 羔、双羔为主，4 胎 3 羔为主，最高一胎可达 5 羔。12 月龄公母胴体重分别为 22kg 和 17.5kg 左右，屠宰率分别为 50.84% 和 47.36%。成年公羊平均体重 75kg，母羊 65kg。

图 2-9　永顺吊井自升桥黑山羊群

三、成都麻羊

成都麻羊产于四川省成都平原及其附近丘陵地区，是南方亚热带湿润山地陵丘补饲山羊，属于肉乳兼用型。成都麻羊具有生长发育快、早熟、繁殖力高、适应性强、耐湿热、耐粗放饲养、遗传性能稳定等特性。

外貌特征（图 2-10）：被毛深褐、腹下浅褐色，两颊各具一浅灰色条纹，具黑色背脊线，肩部亦具黑纹沿肩胛两侧下伸，具有"画眉眼"和"十字架"特征。两耳侧伸，额宽而微突，大多数有角，公羊及大多数母羊下颌有髯，蹄黑色、坚实。公羊体态雄壮，角粗大，向后方弯曲并略向两侧扭转，母羊角较短小，多呈镰刀状。体格较小，背腰宽平，尻部倾斜。

生产性能：公羊配种年龄 10~12 月龄，母羊一般 6 个月开始发情，初配年龄 8~10 月龄；年产 2 胎，每胎 1~3 羔，双羔居多，羔羊初生重 1.5~3kg，泌乳期 5~8 个月，可产奶 150~250kg。成年公羊体重 35~42kg，母羊 30~36kg，屠宰率在 45%~50%。

四、南江黄羊

南江黄羊是四川南江县在成都麻羊基础上经品种提纯复壮和杂交改良而培育成的肉用型山羊品种。南江黄羊适宜于在农区、山区饲

图 2-10　麻羊

养，在永顺县有一定数量的饲养规模，具有生长发育快、适应性强、耐粗饲、板皮品质优等特点。

外貌特征（图 2-11）：全身被毛呈现黄褐色，毛短而富有光泽，面部毛色黄黑，鼻梁两侧有一对称的浅色条纹，自枕部沿背脊有一条黑色毛带，十字部后渐浅；头大适中，鼻微拱，公母羊均有角，公羊有髯；体躯略呈圆桶形，前胸深广、肋骨开张，背腰平直，四肢粗壮。

图 2-11　南江黄羊

生产性能：公羊 12~18 月龄体重达 35kg 参加配种，母羊 6~8 月龄体重达 25kg 开始配种。羔羊初生重 2~2.5kg，8 月龄羯羊平均胴体重为11kg，周岁羯羊平均胴体重15kg，屠宰率为49%。南江黄羊成年公羊体重40~55kg，母羊39~46kg。

五、武雪山羊

武雪山羊即本地山羊，产于武陵山、雪峰山一带，属兼用型山羊品种，板皮质量好，质地细腻洁白、韧性强，曾销至英国、德国。在永顺县呈零星散养状态，适合山区放牧饲养，具有抗湿抗病力强、善于爬坡、食性广、生活力强等特点。

外貌特征（图2-12）：毛色多为白色，毛粗无绒，头清秀较小，耳向两侧伸展，大多数有角，角扁向后呈八字形，下颌有髯，尾短而上翘，体躯呈长方形，背腰平直，四肢结实有力。

图2-12 武雪山羊

生产性能：性成熟早，公羊初配为5月龄左右，母羊初配为5~6月龄，一般年产两胎，初产多为单羔，经产多为双羔，最多4羔；羔羊初生重1.5~2.25kg，羯羊8月龄体重25kg左右，屠宰率为47%左右；成年公羊平均体重45kg，成年母羊平均38kg。

第三章　牛羊的繁殖技术

第一节　牛羊发情鉴定方法及人工催情技术

一、发情的鉴定方法

1. 外阴观察法

观察牛羊的外部表现和精神状态，判断其是否发情和发情程度。母畜发情时常表现精神不安，爱走动、食欲减退甚至拒食，外阴部充血肿胀流出黏液，对周围环境或雄性动物的反应敏感。

2. 公畜试情法

就是利用同种种公畜或已结扎输精管的专用公羊（牛），对母羊（牛）直接进行试情。如果母畜愿接近雄性动物，弓腰举尾，后肢开张、频频排尿，有求配动作等即为发情；而未发情或发情结束后则表现远离雄性，当强行牵拉接近时，往往会出现躲避行为甚至踢、咬等抗拒行为。

3. 阴道检查法

采用阴道开膛器，观察其阴道黏膜的色泽和充血程度，子宫颈的开张状态，子宫颈外口开口的大小和黏液的颜色、分泌量及黏稠度等，以此判断母畜的发情程度。检查器械须经灭菌消毒，插入时应小心谨慎，以免损伤阴道壁。阴道的周期性充血与排卵有一定关系，子宫颈管开放程度的变化可作为很好的判断依据。

4. 直肠检查法

将手臂伸进母畜的直肠内，隔着直肠壁用手指摸卵巢及卵泡的变化。触摸卵巢的大小、形状、质地，卵泡发育的部位、大小、弹性，卵泡壁的厚薄以及卵泡是否破裂、有无黄体等。此法可根据卵泡的发育程度比较准确地判定发生排卵的时间，从而科学决定适宜的配种时间，以减少配种次数，降低费用，提高受胎率。此法要有娴熟的技术和经验者才能直检，对未掌握此项技术人员需经培训后才能检查，以防失误。

二、人工催情法

1. 诱发发情

采用人工方法，促使处于乏情状态的母畜提前或恢复正常发情排卵和接受交配，目的在于缩短母畜繁殖周期，增加胎次。处理方法：激素处理，其他药物处理，控制环境，异性诱惑等。

2. 同步发情 [在全群母羊（牛）中]

用孕激素阴道栓塞入阴道 18～21d，取出栓塞前 1～2d 注射羊 PMSG 400～600 国际单位、牛 PMSG 1 000～2 000 国际单位，可使发情周期化，达到同步发情效果。

第二节　纯种繁育与杂交优势利用

一、纯种繁育

纯种繁育是指同一品种内公、母畜之间繁殖和选育过程。其目的是扩繁和继续提高品种质量，形成品种。分为品系繁育和血液更新良种方式。

1. 品系繁育

品系是指品种内具有共同特点，彼此有亲缘关系的个体所组成的遗传稳定的群体。品系繁育就是根据一定育种制度，充分利用良种公畜及其优秀后代，建立优质高产和遗传性稳定畜群的一种方法。通常一个品系应当有 4 个以上的品系，品系繁育有 4 个阶段。

（1）选择优秀种公畜作为系祖。

（2）品系基础群的组建。

（3）闭锁繁育阶段（即群内自我繁育）。

（4）品系间杂交阶段（目的在于结合不同品系优点，使品种整体质量提高）。

2. 血液更新

指从外地引入同品种的优秀公畜来替换原畜群种所使用的公畜。目的：一是改变近亲衰退；二是改变环境引起的衰退；三是当羊群生产性能达到一定水平性状选择差变小时，可以用血液更新来再次提高。

二、杂交优势利用

杂交是指不同品种进行交配，杂交可以将不同品种特性结合，创造出亲代原本不具备的表型特征，并且还能提高后代生产力。有级进杂交、育成杂交、经济杂交、导入杂交等方式。

个体小的本地湘西黄牛作母本（或初产母牛）生产杂交肉牛，选择的父本应该以中小型肉牛品种杂交，如安格斯。个体大的本地湘西黄牛母牛（或经产母牛）则可直接与大型肉牛杂交，如夏洛莱、利木赞、西门塔尔等。西门塔尔是兼用牛，乳肉性能均良好，其杂交一代母牛的个体大，产乳量高，再用大型肉牛品种与其杂交，后代个体大，生长发育良好，能充分发挥前期生长发育潜能。

第三节　牛的繁殖技术

一、种牛选择

1. 种母牛的选择

用于繁殖生产优质肉牛的母牛要求个体高大、乳房发育良好，本地牛最好选择经产牛。杂交母牛个体大，产肉量高，是肉牛母本的最佳选择，尤以西门塔尔、利木赞等品种的杂交母牛最好。这些杂交母牛用大型肉牛品种进行三元杂交，其后代初重大，有足够的母乳使其犊牛期生长发育良好。而本地母牛如个体小，则不宜用大型肉牛杂交，否则会因胎儿过大，造成难产，犊牛期因奶量不足造成生长发育迟缓。

2. 种公牛的选择

用专化肉牛品种与本地母牛杂交生产肉牛，要根据母牛条件和肉牛生产目的来选择种公牛的品种。

二、牛的繁殖特点

1. 性成熟与体成熟

随着年龄的增大，出生后的小牛身体各部分生长发育，生殖器官系统的结构与功能日趋成熟完善，母牛卵巢能产生成熟的卵子，公牛睾丸能产生成熟精子的现象，称之为性成熟。性成熟期受牛的品种、性别、营养、管理水平等遗传的和环境的多种因素影响，小型早熟肉牛在哺乳期（6~8月龄）就达到性成熟，而大型晚熟则到12月龄甚至更晚些，一般公牛的性成熟较母牛晚。体成熟是指牛只机体各器官系统发育至适宜繁殖小牛阶段，可以负担妊娠哺育犊牛了，湘西黄牛的体成熟一般为20~24个月龄，达到体成熟即可对母牛实行初配。

2. 发情

母牛性成熟后隔一定日数（一般为19~23d），未妊娠的牛将会再次反复表现性欲的现象称为发情。母牛发情时其行为和生理状况出现一系列变化，鸣叫拱背举尾，排尿次数增多，举动不安乱跑，互相爬跨，四处张望，寻求公牛，处阴潮红肿胀，黏膜充血，流出透明的黏液，触摸背尾部举尾，安静不动，食欲减退，多汗，饮水增加，体温升高等。

3. 发情周期和发情持续期

一般母牛发情周期为18~24d，平均为21d，实际中青年母牛比经产母牛要短1~2d，发情持续期是指每次发情所持续的时间，肉牛发情持续期为20h，但个体间变化很大，据观察其变动范围为6~36h。

4. 配种

对母牛配种通常有3种方式，即辅助配种、公母混群自然交配和人工授精。一是辅助配种，是指公母不混群，当母牛发情时即牵引母牛与公牛自然交配。二是公母混群自然交配，广泛实用于牧区，公母比列为1∶（12~25）头。三是人工授精，适应于专业户和牧区。无论采用哪种方式，都要掌握适宜的配种时间是提高受胎率的重要环节。在实际中实行上午发情下午配，下午发情第二天早上配种的原则，在排卵期12h以内配种受胎率可达75%~80%，如果能在配种后隔6~9h再复配一次效果更好。

第四节 山羊的繁殖技术

一、种羊选择

1. 看当地的实际情况

快速提高肉羊生产性能的最有效措施是经济杂交利用，通过引进优良肉用品种羊改良地方山羊品种（武雪山羊）以提高其生长速度和产肉性能。根据地方品种的种质特点，有针对性地引种改良，以提高地方山羊的性能和生长速度。目前永顺县应用较多的是波尔山羊、南江黄羊与本地山羊品种改良进行杂交优势利用。

2. 看体型

看羊群的体型、肥瘦和外貌等状况，以判断品种的纯度和健康与否。种羊的毛色、头型、角和体型等要符合品种标准；种羊的体型、体况和体质应结实，前胸要宽深，四肢粗壮，肌肉组织发达。公羊要头大雄壮、眼大有神、睾丸发育匀称、性欲旺盛，特别要注意是否单睾或隐睾；母羊要腰长腿高、乳房发育良好。胸部狭窄、尻部倾斜、垂腹凹背、前后肢呈"X"状的母羊，不宜作种用。

3. 看年龄

主要依靠牙齿来判断，山羊共有32个牙齿，其中8个门齿全长在下颚。羔羊3~4周龄时8个门齿就已长齐，为乳白色，比较整齐，形状高而窄，接近长柱形，称为乳齿，此时的羊称为"原口"或"乳口"；到12~14月龄后，最中央的两个门齿脱落，换上两个较大的牙齿，这种牙齿颜色较黄，形状宽而矮，接近正方形，称为永久齿，此时的羊称为"二牙"或"对牙"；以后大约每年换一对牙，到8个门齿全部换成永久齿时，羊称为"齐口"。所以，"原口"羊指1岁以内的羊，"对牙"为1~1.5岁，"四牙"为1.5~2岁，"六牙"为2.5~3岁，"八牙"为3~4岁。4岁以后，主要根据门齿磨面和牙缝间隙大小判断羊龄；5岁羊的牙齿横断面呈圆形，牙齿间出现缝隙；6岁时牙齿间缝隙变宽，牙齿变短；7岁时牙齿更短，8岁时开始脱落。引种时要仔细观察牙齿，判断羊龄，以免误引老羊。

4. 判断羊的健康状况

健康羊活泼好动，两眼明亮有神，毛有光泽，食欲旺盛，呼吸、体温正常，四肢强壮有力；病羊则毛散乱、粗糙无光泽，眼大无神，呆立，食欲不振、呼吸急促，体温升高，或者体表和四肢有病等。

5. 随带系谱卡和检疫证

一般种羊场都有系谱档案，出场种羊应随带系谱卡，以便掌握种羊的血缘关系及父母、祖父母的生产性能，估测种羊本身的性能。从外地引种时，应向引种单位取得检疫证，一是可以了解疫病发生情况，以免引入病羊；二是运输途中检查时，手续完备的畜禽品种才可通行。

二、山羊的繁殖特点

1. 山羊的性成熟

羔羊初生后，生殖器官达到完全发育，称为性成熟。这时公羊有爬跨行为，母羊出现发情征状。山羊性成熟时间4~6月龄，体成熟8~10月龄；公羊比母羊体成熟略早一些。为了防止早配、偷配，早熟品种2月龄，晚熟品种4月龄分开饲养管理，以免产生品质低劣的后代。

2. 初配年龄

山羊适配年龄为10~12月龄，育成母羊的初配年龄要求体重达到20~25kg才可以配种，过早配种影响羔羊的生长发育，过晚配种对生产不利，影响经济效益。

三、山羊的发情与发情周期

1. 山羊的发情

性成熟的母山羊有性活动的表现，称为发情。永顺县处于亚热带，气候温暖，母羊无明显发情季节，常年发情，但一般以秋季膘肥体壮时多一些。其外观表现为精神不安，经常鸣叫，食欲减退，爬跨别的母羊，尾巴不断摇摆，频频排尿，外阴部潮红肿胀，阴户有黏液流出，其他母羊爬跨或引公羊交配时，均站立不动，接受爬跨。

母山羊一次发情开始至终止时的这段时期，称为发情持续期。山羊发情持续期平均为24~48h。

2. 山羊的发情周期

山羊发情周期短，因品种、个体、气候、饲养管理条件等不同而异。山羊的发情周期一般为17~21d。

第四章　牛羊的饲养管理技术

第一节　牛的饲养管理技术

一、牛的生活习性及消化特点

牛是反刍动物，一般一昼夜进行反刍 6~8 次，多达 10~16 次，而牛的睡眠时间很短，每日总共 1~1.5h，牛采食牧草时是用舌将草卷入口内用上鄂齿板和下鄂切齿将草钳住，然后将草切断吞下。牛每日采食鲜草量为 8.2~12.3kg，牛采食非常粗糙，大量饲料不经过细致的咀嚼就吞咽下去，在瘤胃内发酵，当牛休息时再把饲料逆呕出来，经过再咀嚼，然后再吞咽下去这个过程称之反刍，反刍是牛的重要习性。反刍包括逆呕、再咀嚼、再混唾液和再吞咽 4 个过程，从反刍开始到结束这段时间叫反刍周期，一般牛在饲喂后 30~60min 开始反刍，每个反刍周期持续时间为 40~50min，每个食团咀嚼 50~70 次。

牛有 4 个胃：即瘤胃、网胃、瓣胃、皱胃。前 3 个胃没有消化腺，只起浸润揉搓、软化、酸化及发酵分解作用，第四胃有胃腺能分泌消化液，具有真正的消化作用，故称"真胃"。牛的瘤胃中含有大量的细菌和纤毛虫，多种细菌往往相互共生，共同作用，组成某种细菌区系。通常每克瘤胃内容物含有 150 亿~250 亿个细菌和 60 万~180 万个纤毛虫，靠菌体内有关酶的作用完成饲料营养物分解和利用。牛采食大量粗饲料，对粗纤维的利用率可达 50%~80%，在与其他微生物协同下逐级分解，从而形成乙酸、丙酸等最终产生挥发性脂肪酸和各种气体，挥发性脂肪酸被牛体吸收，气体（二氧化碳、甲烷、硫化氢、氨、一氧化碳等）这些气体只有通过嗳气排出体外，才能预防胀气。瘤胃里微生物的繁殖与生长受日粮组成的变化、饲养方式突然改变和其他因素的影响，因此，在牛的饲养过程中必须考虑这一特点。

二、肉牛的饲养标准与日粮配合

为满足肉牛所需的营养，提高饲料的利用率，按不同生长发育阶段、不同杂交类型的牛，设计合理的日粮补饲。配合肉牛日粮应根据如下条件：一是要根据肉牛饲养标准规定，按肉牛的不同性别、年龄、体重、日增重和不同生理时期及生产能力对各种营养的要求供给日粮。二是日粮组合要多样化，尽可能多种饲料搭配，这样营养齐全，适口性好，可增加牛的采食量。三是要从当地自然条件和饲料资源出发因地制宜，充分利用农副产品和工业副产品，以降低成本，饲料成本一般不超过总成本的70%。四是在满足营养需要注意优质干草和青贮料的供给，如精料过多，粗料少，易引起肉牛的消化不良，水分少，粗料过多易引起牛便秘，水分多的青绿多汁饲料过多易引起牛腹泻。

（一）粗饲料

粗饲料包括干草、农作物秸秆、青贮饲料等。其中苜蓿、三叶草、花生秧等豆科牧草是肉牛良好的蛋白质来源，粗蛋白质含量可达20%以上，而秸秆的粗蛋白质含量只有3%~4%。通过合理加工调制，都可以饲用。

1. 干草

植物在不同生长阶段收割后干燥保存的饲草，通过晒干，使牧草水分降低至15%~20%，从而抑制酶和微生物的活性。目前制备干草的方法基本上可分为两种，一种是自然干燥（晒干和舍内晾干），另一种是人工干燥。自然干燥调制干草时，应把收割后的青草平铺成薄层，在太阳下暴晒，尽量在很短时间内使水分降至38%左右。在使水分进一步蒸发降至14%~17%的阶段中，尽量减少暴晒面积和时间。干草水分达到14%~17%时，可堆垛或打捆贮存。干草饲喂前要加工调制，常用加工方法有铡短、粉碎、压块和制粒。铡短是较常用的方法，对优质干草，更应该铡短后饲喂，这样可以避免挑食和浪费。

2. 农作物秸秆

主要来源于小麦、水稻、玉米、高粱、燕麦和小米等作物。这些秸秆的粗纤维含量高，直接喂牛时只能满足维持需要，不能增重。但是用适当的方法进行处理，就能提高这类粗饲料的利用价值，在肉牛饲养业中发挥巨大作用。

（1）物理处理。即把秸秆铡短或粉碎，增加瘤胃微生物对秸秆的接触面积，可提高进食量和通过瘤胃的速度。物理加工对玉米秸和玉米芯很有效。与不加工的玉米秸相比，铡短粉碎后的玉米秸可以提高采食量25%，提高饲料效率35%，提高日增重。但这种方法并不是对所有的粗饲料都有效。有时不但不能改善饲料的消化率，甚至可能使消化率降低。

（2）秸秆氨化。氨化处理可提高秸秆中的蛋白质含量，增加5%~6%的粗蛋白质，提高采食量和有机物质的消化率10~15个百分点。有堆垛法、窖池法、塑料袋法3种。其中窖池法中的窖、池可以与青贮饲料转换使用，夏、秋季氨化，冬春季青贮。先将秸秆铡碎，稻草、麦秸较柔软，可铡成2~3cm，玉米秸秆较粗硬，以1cm为宜。每100kg秸秆用5kg尿素、50kg水，将尿素溶于水中并搅拌，待完全融解后，与秸秆搅拌均匀，分批装入窖内，要边装窖边踩实，原料要高出窖口30~40cm，顶部做成馒头状，用塑料薄膜覆盖密封，以不透气为宜，先在四周压泥土，再逐渐向上均匀填压湿润的碎土，轻轻盖上。氨化处理时间和气温有关，15~30℃处理1~4周，5~15℃处理4~8周，低于5℃以下处理8周以上。

3. 青贮饲料

青贮是将含水率为65%~75%的新鲜青绿饲料经切碎后，装入青贮窖或青贮袋内，在密闭缺氧的条件下，利用微生物的发酵作用，达到长期保存青饲料的一种方法。发酵青贮饲料要注意两个要点：一是及时。饲草收割后要立即粉碎，并按操作装入发酵槽，要一次性完成全部发酵操作。二是封严。青贮发酵是厌氧过程，因此原料要切短并压实，发酵设施要彻底密封。

（1）窖贮。青贮窖底面和四周要用水泥抹面，或全部用塑料薄膜铺面，要能够密封，防止空气进入，且有利于饲草的装填压实。原料要求65%~75%含水量，切割成1~3cm，及时装入青贮窖内，边切割边装窖边压实，每20~30cm踩实一次，特别要注意踩实窖的四周和边角，否则氧气残留过多，会导致部分原料霉变。原料高出窖的边沿50~80cm 然后用整块塑料薄膜封盖，最后用泥土压实，泥土厚30~40cm。一般经过40~50d（20~35℃）后，即可取用。也可加青贮剂缩短青贮时间（图4-1）。

图4-1　青贮入窖

（2）袋装青贮。成本低，操作方便。用工业生产的无毒薄膜，双幅袋形塑料，厚度8~12丝，常规纤维编织袋。一般塑料袋规格为长150cm，宽100cm，每袋装禾本科牧草90~95kg，装豆科牧草100kg。原料含水量要求60%以上，切割成1~3cm装袋，一层一层压实，装满后，用手挤压排出空气，用绳扎紧袋口。

（二）精饲料

对于肉牛而言，精饲料是一种补充料，肥育牛日粮的精料含量可高一些，母牛和架子牛仅喂少量精料，以保证维持需要。精饲料可分为能量饲料和蛋白质饲料、矿物质饲料等。能量饲料主要有玉米、高粱、大麦等，占精饲料的60%~70%。蛋白质饲料主要包括真蛋白质饲料（如豆粕、棉籽饼、花生饼等）和非蛋白氮（如尿素），约占精饲料的20%~25%。矿物质饲料包括骨粉、食盐、小苏打、微量元素和维生素添加剂，占精饲料的3%~5%（表4-1）。

表4-1　牛日粮中精料供给量与营养总平衡表

饲料种类	给量（kg）	干物质（kg）	肉牛能量代谢能（RND）	综合净能（MJ）	粗蛋白质（g）	钙（g）	磷（g）
豆饼	0.35	0.317	0.322	2.54	150.5	1.19	1.72
玉米	1.00	0.884	1.00	8.06	86.0	0.79	2.12
尿素	0.05	0.05	0.0	0.0	143.75	0.0	0.0
骨粉	0.02	0.015	0.0	0.0	0.0	6.364	2.678
石粉	0.02	0.018	0.0	0.0	0.0	6.796	0.0
小计	1.42	1.288	1.322	10.60	380.25	15.14	6.521
平衡		-0.022	+0.472	+3.65	+50.95	-0.41	+2.678

　　为降低精料消耗，可选用尿素代替蛋白质饲料。牛的瘤胃微生物能利用游离氨合成蛋白质，所以饲料中添加尿素可以代替一部分蛋白质。添加时应掌握以下原则：①只能在瘤胃功能成熟后添加；按牛龄估算应在生后3个半月以后。实践中多按体重估算，一般牛要求重200kg，大型牛则要达250kg。过早添加会引起尿素中毒。②不得空腹喂，要搭配精料。③精料要求低蛋白质。精料蛋白含量一般应低于12%，超过14%则尿素不起作用。④限量添加。尿素喂量一般占饲料总量的1%，成牛可达100g，最多不能超过200g。

三、肉牛的饲养管理

　　永顺县属山区，黄牛基本上全年放牧，管理粗放，普遍存在着生长速度慢、出栏率低、周转慢等问题。只有加强饲养管理，才能提高黄牛养殖业经济效益。

（一）饲养管理原则

1. 满足黄牛的营养需要

　　饲养黄牛，首先要提供足够的粗饲料，满足瘤胃微生物的活动，然后根据不同类型或同一类型不同生理阶段牛的生产目的和经济效益配合日粮。犊牛要使其及早哺足初乳，确保健康；哺乳犊牛可及早放养，补喂植物性饲料，促进瘤胃机能发育，并加强犊牛对外界环境的适应能力；生长牛日粮以粗饲料为主，并根据生产目的和粗饲料品质，合理配制精饲料；育肥牛则以高精饲料日粮为主进行肥育；对繁殖母牛妊娠后期进行补饲以保证胎儿后期正常的生长发育。日粮的配合应全价营养，种类多样化，适口性强，易消化，精、粗、青饲料合理搭配。

2. 严格执行防疫、检疫及其他兽医卫生制度

牛场应定期消毒，保持清洁卫生的饲养环境，防止病原微生物的增加和蔓延；经常观察牛的精神状态、食欲、粪便等情况；制订科学的免疫程序，及时防病、治病，适时计划免疫接种。对断奶犊牛和育肥前的架子牛要及时驱虫保健，杀死体表寄生虫。要定期坚持进行牛体刷拭，保持牛体清洁。夏天注意防暑降温，冬天注意防寒保暖。

（二）黄牛一般饲养管理要点

1. 定时定量，防止"掉槽"

要了解不同类型及生产水平的牛对各类营养物质的需要量，并要根据各类牛的消化生理特点，合理搭配全价日粮。搭配日粮时应以粗饲料为主、配合精饲料为原则。饲料要有适度的容积，使牛吃得了、吃得饱，还能满足它的营养需要。日粮配好后，每日饲喂次数和饲喂程序应相对稳定，做到定时定量饲喂，使牛形成良好的条件反射，增加唾液分泌，使瘤胃微生物有良好的活动环境，提高饲料的消化率和利用率。黄牛宜早、中、晚3次饲喂，母牛日喂2次也可。如果随便打乱饲喂时间和任意改变日粮组成，使牛饱一餐、饥一顿，就会使牛吃不好草，引起"掉槽"，即在饲喂过程中出现反刍现象，影响牛的采食、反刍、休息等正常生理规律。

2. 放牧舍饲，逐渐转换

牛场如果有牧地，应尽量利用放牧饲养，以节省成本。由冬季舍饲转入春季放牧不宜太早，因牛啃食低草能力很差，这就是俗话"羊盼清明牛盼夏（立夏）"。开始每天可牧食青草2~3h，逐渐增加放牧时间，最少10d后才能全部转入放牧。如果一开始就完全放牧，由于青草太低牛吃不饱，造成"跑青"，徒然消耗体力而使牛膘情下降，同时由于草料突然变更，由干草改青草，牛容易发生拉稀和胀腹，消化功能紊乱。开始放牧后，晚间一定要补饲干草或秸秆，膘情差的牛、怀孕牛、哺乳牛还应配给精饲料0.5~1kg。同样，放牧转入舍饲，也要逐渐进行。

3. 饲草精饲料，合理搭配

牛的饲草饲料要多样化，例如，精饲料、粗饲料、青绿多汁饲料要搭配，能量饲料、蛋白质饲料要搭配，禾本科草类与豆科草类要搭配。草料多样化，营养物质可以起到互补的作用，还可以提高适口性，促进食欲。由于多种饲料需要搭配，在需要改变日粮组成时也比单一饲料的陡然改变容易得多。

4. 少给勤添，精心喂养

牛喜吃新鲜草，为了不使草料浪费，保证旺盛的食欲，应少给勤添。以粗饲料为主的日粮，为了促使牛吃饱草，大多用拌料的方法饲喂。拌料时头几次料少些，水也少些，最后两次料大水多，使牛连吃带喝，一气喂饱。粗饲料要铡短、筛净，不能喂霉烂变质的饲草饲料，草料中要防止铁丝、铁钉、玻璃渣等异物杂入。

5. 饮水充足，促进新陈代谢

牛需要足量的饮水，才能进行正常的新陈代谢作用。谚语说"草膘料力水精神"，饮水充足，牛肌肉发达，被毛光泽，精神饱满，生长发育良好，生产力提高。在无自动饮水设备的条件下，除喂料时给水外，运动场应设有水槽。饮水要洁净，冬季要饮井温水，或加热的温水，以减少黄牛能量的消耗。

6. 刷拭牛体，保持清洁

牛的皮肤是保护牛体内部器官的屏障，它能调节体温，防御病菌和寄生虫的侵袭。每日要刷拭牛体，群众说"刷刷刨刨，等于加料"刷拭时由前向后，由左而右边刮边刷，经常梳刷牛体，不仅保持清洁，清除寄生虫，而且还能促进血液循环和胃肠蠕动，从而促进消化。同时经常梳洗，牛性情温顺，便于防疫、称重、修蹄等管理工作的进化。虱子、体螨常侵袭牛体，要及时清除和治疗。体螨主要在冬春季节为害犊牛，甚为顽固，可用敌百虫及废机油等治疗，治疗的原则是治早、治小、治了。

7. 勤刷饲具，勤垫牛铺

为了减少病菌感染的机会，牛舍要保持卫生，饲槽、水桶、料缸要及时刷净，决不能让饲槽中剩草剩料，下次再吃。牛铺要打扫干净，保持干燥，冬季要加垫草，以备牛卧下休息。如果牛铺潮湿，就容易患感冒、风湿等病。俗语说"牛怕肚皮水",是有道理的。

四、肉牛的育肥技术

肉牛育肥效果与牛的品种、年龄、性别、体况等有关,因此,育肥牛的选择应首先考虑肉用、肉乳兼用等优良品种的杂交后代,所选牛生长发育要正常、骨架大、健康无病,性别以公牛为好,其次为阉牛,年龄在6~24月龄,超过3岁的牛不能生产出高档牛肉。

1. 牛品种的选择

品种选择的原则要从永顺县当前的市场条件、饲料资源和饲养技术作为选择的出发点。首先,从生产性能的角度去选择肉用性能高的牛进行育肥;其次,选择当地数量多,易于购买的品种。首选西门塔尔牛、夏洛莱牛、利木赞牛、安格斯牛等良种肉牛与本地湘西黄牛的杂交后代。

2. 牛年龄和体重的选择

在选择架子牛时,须重视牛年龄的大小。判断牛年龄最准确的方法是出生记录。但是,在农村饲养条件下,大多数牛均无出生记录,此时可根据牛的外貌和牙齿的变化情况来鉴定牛的年龄。在一般情况下,肉牛年龄越小,生长速度越快,饲料转化率也越高。

在精饲料和糟渣类饲料充足的条件下,宜选择6~12月龄的小牛进行持续育肥;如果以利用大量粗饲料为主育肥肉牛,则宜选择1~2岁的架子牛进行育肥。

不同生长阶段的牛,在育肥期间所需求的营养水平也不同。犊牛在生长期间,正处于生长发育阶段,增重的主要部分是肌肉、骨骼和内脏,而后期成年牛增重主要是以沉积脂肪为主。据研究,14月龄左右的犊牛其肌肉相对生长速度高,18月龄后肌肉的绝对和相对生长速度都降低,这是由于随年龄增长,体内氮的沉积能力下降,因此可见犊牛出生后肌肉发展有两个旺盛阶段(出生至7月龄,14~18月龄)。通常认为,肉牛最适宜屠宰时期为18~24月龄,体重达450~500kg。

3. 肉牛肥育原理

要使牛尽快育肥,给牛的营养物质必须高于维持正常生长发育的需要，在不影响牛的正常消化吸收的前提下，在一定范围内饲喂的营养物质愈多，所获得的日增重就愈高，并且每单位增重所耗量的饲料愈少，出栏也可提前。

不同的环境温度对育肥牛的营养需要和增重影响很大，平均温度低于7℃时为了抵御寒冷，牛体产热量增加以维持体温，低温增加了热能的消耗，使饲料利用率下降，所以对处于低温环境中的牛要相应增加能量饲料才能维持较高的日增重，当平均气温高于27℃时，牛的呼吸次数和体温随气温升高而增加，采食量减少，食欲下降，甚至停食，流涎，严重的会中暑死亡，肉牛的适宜温度16~24℃。

在肉牛的生产中，达到屠宰体重的时间越短，其经济效益越高。要根据牛的生长规律，犊牛在育肥前期应供应充足的蛋白质和适当的热能，而后期则要供应充足的热能。任何品种，任何年龄的牛，当脂肪沉积到一定的程度后，其生活能力降低，食欲减退，饲料转化率降低，日增重减少，如再继续育肥就得不偿失。小公牛活泼好动，体能消耗过多导致增重和饲料报酬下降，育肥母牛和阉牛时，生产的牛肉脂肪较多，肉质细嫩，但饲料消耗较多。一般来说，老残牛育肥持续期不能超过3个月，膘情好的幼牛以3个月为宜，中等和中等以下膘情幼牛以3~5个月为宜。

在后期舍饲育肥阶段，可每头牛日饲喂2.2~3kg精饲料，4~7kg干草或粉碎秸秆粗饲料，12~18kg酒糟，调制成精、糟混合料或精糟秸秆混合料饲喂，每天饲喂3次，饲喂1h后，给予充足的饮水。

第二节　山羊的饲养管理技术

一、山羊的生物特性

1. 采食能力强，利用饲料广泛

山羊具有薄而灵活的嘴唇和锋利的牙齿，利用饲草、饲料广泛，如多种牧草、灌木、农副产品以及禾谷类籽实等均能利用，特别喜食灌木的嫩枝及细叶。

2. 喜群居，爱干净

山羊群居性强，受侵扰时互相依靠和拥挤在一起，具有"跟头羊"行为，放牧时应利用这一特性。喜干净、喜食未被污染的饲草饲料，放牧时应尽量分区轮牧。

3. 性喜干燥，怕热湿

山羊汗腺不发达，散热机能差，因此，在饲养管理及栏舍修建上，应尽量避免湿热对羊体的影响，放牧应在露水干后。栏舍选择在通风向阳的地方。

4. 性情温顺，胆小易惊

在各种家畜中，山羊是最胆小的畜种，自卫能力差，突然的惊吓容易炸群，所以饲养员在管理上，不能有粗暴行为，经常保持羊群、羊舍内安静。

5. 嗅觉灵敏

山羊嗅觉灵敏，母羊主要凭嗅觉鉴别自己的羔羊，视觉和听觉起辅助作用。羔羊出生后几分钟，母羊就能鉴别。利用这一特性，只要在寄养的孤羔和多胎羔羊身上涂抹母羊的羊水、尿水，寄养多会成功。

二、种公羊的饲养管理

俗话说："母畜好，好一窝；公畜好，好一坡"。种公羊是提高羊群质量和生产力的基础和关键，因此，应给予较好的饲养管理，保持全年营养平衡，从而达到维持种用的体况、体形、性欲旺盛、精液品质良好的饲养目标。通常分配种期和非配种期两个阶段。

（一）配种期

在配种期，种公羊因追逐母羊，放牧采食多不积极，而每交配一次需要消耗羊体内蛋白质50~80g，故除放牧外还应补充优良的豆科牧草、枝叶饲料或精料。配种次数多的优质种公羊还要补1~2枚鸡蛋，以保证其精液品质，提高全群羊的产羔率。

（二）非配种期

非配种期的种公羊应坚持以放牧为主，不宜过多补饲草料及精料，以免形成草腹，影响配种。经常保持包皮、脚跟等多处干净，无蝇、蛆寄生虫，防治生殖系统疾病发生，每天每只可补喂混合精料 125～250g。

（三）种公羊管理应注意的问题

1. 合理利用

为提高种羊利用年限，青年公羊初配年龄应在 8～10 个月为宜，成年公羊日配种数以 1～2 次为宜，最多不超过 3～4 次，青年公羊 2～3 次，连配两天后，需休息一天。

2. 加强运动

应坚持放牧，保证其运动量。种公羊须有单独的羊舍。

三、种母羊的饲养管理

母羊是提高羊群质量和实现高产的基础，因此，加强其饲养管理尤为重要。母羊的饲养根据其生理特点分为 3 个阶段。

（一）空怀期

指母羊断奶后至下次配种前的恢复期。按空怀期的长短给予不同的饲养管理。一年一胎的母羊，空怀期长，可以不补精料，只在配种前 15～20d 短期优饲以加强营养；两年 3 胎或一年两胎的高产母羊，经历生产和哺乳两个重要阶段，消耗大量营养，体况较差，加之恢复期即配种准备期。为迅速恢复母羊体况，顺利完成下次配种、产羔、哺乳繁殖生产任务，必须全期优饲。一些地方采取"短期优饲""满膘配种"的方法，即配种前 20d 到配种后一个月，每日增加精料 250g，并适当补饲胡萝卜，但如果放牧条件优越，母羊膘情好，也可少补或不补精料。

（二）怀孕期

1. 妊娠前期（前 3 个月）

胎儿发育缓慢，其绝对重量只占初生重 10% 左右，此时可以完全恢复依靠放牧或补充一些青贮或块根茎饲料和干草维持其营养需要。

2. 妊娠后期

此期胎儿骨骼、肌肉、皮肤和血液生长发育迅速增长快，母羊需要大量营养供给胎儿生长和备乳，精料补充应比平时高 30%，而且应给予蛋白质、矿物质、维生素丰富的饲料。

3. 妊娠后期母羊饲养应注意以下几点

（1）要求就近放牧，选择的牧场宜平坦且场内混生野草多，草质优良，易消化，放牧时羊群要划小。

（2）防止拥挤，角斗、摔倒，以免引起流产。

（3）冬春寒冷季节，应注意防寒保暖，避免饮冰水喝采食霜冻饲料。

（4）不能饲喂霉变的易发酵的饲料。

（5）栏舍内必须清洁干燥，定期消毒。

（三）哺乳期

南方地区，山羊的哺乳期一般为 4 个月，泌乳前期母羊主要是在放牧的基础上补充精料，产后 6～7d 内应舍饲，之后在附近草场放牧。开始放牧时间不宜过长，以后逐渐增加，天气不好时应留羔羊在舍内，只放牧母羊。补饲应根据体况、产仔数、泌乳分泌等情况而定，一般一只一天补饲熟豆浆、豆腐渣等 400～500g，应注意少吃多餐，避免消化不良。如果母羊体况好，乳汁充足，则可少补饲或不补，以免引起乳房炎。

（四）产羔母羊的管理和初生羔羊的护理

1. 产羔母羊的管理

羊临近产期应在出牧或归牧时注意观察，对临产的母羊立即移至产房，将尾根、外阴部和肛门洗净，并用 1%～2% 来苏尔溶液消毒，将乳房洗净，挤出乳头内停留的乳汁。产后应保持舍内安静清洁，清除污物，注意胎衣的排除（一小时左右），并喂饮少量温盐水，几天内可喂些豆浆和优质青草，食欲恢复后再逐渐补精料给予充足清洁的饮水，每天 3～4 次。

2. 初生羔羊的护理

（1）吃好初乳：出生 3d 内，保证吃足初乳（母羊产后 4d 内分泌的乳）。羔羊吃到初乳后对增强体质，抵抗疾病和排出胎粪具有重要意义。吃初乳越早越多，体质越强，发病越少，成活率越高。

（2）哺乳次数：随着年龄增长，哺乳次数应逐渐减少。

（3）提早补饲：提早补饲可促进羔羊的前胃发育，增加营养来源，一周内随母放牧，10 日龄开始给草，将幼嫩青草吊在空中诱食，让小羊自由采食，生后 20d 开始训练吃料，2 月龄可断奶。

（4）做好寄养工作：对孤羔和多羔找产期相近、健康、泌乳量大的母羊做保姆。方法：将保姆羊的尿液或乳汁涂在羔羊臀部，和保姆羊关在一起。

（5）注意防寒保暖，保持舍内清洁干净。

（6）羔羊编号：为选种、选配和科学饲养管理，特需编号，公羔编单号，母羊编双号。

四、育肥羊的饲养管理

将不留作种用的公羊、羔羊或淘汰的母羊育肥出栏，生产肉羊，利用羔羊生长快，饲料报酬高等特点，达到控制羊群数量，避免破坏草场，产生经济效益等目的。

（一）育肥前准备

1. 整群

把肥育羊单独编群，按肥育方式饲养。

2. 去势

羔羊去势以 20~30 日龄为宜，过早睾丸小，去势困难，过晚会骚扰育肥羊群，影响采食，甚至造成滥交滥配。去势后的公羊性情温顺，容易育肥且肉质细嫩，无膻味。

3. 驱虫

育肥前，全群彻底驱除体内外的寄生虫，为安全用药起见，最好先选择 1~2 只羊进行试驱。

（二）育肥方式

1. 放牧育肥

必须在质量好的人工草场，如三叶草与黑麦草或鸡脚草混播的草场进行。如果仅利用天然草场放牧育肥，效果不好，尤其南方的天然草场，不能为羔羊提供充分的营养，必须补料。

2. 混合育肥

这是比较切合实际的育肥方式，肥育羔羊断奶后，要及时补料，精料比例适当加大，在育肥初期羔羊不爱采食，可以部分熟化加入香料或食盐等方法，增加适口性，成年山羊可以放牧为主，适当补充精料，以缩短育肥时间。

3. 舍饲育肥

永顺县一般不采用。舍饲就是以较多精料，较少的粗料来育肥羔羊。

育肥山羊前期食欲旺盛，后期较差，因此，放牧时草场后期应优于前期。春季要控制羊群，防止跑青，夏季天气炎热，放牧应早出晚归，但南方不宜过早，以防羊群采食"露水草"而腹泻或感染寄生虫病，中午选阴凉地方休息，避免中暑，秋季放牧时间不少于10~11h。

五、山羊的放牧管理

山羊是最适宜放牧的家畜，对山羊施行放牧饲养，不仅可以降低生产成本，减少疾病的发生，而且符合山羊善于游走，利用饲料广泛等生物学特性。放牧的目的是让羊群在牧场获得较多营养，迅速生长发育成商品羊，充分合理利用草场。

1. 合理组群

我国南方，地形复杂，主要为林间和灌木类草场，隐蔽度高，坡度大，羊群一般为几十只到100只左右为宜。

羊群公母比为1:25，公羊过多，不利于羊只安静采食；公羊过少，会造成母羊空怀；母羊过少，会降低羊群效益。

2. 饲料变更要逐步进行

冬春季节粗料较多，应尽量延长放牧时间；春季青草稀薄，要防止山羊"跑青"和过食青草引起腹泻及膨胀。具体方法是在放牧前补饲干草至半饱，夏秋季牧场丰茂，则注意防中暑。

3. 注意牧场选择

山羊喜燥厌湿，放牧时，夏季应选择在山峰高岗、牧草茂密地方放牧，最好不到沼泽地有水草的地方放牧，防止感染寄生虫；秋季，应将放牧地从山下逐渐向山上转移，并注意抓膘，有利越冬；冬季应选择背风向阳的山窝、坡脚、溪沟放牧。

4. 放牧时间

冬春两季牧草枯萎，应尽量延长放牧时间，以10~12h为宜；夏秋两季，牧草丰茂，利于抓膘，准备越冬，以 8~10h 为宜。

5. 放牧中的补饲

冬春季节，光靠放牧不能满足羊的营养需要，特别是冬春季节气候寒冷，母羊又处于怀孕后期或哺乳期，需要营养较多，因此，除放牧应给予补饲外，具体方法是早晨出牧前及晚间，喂 1~1.5kg/只青贮料或块根茎料。

第五章　养殖场地的选择与规划布局

第一节　养殖场选址

一、地形、地势的因素

养殖场应建在草场面积大，与种植牧草地近，地势高燥，比较平坦，且有一定的坡度，背风向阳，地下水位低，面朝南或东南的地方。不要把牛羊舍修建在地势低和山谷深处、山顶上等地方，这些地方要么湿度大、空气不流通，要么空气冷，不利于防寒保暖，更不要把牛羊舍修在工矿、屠宰场附近，防止毒废水、有毒气体引起山羊中毒。

二、水源因素

养殖场选择场地时，既要考虑水源的水量和水质，又要在必要时对水源进行化验检查。

三、土质因素

最好是砂质土壤，因砂质土壤透水性好，能保持干燥，导热性好，有良好保温性能，同时，它又是植物生长的良好土壤。黄土和黏土，透水性差，土地黏合性强，保水性好，地面潮湿，大旱时，又容易结块，对山羊肉牛运动和打扫卫生均不利。

四、养殖场地位置因素

选择交通比较方便的地方，这样有利于物质供应和产品销售，同时也便于加强同外单位和个人联系。但也不能紧挨公路、铁路、屠宰场、集镇等地方，因为这些地方牲畜流动量大，容易传播各种疾病，一般应远离交通干线300m以上，离一般的道路和居民区（村寨）不少于200m为宜。

五、饲料基地和饲料来源因素

在栏舍附近，最好有连片成块的自然草场，或者有能种植足够数量的青绿饲料地，以满足牛羊群一年四季对牧草的需求。

第二节　养殖场的规划与布局

一、规划原则

一是充分利用各种自然条件，最有效地利用土地；二是便于疾病的防治，有利于牛羊群生长和繁殖；三是便于饲养管理；四是有利于粪尿的无害化处理和清除，为种植牧草创造条件；五是能经济、方便利用农副产品，使种植业与牧业有机结合。

二、场地的区划

分为生活管理区、生产区、粪污处理区共三大区域。

三、养殖场建筑布局

养殖场要有大门，门口设消毒池和消毒室。

生活管理区：要有相对独立的生活管理区，内设办公室，各种制度要上墙，养殖档案等要规范填写并保存。距生产区100m以上，并处于上风向，不能使民房和牛羊舍混在一起。

生产区：①饲料仓库加工间应在大门附近；②母畜舍、羔羊（犊牛）舍和商品牛羊舍要靠近，便于转群；③公畜舍应放在全场最安静的地方，且与牛羊舍保持相当距离；④牛羊舍朝向最好是坐南朝北，或偏东15°以内，有利达到冬暖夏凉；⑤牛羊舍应平衡排列，以便采光管理，舍与舍之间相距10m。

粪污处理区：要距生产区100m以上，并处于下风向。生活管理区、生产区与粪污处理区之间应建立绿化带。

第六章　常见疾病防治技术

第一节　牛的常见疾病防治技术

一、牛出败

牛出败病是由巴氏杆菌引起的，以败血症和组织器官的出血性炎症为特征的传染病，故又称牛出血性败血症。牛出败是常见的一种牛病，一年四季都可发病，一般为散发或小范围暴发性流行。牛出败的潜伏期一般为2~5d。以病牛常发生头颈、咽喉及胸部炎性水肿，民间将此病称为牛肿脖子、牛响脖子、锁口癀等。

临床症状：①败血型：病牛体温升高至41~42℃，精神萎顿、食欲不振、心跳加快，常来不及查清病因和治疗牛就死亡；②水肿型：除有体温升高、不吃食、不回草等症状外，最明显的症状是头颈、咽喉等部位发生炎性水肿，水肿还可蔓延到前胸、舌及周围组织，病牛常卧地不起，呼吸极度困难，常因此而窒息死亡；③肺炎型：病牛主要表现为体温升高，发生胸膜肺炎，病牛呼吸困难，有痛苦的咳嗽，鼻孔常有黏液脓性鼻液流出，严重病牛呼吸困难，头颈前伸，张口呼吸，肺炎型病程较长，常拖至一周以上。

防治措施：①牛出败病的预防，要加强饲养管理，提高抵抗力。经常发生牛出败的地方，要坚持注射牛出败疫苗。确定牛发生牛出败病后，对村寨里的牛，也要进行紧急预防注射，防止扩散。②治疗：病牛可用磺胺嘧啶钠静脉注射，每天2次，连续注射3d。重症病牛在用磺胺药物的同时，肌肉注射青霉素钾，四环素配葡萄糖注射液静脉注射疗效也较好。此外，病牛的垫草、粪便等排泄物中有大量巴氏杆菌，要堆积发酵后才能使用。病牛厩舍及周围环境要用石灰水或3%的来苏尔液消毒。病牛和死尸必须在防止细菌扩散的原则下宰杀或处理，内脏作深埋处理，牛皮要用消毒液浸泡后才能出售，牛肉切成小块原地高温煮熟后才能食用。

二、牛气肿疽

气肿疽俗称黑腿病或鸣疽，是一种由气肿疽梭菌引起的反刍动物的一种急性败血性传染病。其特征是局部骨胳肌的出血坏死性炎、皮下和肌间结缔组织鳃液出血性炎，并在其中产生气体，压之有捻发声，严重者常伴有驻行。一般多发于黄牛、水牛、奶牛、牦牛、犏牛易感性较小。发病年龄为 0.5~5 岁，尤以 1~2 岁多发，死亡居多。该病传染途径主要是消化道，深部创伤感染也有可能。本病呈地方性流行，有一定季节性，夏季放牧（尤其在炎热干旱时）容易发生，这与蛇、蝇、蚊活动有关。

临床症状：潜伏期 3~5d。往往突然发病，体温达 41~42℃，轻度跛行，食欲和反刍停止。不久会在肩、股、颈、臀、胸、腰等肌肉丰满处发生炎性肿胀，初热而痛，后变冷，触诊时肿胀部位有捻发音。肿胀部位皮肤干硬而呈暗黑色，穿刺或切面有黑红色液体流出，内含气泡，有特殊臭气，肉质黑红而疏松，周围组织水肿；局部淋巴结肿大。严重者呼吸增速，脉细弱而快。病程 1~2d。

病理变化：尸体迅速腐败和臌胀，天然孔常有带泡沫血样的液体流出，患部肌肉黑红色，肌间充满气体，呈疏松多孔之海绵状，有酸败气味。局部淋巴结充血、出血或水肿。肝、肾呈暗黑色，常因充血稍肿大，还可见到豆粒大至核桃大之坏死灶；切面有带气泡之血液流出，呈多孔海绵状。其他器官常呈败血症的一般变化。

防治措施：在流行的地区及其周围，每年春秋两季进行气肿疽甲醛菌苗或明矾菌苗预防接种。若已发病，则要实施隔离、消毒等卫生措施。死牛不可剥皮肉食，宜深埋或烧毁。早期全身治疗可用抗气肿疽血清 150~200mL，重症患者 8~12h 后再重复一次。实践证明，气肿期应用青霉素肌肉注射，每次 100 万~200 万国际单位，每日 2~3次；或用四环素静脉注射，每次 2~3g，溶于 5%葡萄糖 2 000mL，每日 1~2 次；会收到良好的作用。早期肿胀部位的局部治疗可用 0.25%~0.5%普鲁卡因溶液 10~20mL 溶解青霉素 80 万~120 万国际单位在周围分点注射，可收到良好效果。

三、牛流行热

牛流行热又叫"三日热""暂时热",是由牛流行热病毒所引起的牛急性、热性传染病。

临床特征:体温升高、出血性胃肠炎、气喘、间有瘫痪。高峰时在肺、脾和淋巴的单个细胞中,以及白细胞中有该病毒抗原存在的特异荧光。病牛精神沉郁、目光无神、低头呆立、不愿走动,反应迟钝,食欲减退继而废绝。

防治措施:无特异疗法,为恢复健康,阻止病情恶化,防止继发感染,病后只能对症下药。

(一)对体温升高,食欲废绝的牛

(1)5%葡萄糖生理盐水2 000~3 000mL 一次静脉注射,每日2~3次。

(2)10%黄胺嘧啶液100mL,一次静脉注射,每日2~3次。

(3)30%安乃近30~50mL,百尔定30~50mL,一次肌肉注射,每日2~3次。

(二)对呼吸困难、气喘病牛

(1)输氧。速度为5~6L/min,持续2~3h,初期先慢,一般为3~4L/分钟,后逐渐增加。

(2)25%安茶碱20~40mL;6%盐酸麻黄素液10~20mL,一次肌肉注射,每4h一次。

(3)地塞米松50~70mg,糖盐水1 500mL,混合,缓慢静脉注射,本药可缓解呼吸困难,但易引起妊娠畜流产,因此,用时应慎重。

(4)胸部穿刺法:其目的是减轻胸压,缓解呼吸困难。部位选择胸侧第六肋间,距背中轴线20~25cm处,用胃瘤导管针直刺入胸腔,进针10~12cm,气从针孔逸出,呼吸次数减少,可缓解气喘。

(三)对兴奋不安的病牛

(1)甘露醇或山梨醇300~500mL,一次静脉注射。

(2)氯丙嗪0.5~1mg/kg体重,一次肌肉注射。

(3)硫酸镁25~50mg/kg体重,缓慢静脉注射。

（四）对瘫痪卧地不起病牛

（1）解毒。去风湿处方：25%葡萄糖液500mL，5%葡萄糖生理盐水1 000~1 500mL，10%安那加20mL，40%乌洛托平50mL，10%水杨酸钠100~200mL，一次静脉注射，每日1~2次，连注3~5d。

（2）20%葡萄糖酸钙500~1 000mL，一次静脉注射。多次用钙制剂效果不明显者，可静脉注射25%硫酸镁100~200mL。

（3）0.2%硝酸土的宁10mL、康母朗30mL，百会穴注。

四、牛膨胀病

牛瘤胃膨胀又称为气胀，是因为过量食入易于发酵的饲草而引起的疾病。该病多因牛食入了臌气源性牧草所致。一是饲喂大量幼嫩多汁的青草。一般认为为豆科植物，如新鲜的苜蓿、草木樨、紫云英、豌豆藤等。二是食入雨后或霜露的饲草。三是腐败发酵的青贮饲料以及霉败的干草等。四是继发于食道阻塞、前胃弛缓、创伤性网胃炎及腹膜炎等疾病。

临床症状：牛采食了易发酵的饲草饲料后不久，左肷部急剧膨胀，膨胀的高度可超过脊背。病牛表现为痛苦不安，回头顾腹，两后肢不时提举踢腹。食欲、反刍和嗳气完全停止，呼吸困难。严重者张口、伸舌呼吸、呼吸心跳加快，眼结膜充血，口色暗，行走摇摆，站立不稳，一旦倒地，臌气更加严重，若不紧急抢救，病牛可因呼吸困难、缺氧而窒息死亡。

防治措施：防止贪食过多幼嫩多汁的豆料牧草，尤其由舍饲转入放牧时，应先喂干草或粗饲料，适当限制在牧草幼嫩、茂盛的牧地和霜露浸湿的牧地上的放牧时间。发病后迅速排除瘤胃内气体和制止发酵，可采取以下疗法。

1. 排除牛瘤胃内气体的两种方法

一是用胃导管插入瘤胃内，然后来回抽动导管，以诱导胃内气体排出；二是进行瘤胃穿刺术，即在左肷部膨胀部最高点，以碘酊消毒后用套管针迅速刺入，慢慢放气。

2. 制止瘤胃内容物继续发酵产气

对轻度膨胀的牛，可给其服用制酵剂，如内服鱼石脂15~20g或松节油 30mL。对泡沫性胃瘤胃膨气，可选大豆油、花生油、棉籽油 250mL 给病牛灌服，具有很好的消泡作用，也可给牛服消泡剂，如聚合甲基硅油剂或消胀片 30~60 片。

3. 排除瘤胃发酵内容物

可给病牛灌服泻剂，如硫酸钠 400~500g 和蓖麻油 800~1 000mL。预防方法如下。

（1）舍饲转为放牧时，要先喂些干草或粗饲料。

（2）适当控制在幼嫩牧草茂盛的地方和霜露浸湿草地上的放牧时间。

（3）严防牛过多采食或贪食幼嫩多汁的豆料牧草等。

五、牛脑炎

本病主要通过蚊虫叮咬传播，并可在蚊体内繁殖过冬，经卵传代，成为次年的传染源，多于 7—9 月流行。

临床特征：牛感染后主要表现为发热和神经症状，发热时食欲消失、呻吟、痉挛、磨牙、转圈及四肢强直。

防治措施：根据该牛的临床症状，对病牛进行对症治疗。

（1）首先输甘露醇 1 000mL，以降低颅腔压力；或用 10% 高渗盐水 1 000mL。如药物不及时，可放颈静脉脉血 300mL。

（2）神经兴奋时可用氯丙嗪 200~500mg 或溴化钠 50~100mL 或肌肉注射硫酸镁注射液 15mL。

（3）而后输磺胺嘧啶钠 0.2mL/kg，用于脑部消炎，首次用量加倍。

（4）为防止并发症，用青、链霉素肌内注射。

（5）中药疗法以清热解毒为主，用石膏汤。经过上述治疗后病牛症状明显好转，没有再发生神经症状，经过一个疗程的对症治疗，病牛痊愈。

六、牛焦虫病

牛焦虫病又叫巴贝斯虫病，是由数种巴贝斯虫引起的一种需经硬蜱传播的牛的血液原虫病。因本病的发生和流行与传播媒介蜱的滋生和消长密切相关，因此，有一定的地区和季节性。多发生于农村散养的耕牛、肉牛和奶牛，规模场及小区饲养的奶牛发病率不高。临床症状主要以血红蛋白尿，高热稽留，贫血、黄疸为特征。

临床症状：病牛体温升高，达到 40~41.5℃，呈稽留热。病牛精神沉郁，喜卧，食欲减退，肠蠕动及反刍迟缓，同时出现异嗜，喜啃食泥土等异物，常有便秘现象。2~3d 后病牛迅速消瘦，外阴、乳房及鼻镜等处出现不同程度黄染，眼结膜苍白、黄染。病牛排恶臭褐色粪便及特征性的血红蛋白尿。病程一般为 4~8d，死亡率可达 50%~90%。

病理剖检：对病死牛只解剖，黏膜苍白、黄染，血液稀薄如水，肝脏、脾脏肿大，胆囊肿大，瓣胃干燥，似足球状，膀胱内充盈红色尿液。

防制措施：由于本病的传播主要以蜱的寄生为传播媒介，因此，要控制本病的发生应以消灭驱杀牛蜱为前提。在唐秦地区，应在每年的 4—5 月开始实施灭蜱工作。可以选用的常用药物有：1%马拉硫磷，0.2%辛硫磷，25mg/kg 溴氰菊酯乳油剂等；此外，在本病发生季节用药物进行预防：咪唑苯脲溶液按 2mg/kg 体重的剂量肌肉注射，可有效保护牛只不受本病侵害；常发地圈养牛舍可用水泥涂抹墙壁缝隙避免硬蜱滋生；放养牛只应尽量避免到硬蜱易滋生的河边低洼处放牧。

第二节　山羊的常见疾病

一、山羊的普通疾病

（一）羔羊痢疾

羔羊痢疾是由 B 型魏氏梭菌引起的初生羔羊的急性毒血症。以剧烈腹泻和小肠发生溃疡为其特征。本病主要损伤 7 日龄以内的羔羊，其中又以 2~3 日龄的发病较多，7 日龄以上的羔羊很少患病。

临床症状：潜伏期为 1~2d，病初精神颓丧，不想吃奶，有的表现神经症状，呼吸快，体温降至常温以下，不久发生腹泻，粪便稀薄如水、恶臭，到了后期，带有血液，直至血便，羔羊逐渐消瘦，卧地不起，如不及时医治，常在 1~2d 内死亡。

病理变化：最显然的病理变化在消化道，第四胃内常常有未消化的凝乳块，小肠（特别是回肠）黏膜充血，常可见多数直径为 1～2mm 的溃疡，有的肠内容物为红色。

防治措施：①土霉素 0.2～0.3g，或加胃酶 0.2～0.3g，加水灌服，每天两次。②1%高锰酸钾水 10～20mL 灌服，每天两次。③针对其他症状，对症医治。羊群出现病例多时，对未发病羊只可内服 10%～20%石灰乳 500～1 000mL 进行预防。

本病病程短促，往往来不及治疗。可注射四联苗进行疫防。

（二）膨胀病

山羊吃了过多新鲜豆科带露水的青草或精饲料，在瘤胃里发酵以后，产生大量气体，一时又排不出来，引起膨胀病。

临床症状：表现为瘤胃胀大，呼吸困难，脉搏加快，眼结膜发紫，不吃也不反刍，最急性者倒地死亡。

防治措施：发病急者，迅速用导管针从左肋部中央刺入瘤胃放气，但要慢慢放，不能放得过快，如果是急性需及时放气，而无导管针时可用兽用最大号针头或消毒后的硬竹管刺入瘤胃放气，放气后，可用注射器向瘤胃中注入止酵药物。

慢性发病者可用以下药方。

（1）福尔马林 3mL 加水 100～150mL 一次灌服。

（2）食醋 20mL、鱼石脂 3mL、松节油 5mL、酒精 15mL，加水 150mL，一次灌服。

（三）感冒（肺炎）

由于气候变化引起羊只呼吸道的生理现象发生改变，如果治疗不及时，常导致肺部发生炎症。

临床症状：打喷涕、流清鼻液、发热、精神不振、食欲减退、被毛粗乱。

防治措施：一旦发病，用氨基比林针剂，每日一次，每只每次 4～6mL，肌肉注射，也可用青连霉素治疗，每只每次用 80 万～160 万单位，肌肉注射，每日 3 次。

（四）乳房炎

主要原因是羔羊死后母羊有奶无羔羊吃，积留久了引发炎症，采食有毒牧草或发霉饲料，受到外界刺激，造成伤口感染所致。

临床症状：主要表现为乳房肿大，皮肤发红，逐渐产生硬块，严重时奶中带脓、有臭味，全身体温升高。

防治措施：①肌肉注射青霉素 40 万~80 万单位，链霉素 50 万~100 万单位，一日两次，连续两天；②花椒、艾叶、大蒜苗、大葱适量熬热水洗患部，洗后把奶水挤出，然后用在此水中浸泡过的毛巾热敷。每天两次，至消炎为止。

二、山羊寄生虫

（一）内寄生虫

山羊感染的内寄生虫主要有肝片吸虫，大片吸虫，前后盘吸虫、阔盘吸虫、扩张莫尼茨绦虫、线虫、球虫等。

防治措施：抗蠕敏（每千克体重 15mg）；左旋嘧啶（每千克体重用 5~10mg）。还有阿维菌素、伊维菌素、磺胺类药物等。

每年春、秋两季普遍驱虫，驱虫后的粪便应堆积发酵，以杀死虫卵。注意经常更换驱虫药，以免产生抗敏性。

（二）外寄生虫

山羊感染的外寄生虫主要有螨、蜱、虱等，主要病症为疥癣病。其主要症状表现为剧痒、脱毛和消瘦。

防治措施如下。

（1）在4—5月的晴天，用 0.5%~1% 敌百虫水溶液洗澡，在洗澡前应让羊喝足水，防止羊喝药液。水温一般应控制在 36~38℃。可以用杀螨灵等。

（2）柴油、废机油、煤油涂擦患部。

（3）羊舍消毒，用 20% 生石灰水或 5% 克辽宁溶液，喷洗刷羊圈，其温度不低于 80℃。

三、山羊的传染病

（一）传染性胸膜肺炎

临床症状：高烧发热，烧到 39~41℃，咳嗽，连续干咳，严重者喘气；流鼻涕——浆液性鼻涕、脓性鼻涕、铁锈色鼻涕，严重者鼻涕（黏稠的浆液性鼻涕）粘满整个嘴部；减食、停食、反刍停止，若不及时治疗就会很快死亡。

病理变化：最典型的特殊症状为一侧肺与胸腔粘连，覆盖大量疣状物，严重病例心脏也被脓状分泌物包裹，同时胆囊肿大。

该病与羊流行感冒易混淆，二者的共同点：都有高烧发热、咳嗽、减食、流鼻涕等症状，都因圈舍拥挤、空气不流通、营养不良、长途运输易发。不同点为：流感的鼻涕不会有铁锈色，而该病鼻涕有铁锈色；从流行病学来看，山羊流感传播迅速，很快就蔓延到整个羊群，而该病除长途运输、运输途中拥挤的羊只容易全群性发病外，一般发病为散发；从药物治疗来看，山羊流感的治疗，用病毒灵针剂溶解青霉素肌注和青霉素、链霉素混合肌注效果良好，容易治疗，死亡率低，而以上药物对该病治疗基本无效，治疗不当，死亡率高，较难治疗。从尸体解剖症状来看，该病死后肺与胸腔粘连，有大量疣状分泌物，而流感病死亡只有肺炎症状。

防治措施：尽量坚持从非疫区引种健康羊只，不买病羊，引种的羊只必须注射该病疫苗，途中运输不要太拥挤，保持空气流通。途中运输时间不要太长，超过两天两夜以上的羊只，尽量途中喂水、喂料，保持羊只身体健康。

对可疑该病和确诊该病的羊只，进行积极治疗，治疗的药物有抗病-100 或抗病消炎王、长效磺胺嘧啶钠（华西精品）、速可治（有效成分：林可霉素、壮观霉素）、速百治（每瓶 20g 含 10g 纯壮观霉素）。

首次每只病羊（以 40~50kg 体重计算）用 2 只抗病-100 或抗病消炎王与华西精品（长效磺胺嘧啶钠）2 只分两侧大剂量肌肉注射，第二次仅注射一只抗病-100 或抗病消炎王，一天两次肌注；连续注射 2~3d 大多数病例就能够痊愈；少数严重病例除按以上药物处理外，一天配合注射一次林可霉素或壮观霉素；结合输液和推注 50% 高渗葡萄糖 60mL，维生素 C 20mL 左右，补充体液，解该病病菌对肝胆、神经等的毒害。

（二）山羊痘

山羊痘病是由豆病毒引起的急性发热性传染病，其特征是皮肤和黏膜上发生特殊的丘疹和疱疹（痘疹）。山羊痘的流行最初是个别羊发病，以后逐渐蔓延全群。病毒主要经过呼吸道感染，也可经过损伤的皮肤或黏膜侵入机体。山羊痘病多发生在霉雨季节，蚊虻活动频繁，加速传播。

临床症状：山羊痘潜伏期6~8d，病初鼻孔闭塞、呼吸促迫，有的山羊流浆液或黏液性鼻涕，眼睑肿胀、结膜充血、有浆液性分泌物，体温升高到41~42℃，鼻孔周围、面部、耳部、背部、胸腹部、四肢无毛区、有两分至一元钱硬币大小的块状疹，疹块破溃后，有淡黄色液体流出，时间长了结痂。全过程4周左右。山羊痘并发时呼吸道、消化道和关节炎症，严峻时可引起脓毒败血症死亡。

病理变化：呼吸道、消化道黏膜卡他性出血性炎症，肺部呈大理石样硬块结节，瘤、胃、肠管等有硬块结节。

（三）羊快疫

绵羊对羊快疫最易感染，糜烂梭菌常以芽胞情势广泛分布于低洼草地、熟耕地及沼泽之中，羊只采食污染的饲料和饮水后，经消化道感染，本病一年四季均能发生，特别是秋冬和初春，气候骤变，阴雨连绵之际发病较多。羊只发病多在6~18个月。发病突然，病程极短，其特征为真胃里出血性、炎性损伤。

临床症状：病羊突然发病，没有任何症状倒地死亡，有的死在牧场有的死在羊舍内，有的病羊离群独处，食欲废绝，卧地，不愿走动，有的腹部膨胀，有腹痛症状，口内流出带血色的泡沫，排粪艰苦，粪便杂有黏液或黏膜间带血丝，病羊最后极度衰竭昏迷，数分钟或几小时死亡。

病理变化：呈急性经过死亡的病尸，腹内膨胀，口腔、鼻腔和直肠黏膜呈蓝紫色并常有出血雀斑，真胃出血性炎症变化明显，黏膜尤其是胃底部及幽门附近黏膜常有大小不等出血斑块和坏死灶。黏膜下组织水肿，胸腔、腹腔、心包有大量积液，暴露于空气中易凝固。肝脏肿大呈土黄色，肺脏瘀血、水肿，全身淋巴结，特别是咽部淋巴结肿大、充血、出血。

防治措施：因为病程极短，常常发病来不及医治，必须加强平常的预防工作及隔离消毒工作，每年的春秋季按期注射四联疫苗（羊快疫、猝疽、肠毒、羔痢）。

（四）羊黑疫

羊黑疫又称传染性坏死性肝炎，是由 B 型诺维氏梭菌引起的一种以肝脏坏死、高度致死性毒血症为特症的急性传染病。本病主要在春夏发生于肝吸虫流行的低洼潮湿地域。当羊采食被此菌芽胞感染的饲料、饲草后，由肠道壁进入肝脏，取得合适条件，迅速滋生，产生毒素进入血液，发生毒血症，2~4 龄羊发病最多。

临床症状：病程急促，绝大多数未见症状，即突然死亡。少数病例病程可拖延 1~2d，病羊掉群、呼吸艰苦、体温在 1.5℃ 左右，呈睡俯卧。

防治措施：肌肉注射血清 50mL。本病预防首先在于节制肝吸虫的感染，同时每年按期（春秋两季）注射羊五联苗或羊黑疫苗。

（五）山羊传染性角膜、结膜炎

传染性角膜、结膜炎又称红眼病。其特征为眼结膜和角膜发生明显的炎症变化，伴有大批流泪，其后发生角膜浑浊或呈乳白色，严峻者导致失明。本病主要发生于气象炎热和湿度较高的夏秋季节。一旦发病，传播迅速，多呈地方流行性，刮风、尘土等因素有利于病的传播。

临床症状：潜伏期约为一周，多数病初一侧眼患病，后期为双眼感染。病初患眼流泪，怕光（羞明）眼睑肿胀、疼痛，其后结膜潮红有分泌物。角膜周围血管充血，角膜中央有灰白色小点，严峻的角膜增厚，并发生溃疡，甚至角膜破裂晶状体脱出。有的病羊发生眼房积脓，有的病羊发生关节炎、跛行。病羊全身症状不明显、体温、呼吸、脉搏均无明显变化，但眼球化脓的羊体温升高，食欲减退，精神沉郁，离群呆立。放牧羊群，病羊可因双目失明而寻食艰苦，行动不便，乱撞摔倒，抓住后，乱蹦乱跳。

防治措施如下。

（1）3%~5% 硼酸水浴液冲洗患眼，拭干。

（2）涂红霉素或四环素，或金霉素软膏，每天 3 次。

（3）角膜混蚀时，涂 1%~2% 黄降汞软膏，每天 3 次。

（4）严峻者，眼底（太阳穴）注射氯霉素，氢化可的松，交替使用，每天一次。

病畜立即隔离，早期医治，彻底消毒羊舍，夏秋留意灭蝇，避免强烈阳光刺激。

（六）山羊传染性脓疱（羊口疮）

山羊传染性脓疱俗称羊口疮，是由病毒引起的一种传染病。以3~6月龄羔羊发病最多，常为群发性流行，成年羊同样易感染，但发病较少，呈散发性流行。本病多发于春秋季，羊只发病率在羊群中逐年降低，但病毒抵抗力较强，在羊群可连续危害新近羊只。其特征为口唇等处皮肤和黏膜构成丘疹、脓疱、溃疡和结成疣状厚痂。

临床症状：该病在临床上可分为唇型、蹄型和外阴型，但以唇型感染为主要症状。病羊先于口角上唇或鼻镜处出现散在小红斑，以后逐渐变为丘疹和小结节，继而成为水疱、脓疱、脓肿互相融合，波及全部口唇周围，构成大面积和痂垢，痂垢一直增厚，全部嘴唇肿大、外翻、呈桑葚状隆起，严重影响采食。病羊表现为流涎、精神萎缩、被毛粗乱、日见消瘦。

防治措施：采用综合防治办法医治，可明显缩短病程，效果显著。首先对感染病羊隔离饲养，圈舍进行彻底消毒。给予病羊柔软的饲料、饲草，如麸皮粉、青草、软干草，保证清洁饮水。剥离痂垢后，一定要剥净，然后用淡盐水或0.1%高锰酸钾水溶液清洗疮面，再用2%龙胆紫（紫药水）或碘甘油（碘酊：甘油=1:1）涂擦疮面，间隔3~5d再用一次。同时，肌肉注射维生素E0.5~1.5g及维生素B20~30g，每天2次，连续注射3~4d。保护羊只皮肤、黏膜勿受损伤，做好环境的消毒工作。

（七）山羊巴氏杆菌病

山羊巴氏杆菌病由多杀性巴氏杆菌所引起的，急性病例以败血症和炎性出血过程为主要特征。各种年龄的羊都有易感性，当羊饲养在不卫生的环境中，因为冰凉、闷热、气候巨变、潮湿、拥挤、圈舍通风不良、阴雨连绵、营养缺少、饲料突变、过度疲劳、长途运输、寄生虫病等诱因，而使其抵抗力下降时，病菌即可伺机侵入体内。病畜由其排泄物、分泌物排出有毒的病菌，污染饲料、饮水、用具，经消化道而传染给健康家畜，或由飞沫经呼吸道而传染，吸血昆虫的媒介和皮肤、黏膜的伤也可发生感染，本病的发生一般无显然的季节性，本病一般为散发性，有时也可能发病、呈流行性。

临床症状：发病羊表现精神不振、食欲废绝、黏膜发绀、体温升高至41℃，咳嗽、伸颈呼吸、心跳、呼吸频率加快，鼻腔中流出黏液，病程2~5d死亡，个别病程短的仅几小时，尤以羔羊症状显然。成年羊较羔羊病程长。初期便秘，后期腹泻，有时血样。慢性病主要表现肺炎、胸膜炎、胃肠炎症状。

病理变化：病变主要在胸腔器官和肝脏上，胸腔中积有大量淡黄色浆液，肺充血、瘀血、颜色暗红，体积肿大，肺切面外翻，流出淡粉色泡沫样液体。肺门淋巴结肿大有点状出血，心包腔内积有混浊的黄色液体，有针尖状出血点。肝脏瘀血，外表散有白色坏死灶。胆囊充盈，肠壁充血，肠系膜淋巴结出血、水肿。

防治措施：依据药敏试验，对病羊采用氯霉素和硫酸卡那霉素联合用药肌注，配合地塞米松磷酸钠肌注，氯霉素30mg/kg，硫酸卡那霉素1.5万单位/kg，维生素C 4mg/只，每天一次，3d一个疗程，同时全群用0.1的浓度氟哌酸溶液饮水。

加强饲养管理，清除舍内和运动场积粪，用百毒杀溶液消毒羊舍、运动场及用具。

第七章 草食畜牧业发展思路及建议

第一节 发展思路与举措

一、坚持规划引领，抓结构优化

根据永顺县草食动物产业发展规划，一是优化产业布局。按照区域连片、因地制宜、突出特色、分类指导的要求，合理规划牛羊养殖重点区域。二是优化品质结构。以肉牛羊杂交改良和品种选育措施为重点，以摩拉水牛、利木赞、西门达尔、波尔山羊、南江黄羊等优质肉牛羊为主推品种，开展了肉牛羊"二元""三元"杂交改良，初步建成了具有山区特色、适应市场需要的品种和品质结构。三是优化养殖模式。采取养殖小区、合作组织（养牛协会）等形式，集中分散养殖场户，推行统一品种、统一防疫、统一饲养技术、统一销售、统一调配饲料，分户核算的"五统一分"运作模式，在规模养殖户和养殖小区配套建设沼气工程，积极推广干湿分离的粪污处理模式和"畜-沼-果菜"等生态循环养殖模式，有效解决肉牛羊养殖中的环境污染问题。

二、坚持大户带动，抓规模养殖

按照"生产有规模、产品有市场、经营有场地、设施有配套、管理有制度、农户有收益"的"六有"要求，积极实施"上山进沟、种养结合、林牧结合、适度规模、循环发展"战略，积极培育家庭牧场，现已建成存栏100只以上山羊规模养殖示范场385户，年存栏肉牛50头以上的规模养殖示范场（户）18户。

三、坚持政府引导，抓政策扶持

推进特色效益畜牧业的发展，圈舍建设、土地流转、良种引进、品牌创建等都需要大量的资金投入，资金的短缺成了制约产业发展的瓶颈因素，因此，政府的政策扶持引导尤为重要。2014年以来，以畜禽养殖产业为载体，以精准脱贫为目标，以市场主体为依托，建立"政府+市场主体+银行+保险+农户"五位一体的精准扶贫模式，支持贫困户通过畜禽养殖实现精准脱贫。整合石漠化治理、退耕还林后续项目、农业综合开发等专项资金，用于重点扶持良种繁育体系建设、标准化规模养殖、种草养畜联户示范工程等关键环节。统筹安排各类项目专项资金，重点支持规模养殖场（户）栏舍基础、水电路附属基础、粪污处理等基础设施扩建提质改造。通过项目的实施带动，促进了项目覆盖区肉牛、山羊适度规模养殖的快速发展和标准化养殖水平的普遍提升。

四、坚持科技支撑，抓推广体系

结合基层农技推广项目建设，狠抓乡镇技术推广服务体系建设，组建永顺县肉牛羊养殖专业技术服务队，推行"行政领导+技术指导员+科技示范户+辐射带动户"的技术服务模式，每个牛羊养殖村有一个养殖业科技示范户，每个示范户有一名技术指导员，每个示范户至少带动周边10户养殖户。目前永顺县有专业技术服务队10支，有养牛科技示范户8户，养羊科技示范户85户。

第二节　发展建议

一、建议重点支持南方山区草业开发基础工程

一要大力实施南方山区草地改良工程，扶持草场围栏和人工种草，鼓励多种成分投资建设高产草场，促进草地资源开发利用，同时要切实加强草地监管，落实草权划分，禁止非法开垦，鼓励退耕还草；二要充分开发秸秆、饲草等粗饲料资源，将种草纳入农业春播、冬播任务，扶持和鼓励青贮、微贮，加快秸秆处理工艺创新，提高粗饲料的转化利用率；三是要鼓励建设肉牛精饲料加工业的发展，开发肉牛育肥专用精饲料，打造精饲料、粗饲料、优质饲草的配套组合、优势互补的新型饲料产业格局。

二、建议支持基地建设，解决发展落脚点问题

一是支持产业基地建设，按照"连片开发，整体推进"的办法，

采用"企业+基地+农户（合作社）""五统一分"等模式，鼓励支持养殖企业创办养殖基地，引导养殖户发展适度规模养殖，改变当前"散、小、差"的生产格局，多途径提高产业开发的整体效益，提高规模化、标准化、专业化生产水平；二是支持种畜基地建设，实施优质种畜工程，加大对肉牛羊良种繁育体系建设扶持力度，进一步完善品种改良推广体系，夯实产业发展基石；三是支持示范基地建设，大力推进标准化生产，认真搞好"三品一标"农产品认证工作，加大标准示范场建设力度，创办高标准高质量的肉牛羊养殖示范基地，带动产业发展。

三、建议支持种源建设，解决发展种苗需求问题

主要是重点支持湘西黄牛核心保种场建设，品种改良服务体系建设；重点支持山羊良种繁育场建设，在山羊新品种引进、示范推广方面加大支持力度，有效缓解现阶段种苗供应短缺的问题。

四、建议支持流通环节，解决发展效益问题

一是支持屠宰场建设。加大对南方贫困山区肉牛羊定点屠宰场建设，强化标准化现代化屠宰，严格检验检疫，规范管理，加强质量监管。二是支持深加工企业。要在肉牛羊深加工方面给予充分的政策和资金扶持，促进深加工企业的快速发展，如贴息贷款等。三是支持交易市场建设。设立草食牧业产业开发引导资金，建设专门的畜禽交易市场，创造活畜交易的最佳环境，通过完善市场服务体系，规范市场管理，带动产业发展。

参考文献

［1］ 卫广森．羊病［M］．北京：中国农业出版社，2009.8.

［2］ 朴范泽．牛病［M］．北京：中国农业出版社，2009.8.

［3］ 何宗桂．肉牛的饲养管理［J］．当代畜牧，2015（112）：36-37.

［4］ 石冬梅．山羊发情鉴定方法及人工催情技术［J］．河南农业，2000（10）：22-25.

［5］ 任俊．肉牛发情鉴定方法及人工催情技术［J］．中国畜牧业，2015（19）：76-77.

［6］ 曹斌云，张万民，魏志杰．山羊纯种繁育与杂交优势利用［J］．畜牧兽医杂志，2000，19（6）：27-30.

［7］ 陈幼春．肉牛纯种繁育与杂交优势利用［M］．北京：中国农业出版社，2012.

［8］ 李国冬．肉牛场场地的选择与规划布局［J］．现代畜牧科技，2015（5）：169.

［9］ 袁清国．山羊场场地的选择与规划布局［J］．中国畜牧兽医文摘，2014（4）：56-57.

［10］ 解放军报社．种牛的选择［J］．中国民兵，2005（1）：51.

［11］ 杨斌．牛的繁殖特点［J］．中国科技纵横，2010（6）：203.

编写：田　艳　杨俊华　肖立新

附录 常见物理量名称及其符号

单位名称	物理量名称	SI（国际单位制符号）
千米	长度	km
米	长度	m
厘米	长度	cm
毫米	长度	mm
平方米	面积	m^2
公顷	面积	hm^2
升	体积	L
毫升	体积	mL
摄氏度	温度	℃
吨	质量	t
千克	质量	kg
克	质量	g
微克	质量	μg
毫克	质量	mg
小时	时间	h
分钟	时间	min
秒	时间	s
氢离子浓度指数	酸碱度	pH
勒克司	光照度	lx
千焦	热量和做功	kJ
兆帕	压力强度	MPa
抗生素单位	质量	U